［木作用］

世界木材事典

從硬度、色彩、氣味、木理
全面解說235種木材的加工特性，
精美呈現橫切、弦切、徑切面的氣氛

U0030195

河村壽昌、西川榮明——著

小泉章夫——監修

朱炳樹——譯

序言

本書內容圖文並茂，總共介紹世界 235
種樹種及其木材的加工特性。全書的車床加
工木器皆由木工藝家河村壽昌先生示範。根
據河村先生和其他工藝家、或室內門窗職人、
以及製材廠或木材相關業者等多位職人的經
驗，簡明具體地說明每種樹木的加工優劣、
木紋、顏色、氣味等特徵。

以下為本書特點。

1. 235 種材種

本書收錄世界各地共 235 種材種，其中
日本木材有 116 種、其他區域例如美加、南
美、歐洲、東南亞、非洲、台灣等則有119種。
從世界公認為最重且最硬的沙漠鐵木，到最
輕的輕木，以及具有獨特性或用途廣泛的木
材應有盡有。

2. 展現木材加工曲面

照片攝影精美，完整清楚地呈現木紋、
色澤、細微導管等細節。大多木材相關書籍
都是放平板照片，本書則使用木材曲面照片。
每種材種都有木材的粗胚照和完成品的局部
放大照、全景照、開蓋照四張照片。

3. 根據加工體驗說明木材的硬度、紋理、氣味等特徵

以簡明易懂的方式說明每種木材的硬
度、加工難易度、紋理、顏色、氣味等特徵。
除了有木工藝家根據車床加工所做出的評斷
之外，也有木材相關者和研究者的感想與研
究成果。相信對於木工相關人士、室內設計
師、家具師傅、木材業者等專業人士來說，
本書所提供的資訊大有裨益。

4. 以具體詞彙形容色彩和氣味

本書會盡量以容易懂的詞彙形容加工時的感受，特別是色彩和氣味。例如「香蕉般的黃色」、「杏仁豆腐般的氣味」等等。

5. 標示正確的木材名和學名、科名

業界對木材稱呼似乎相當混亂，大多不分通稱名或植物學名。因此本書盡可能彙整，提供讀者正確的學名和材種名稱。闊葉樹的學名和科名是以 APG 被子植物分類法為命名依據。

6. 提供最新的木材供應商

從常見木材到幾乎不在市場流通的木材或稀有木材一應俱全。

7. 收藏工藝家的木器作品集

本書不但是相當實用的木材加工書，也是一本日本工藝家的作品集。235 種不同顏色或木紋的精美木器兼具觀賞器物的雅興。

如前所述，本書以木工藝家河村壽昌先生的加工體驗感受為編纂基礎，並由敝人採訪木材相關者、其他木工職人、木材相關研究者等專業人士的評價彙整而成。此外，邀請北海道大學農學部的小泉章夫先生擔任內容監修。

雖然用「木」也能說明材料的種類，但是每種木材都具有獨特個性和相異性質。例如，即使是硬木也會因為有無韌性等條件而呈現截然不同的風貌，因此活用方法相當多樣。期待讀者能夠慢條斯理地觀賞 235 種木材所呈現的豐富表情和個性。

西川榮明

目次

序言
本書閱覽方法

Part 1　日本木材

小葉梣、紅雲杉 12-13
日本常綠橡、茄苳 14-15
赤松、鐵木 16-17
杏樹、蚊母樹 18-19
色木槭、東北紅豆杉 20-21
銀杏、朝鮮槐 22-23
羅漢松、龍柏 24-25
梅樹、狹葉櫟 26-27
漆樹、魚鱗雲杉 28-29
朴樹、鬼胡桃木 30-31
柿（白柿）、細葉榕 32-33
連香樹、日本椴樹 34-35
日本落葉松、山櫻花 36-37
黃檗、毛泡桐 38-39
日本樟、日本栗 40-41
柿（黑柿）、黑松 42-43
大葉釣樟、欅木 44-45

枳椇、日本金松 46-47
樺木 48
水胡桃、日本花柏 50-51
蜀椒、錐栗 52-53
深山犬櫻、象蠟木 54-55
日本千金榆、椴木 56-57
棕櫚、小葉青岡櫟 58-59
白樺、日本柳杉 60-61
刺楸 62
苦楝、相思樹 64-65
染井吉野櫻、紅楠 66-67
水曲柳、香椿 68-69
日本鐵杉、日本黃楊 70-71
爬牆虎、山茶 72-73
刺桐、日本七葉樹 74-75
庫頁島冷杉、日本桴木 76-77
棗樹、南天竹 78-79
苦木、刺槐 80-81
榆木、日本香柏 82-83
野漆、日本柳 84-85
日本橿木、日本扁柏 86-87
羅漢柏、日本五針松 88-89

翅莢香槐、葡萄 90-91

日本山毛櫸、日本厚朴 92-93

白楊、真樺 94-95

柑橘、燈台樹 96-97

水楢木、日本櫻桃樺樹 98-99

木賊葉木麻黃、厚皮香 100-101

日本冷杉、屋久杉 102-103

天竺桂、雞桑 104-105

山櫻木、楊梅 106-107

象牙柿、琉球松 108-109

蘋果 110

Part 2　其他日本木材

丹桂、構樹、石榴、瓊崖海棠 112-113

夏山茶、合歡、黃土樹、
日本紫莖 114-115

枇杷、菲島福木、西南衛矛、
髭脈櫸葉樹 116-117

神代連香樹、神代日本樟、
神代日本栗 118-119

神代櫸木、神代日本柳杉、
神代水曲柳、神代榆木 120-121

Part 3　台灣和其他國家的木材

青黑檀、貝殼杉 126-127

梔子木、緬茄 128-129

黑木黃檀、大美木豆 130-131

美國黑櫻桃木、大理石豆木 132-133

黃樺、良木芸香 134-135

北美鵝掌楸、
廣葉黃檀（印度玫瑰木） 136-137

欖仁、細孔綠心樟 138-139

非洲崖豆木、歐斑木 140-141

油橄欖 142

紫檀、紫檀瘤 144-145

國王木、闊變豆木 146-147

北美胡桃木、咖啡樹 148-149

微凹黃檀、紅飽食桑 150-151

沙比力木、南洋桐 152-153

岩槭、斑紋黑檀 154-155

十二雄蕊破布木、銀樺 156-157

蛇紋木、西班牙香椿 158-159

雲杉、斑馬木 160-161

廣葉黃檀（印尼黑酸枝）、軟楓 162-163

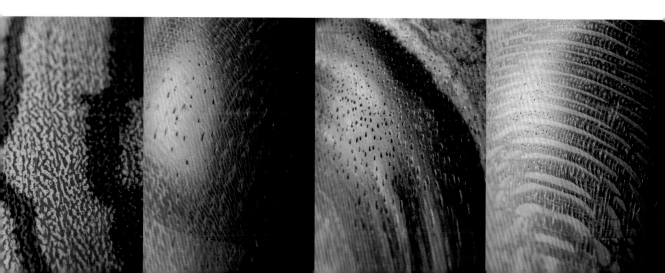

梣葉斑紋漆木、台灣樟.....................164-165

台灣扁柏、鐵刀木.........................166-167

柚木、絨毛黃檀.............................168-169

奧氏黃檀、沙漠鐵木.....................170-171

尼亞杜山欖、鳥眼楓木.................172-173

硬楓、紫心木.................................174-175

紅鐵木豆、小葉紅檀.....................176-177

非洲紫檀、輕木.............................178-179

綠檀、寇阿相思樹.........................180-181

山毛櫸、木麻黃銀樺.....................182-183

山桃核、大果澳洲檀香.................184-185

粉紅象牙木、檳榔樹.....................186-187

姆密卡、白歐石楠.........................188-189

巴西黑黃檀.....................................190

巴西紅木、黑胡桃木.....................192-193

西洋梨木、美西側柏.....................194-195

美國西部鐵杉、美國扁柏.............196-197

阿拉斯加扁柏、花旗松.................198-199

紅盾籽木、墨西哥黃金檀.............200-201

美國白蠟木、白橡木.....................202-203

錫蘭烏木、交趾黃檀.....................204-205

大葉桃花心木、宏都拉斯玫瑰木.........206-207

大理石木、非洲烏木.....................208-209

杜卡木、馬蘇爾樺木.....................210-211

芒果樹（野生）.............................212

黑崖豆木、太平洋鐵木.................214-215

毒籽山欖、軍刀豆木.....................216-217

雨豆樹、皮灰木.............................218-219

風鈴木、拉敏木.............................220-221

柳桉...222

癒瘡木、加州紅木.........................224-225

紅橡木、小葉紫檀.........................226-227

紅心木...228

Part 4　其他國家的木材

盾籽木、非洲梧桐、美國赤楊、
婆羅洲鐵木.....................................230-231

刺片豆木、雲南石梓、月桂、
黑椰豆木...232-233

大果翅蘋婆木、螺穗木、查科蒂硬木、
北美紫樹...234-235

肉桂樹、美洲椴木、斯圖崖豆木、
貝里木...236-237

水杉、桂蘭、可樂豆木、蕾絲木.........238-239

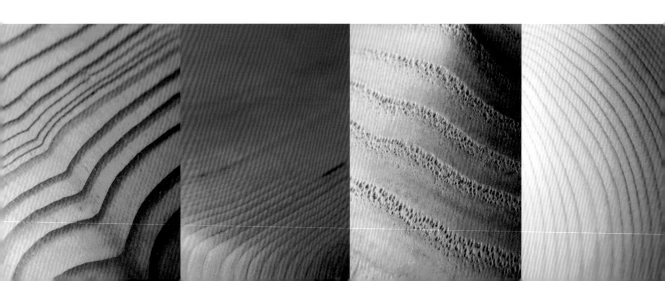

木材色彩索引 240

木材名索引 251

學名索引 257

詞彙翻譯對照表 261

資料來源 265

木材商名冊 266

作者簡介 268

監修感言 269

後記 270

Column

樺木與櫻花木──
為何樺木會被稱為櫻花木？ 49

「果實可食之木」的特徵──
木肌光滑、氣味芬芳 122

環孔材、散孔材、放射孔材──
依據導管的排列方式區分闊葉材的類別 .. 123

何謂「玫瑰木」？──
有些沒有玫瑰香氣 191

本書閱覽方法（凡例）

樹種的木材名。

【別名】

略稱或特定區域的名稱等。（編注：包含各個國家的名稱）

市場通稱是指木材商命名、或木材相關業者之間的稱呼。（大多是為了促銷活動而命名）

【學名】

闊葉樹以 APG 被子植物分類法為命名依據。

【科名】

闊葉樹以 APG 被子植物分類法為命名依據。[ ] 為原科名。散孔材、環孔材請參照 P.123 專欄。

【產地】

日本、北美、南美、歐洲、非洲、東南亞、澳洲、台灣等。

【比重】

比重為氣乾比重。數值參考《木材大百科》『木の大百科』、《原色木材大圖鑑》『原色木材大図鑑』、《世界木材圖鑑》『世界木材図鑑』、《世界木材 2000》『世界の木材 2000 種』、《熱帶商用樹種》『熱帶の有用樹種』、《南洋材》『南洋材』、

《北美木材》『北米の木材』、《WORLD WOODS IN COLOUR》、《THE COMMERCIAL WOODS OF AFRICA》、《WOOD》。出版商請翻閱至 P.265。

有「＊」標記的數據是在北海道大學農學部木材工學研究室測定（2014 年 2 月）

【硬度】

河村壽昌先生以車床加工時的感受，將硬度分為 10 級，10 為最硬（每級又細分弱或強）。由於加工難易度會受到纖維抵抗、二氧化矽或石灰的影響而有差異，因此有些無法從比重數值判斷加工難易度。

【說明文】

1. 獨特詞彙的意涵

砂紙研磨效果佳：使用砂紙研磨時能夠有效削除。

感受到纖維：指木材纖維的強韌程度會從車床刀刃傳遞到手部。

刀刃鋒利：為使刀刃容易削入木材，需要確實地研磨刀刃。

2. 引號內的評語是西川先生採訪木工製作者或木材相關人士彙整而成。此外，屬於河村先生主觀性的看法則會在引號後加上「（河村）」。其他列名的

榆木

【別名】春榆、白榆、elm
※ 市場通稱：赤榆（赤榆和水曲柳的日文名稱會讓人誤以為是同樣樹種，但實屬不同科屬，有些地區或木材業界會以此稱呼）
【學名】Ulmus davidiana var. japonica
【科名】榆科［榆屬］
闊葉樹（環孔材）
【產地】北海道（木材主要產地）、本州、四國（部分）、九州（部分）
【比重】0.42～0.71
【硬度】6＊＊＊＊＊＊

整體感覺類似水曲柳或欅木，屬於性質不穩定的木材

榆樹又區分為裂葉榆、鄉榆等樹種，但是做為木材的話一般都是指春榆。不過，市場上流通的榆木中也有混入裂葉榆的木材。「春榆的木紋較為平順，裂葉榆的木紋則呈波紋」（製材業者）。雖然擁有美麗的木紋、纖細的木斑，以及適富硬度和韌性等優良木材的條件，但是木材的性質不穩定（乾燥後也會變動），使得木材裁切良率不高，這就是榆木評價低落的原因。此外，可做為曲木柳或欅木的替代材。由於榆木的樹瘤部分有明顯的瘤紋，所以常以榆木瘤的名稱進行交易。

【加工】不論是進行切削或旋削作業都不是容易加工的木材。木工車床加工方面，由於導管粗大，纖維抵抗感，因此老有木材哽咬的堅硬感。沒有油分，砂紙研磨效果佳。

【木理】雖然木紋不細緻，但是分布均勻且明顯可見。從切面有獨特的斑點紋樣（區別榆木與刺榆的關鍵點）。

【色彩】心材呈帶有紅色調的奶油色；邊材則偏白色。心材與邊材的界線明顯。

【氣味】些微異味。

【用途】家具材、建築材料、合板

【通路商】台灣 壹、貳、伍
　　　　　日本 闊葉材經銷業者

日本香柏

【別名】黑檜、鼠子
【學名】Thuja standishii
【科名】柏科（側柏屬）
針葉樹
【產地】本州（從北部到中部、以中部山岳地帶為主）、四國
【比重】0.30～0.42
【硬度】2＊＊

做為隔間門窗材料使用，屬於木曾五木之一

日本香柏與美西側柏為同科同屬，是木曾五木之一。主要產地為本州中部山岳地帶，由於木材蓄積量長不大，因此市場流通量極少。日本香柏的收縮率低，幾乎不會反翹或開裂，一直是做為日式糊紙拉門或隔扇框架等隔間門窗的材料。木質有點類似神代杉※的風雅情態。

【加工】木工車床加工方面，雖然不容易削切，但切切面不會破碎零亂。整體質地柔軟，唯獨年輪較硬，所以車削時有可哽切哽哩的堅硬感。「車削難度與毛泡桐差不多，但是比起日本冷杉和日本花柏還要容易」（河村）。沒有油分，砂紙研磨效果佳。容易切削和刨削作業。

【木理】年輪明顯，寬幅相當狹窄。木紋大致通直，木肌緻密。

【色彩】心材呈微焦茶色，而且時間愈長愈黑。邊材為淡奶油色。心材與邊材的界線明顯。

【氣味】幾乎沒有氣味。

【用途】建築材料（天花板等）、隔間門窗材料、神代杉的替代材

【通路商】台灣 伍
　　　　　日本 1、6、7、8、11、16、18

譯注：神代杉是指埋藏在水中或土中，經過長久歲月的木材。以前是專門指埋藏在火山灰中的杉木。色彩為藍黑色，木紋細緻絢麗。

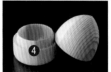

專業人士有以下三位，在色彩和氣味方面給予了寶貴意見。

小島尚（木工藝家、曾任職於大型塗料公司，熟稔木材顏色）

七戶千惠（身兼 The St Monica 代表、芳療師、藥劑師、木育職業認證者等身分）

蓮尾知子（Wood Art HAS 負責人、著名木鑲嵌工藝家）

【通路商】

聯絡方式請翻至木材商名冊（P.266）。台灣為 2024 年 4 月的資料 (部分為 2023 年)；日本則為 2014 年 2 月，庫存狀況恐有變動，請洽詢木材商。

【照片】

❶ 局部放大照
❷ 全景照
❸ 木材加工前的粗胚
❹ 打開盒蓋的樣貌

【木器概要】

· 採縱向取材：從樹幹下端橫切一段木材，去除髓心並以轆轤旋削成粗胚。山中漆器[譯注]原則上都採取縱向取材方式。（請參照插圖）

· 加工方式：河村先生使用木工轆轤，並用相同刀刃製作粗胚，然後再用相同鉋刀處理後，以木工車床削切成形（旋削）。

· 完成面處理：採取玻璃塗層（透明色）塗裝。粗胚則無塗裝。

· 作品規格：尺寸大小並非同一規格，而是直徑約 35 ～ 50 公釐不等，所以形狀也不盡相同。

縱向取材

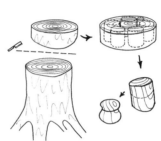

橫剖下一段樹幹→去除髓心後旋削成粗胚→利用木工車床塑型木器形狀。

譯注：山中漆器是安土桃山時代，移居日本加賀市山中溫泉地區的木器工藝家，在江戶時代中期從會津、京都、金澤引進漆器彩繪和塗裝技術，因而發展為木器工藝和茶道具的著名產地。

丹桂

【學名】Osmanthus fragrans var. aurantiacus
【科名】木樨科（木樨屬）
　　　　闊葉樹（散孔材）
【產地】日本各地的庭園木等。原產於中國
【比重】0.71*
【硬度】6 ＊＊＊＊＊＊

　　丹桂的木質類似於錐栗（硬度比錐栗柔軟），兩者的共通點為橫切面具有獨特的細緻裂紋、木工車床加工時的纖維感受、刀刃接觸面的整體觸感等等。雖然刀刃碰到韌纖維而有玻璃咬吮的抵抗感，但不影響木工車床加工作業。沒有油分，砂紙研磨效果佳。木材色彩是帶有黃色調的奶油色，幾乎沒有氣味（但花朵具有香甜氣味）。屬於庭園林木，因此木材流通量極少。
【通路商】日本 16

構樹

【別名】楮樹、殼樹、鹿仔樹
【學名】Broussonetia kazinoki × B. papyrifera
【科名】桑科（構屬）
　　　　闊葉樹（環孔材）
【產地】本州、四國、九州、沖繩
【比重】0.85*
【硬度】5 ＊＊＊＊＊＊

　　構樹是出名的和紙原料。由於是小直徑樹木（直徑 10 公分左右），無法裁切成大塊木材，因此市場上幾乎沒有流通。然而，構樹是具有光滑木肌，高雅奶油色調、硬度適中，以及適度韌性等特徵的良材，硬度和光澤等特性與髭脹橿葉樹類似（只是色調不同）。適合用來製作小器物等。因為沒有逆向木紋的存在，所以容易加工。木工車床加工能夠哺嚕嚕嚕地順利車削。沒有油分，砂紙研磨效果佳。
【通路商】日本 16

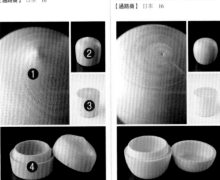

石榴

【學名】Punica granatum
【科名】千屈菜科 [原屬石榴科]（石榴屬）
　　　　闊葉樹（散孔材）
【產地】本州、四國、九州。
　　　　原產於西亞（伊朗、阿富汗一帶）
【比重】0.67*
【硬度】6 ＊＊＊＊＊＊

　　石榴的果實和紅色的花朵令人印象深刻。石榴在市場上幾乎沒有流通，但是是擁有硬度適中、木質緻密光滑、色調亮麗等特徵的良材。雖然木材非常稀少，但是也能做為床之間的裝飾柱，而且是以連帶樹皮的木材或經過研磨的原木狀態使用。石榴的加工性良好，適合製作小器物等。木工車床加工方面，雖然有堅硬砥紙但能夠哺嚕哺嚕地順暢車削（類似用切山茶的手感）。木材色彩是帶有黃色調的紫褐綠色。生材時有些微的氣味。
【通路商】日本 8、17

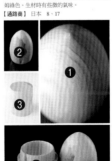

瓊崖海棠
紅厚殼

【別名】胡桐、海棠木、照葉木
【學名】Calophyllum inophyllum
【科名】藤黃科（紅厚殼屬）
　　　　闊葉樹（散孔材）
【產地】沖繩、小笠原群島
【比重】0.64 ～ 0.71
【硬度】7 ＊＊＊＊＊＊＊

　　瓊崖海棠是一種木紋細緻美麗的南洋木材，生長在東南亞和太平洋諸島的最北端到沖繩為止。由於葉子具有光澤，因此在日本有「照葉木」之稱。木質堅硬強韌，在沖繩是當做家具或漆器底材的上等木材。此外，逆向木紋較強勁必須慎重進行加工。木工車床加工可沙啦沙啦地順暢車削。砂紙研磨效果佳。木材色彩帶有桃紅色調，而且具有光澤感的明亮茶色。
【通路商】日本 28

Part 1　日本木材

原注：包含原產地非日本，後來傳入日本的
樹種。

編注：木材的流通情況是以日本市場來加以
說明。

南天竹

小葉梣

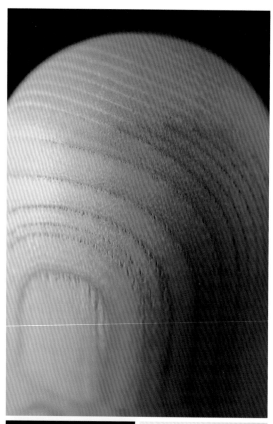

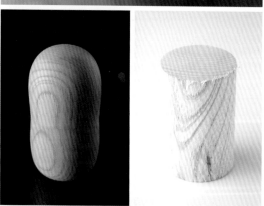

【學名】*Fraxinus lanuginosa* f. *serrata*
【科名】木犀科（梣屬）
　　　　闊葉樹（環孔材）
【產地】北海道（良材的主要產地）～九州
【比重】0.62 ～ 0.84
【硬度】7 ＊＊＊＊＊＊＊＊＊＊

堅硬且韌性強，
具有光澤感的良質球棒材

　　木材強韌，具有相當高的耐衝擊性。在性質類似的木材中，就屬小葉梣最硬且韌性最強。憑感覺排序的話「硬度6以下有水曲柳、象蠟木；6以上有日本梣木；7則有小葉梣。隨著硬度愈高，韌性也愈強」。這種性質適合做為球棒材料，也能適應木材的彎曲加工。表面色澤也屬小葉梣最佳，呈美麗的光澤感。由於良質木材變少，因此職業棒球選手使用的球棒材中，硬楓（Hard maple）的比例有愈來愈高的趨勢。

【加工】　基本上屬於容易加工的木材。木工車床加工方面，雖然硬度偏高，車削時有嘎吱嘎吱的堅硬感，但不難加工。此外表面也不易起毛。

【木理】　年輪相當明顯。木紋通直，而且由於成長緩慢，因此木紋纖細。

【色彩】　呈光澤感的乳白色（與日本梣木相同）。樹皮浸水時逐漸轉為藍色，這種現象是由於樹皮含有的成分在加水分解後，會變成螢光物質發出藍光，因此日本稱為「青梻」。

【氣味】　氣味微弱，類似水曲柳的氣味

【用途】　球棒。樹皮可做為藥材（生藥）

【通路商】　日本　4、21 等。木紋通直的良質木材很難買到（多用於球棒材）。市面也有混入日本梣木販賣的情形

紅雲杉

【學名】*Picea glehnii*
【科名】松科（雲杉屬）
　　　　針葉樹
【產地】北海道、早池峰山
【比重】0.35〜0.53
【硬度】3強 ＊＊＊＊＊＊＊＊＊＊

樹皮為紅色但木材呈白色，常做為樂器響板的材料

　　樹皮比魚鱗雲杉（別名為黑雲杉）紅，因此被稱為紅雲杉，但木材偏白。雖然年輪帶有黃色這點與魚鱗雲杉相似，但樹脂少，木工車床加工時具有類似庫頁島冷杉「啪沙啪沙」的乾巴巴感。這種屬於貴重樂器材，常用於製成鋼琴或小提琴的響板。近年來北海道盛行人工造林（魚鱗雲杉造林困難，幾乎沒有人工造林）。

【加工】　切削加工容易，但不太適合木工車床加工。年輪的晚材硬，所以加工時有明顯的堅硬感。刀刃不鋒利（未確實研磨的話）會使橫切面起毛。沒有油分，砂紙研磨效果佳。

【木理】　木紋細緻。成長緩慢而使年輪寬幅狹窄。年輪明顯。

【色彩】　整體相似於魚鱗雲杉，年輪部分偏黃。心材和邊材的界線模糊，年輪與年輪之間則偏白色。

【氣味】　雖然幾乎沒有氣味，但還是能聞到些微的樹脂味（氣味比魚鱗雲杉弱）。

【用途】　建築材料、樂器材（鋼琴響板等）、紙漿材料

【通路商】　台灣　壹拾
　　　　　　日本　北海道針葉材銷售業者。2、
　　　　　　4等

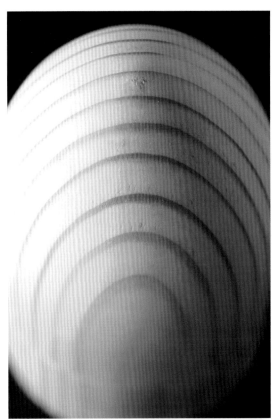

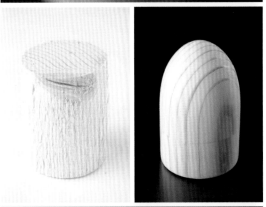

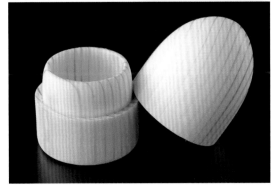

日本常綠橡

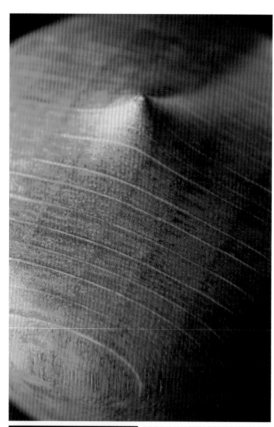

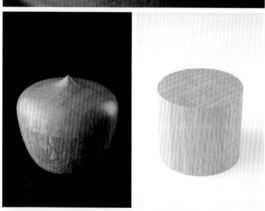

【學名】*Quercus acuta*
【科名】殼斗科（橡屬）
　　　　闊葉樹（放射孔材）
【產地】本州（新潟縣、福島縣以南）、
　　　　四國、九州
【比重】0.80 ～ 1.05
【硬度】8 強 ＊＊＊＊＊＊＊＊＊＊

堅韌度與重量感在日本材中名列前茅

　　日本常綠橡在日本材中是僅次於蚊母樹等，既重且硬的材種。不僅具有韌性而且耐水性強。「感覺比小葉青岡櫟硬。但又不像蚊母樹那般對刀刃有強烈的抵抗感覺」（河村）。質地從生材到乾燥階段會產生相當大的變動，乾燥後則趨於安定。這是殼斗科的共通特性。

【加工】　木工車床加工方面，車削時感受到纖維而有嘎吱嘎吱的堅硬感，即使用鋒利刀刃也有抵抗感。切削加工或刨削作業困難。「雖說是硬，但又不同於皮灰木（風車木）的硬度，是具有韌性的硬度」（河村）

【木理】　稍微不規則狀。具有偏白色的斑點。年輪不明顯。

【色彩】　呈淡紅色。心材和邊材界線有點模糊。

【氣味】　幾乎沒有氣味。

【用途】　常用於道具的柄（日本彌生時代的鋤頭和圓鍬）、梆子、木刀、三味線的琴桿、祭典彩轎的車輪、以及高韌性需求的物品。鉋台的「台座」材料就是樫木，但大多使用的不是日本常綠橡而是小葉青岡櫟。可能原因在於比小葉青岡櫟難取得、以及色調上的考量。「相較於小葉青岡櫟，日本常綠橡的色調深，所以不容易看出鉋刀痕跡。有些人認為這種木材的韌性略有不足且容易裂開。另外，價格也貴了點」（宮大工）

【通路商】　日本　7、8、12

茄苳

【學名】*Bischofia javanica*
【科名】大戟科（重陽木屬）
　　　　闊葉樹（散孔材）
【產地】沖繩
【比重】0.70～0.80
【硬度】5 ＊＊＊＊＊＊＊＊＊＊

沖繩常見的紅色木材

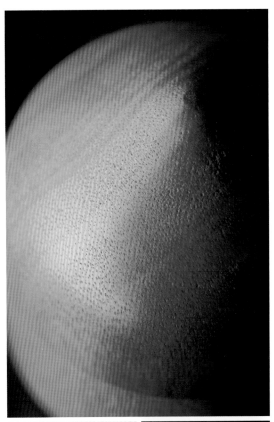

　　木材呈濃烈的紅色是其特徵。完成面光滑。乾燥時的性質相當不穩定。在沖繩是當做行道樹栽種的常見樹木。「進行木工車床加工時，有種紅色的日本七葉樹的錯覺，但感覺上比日本七葉樹稍微堅硬些」（河村）。「搭配琉球松等木材製作家具的話，色彩對比非常漂亮，只是容易龜裂，所以不會用在桌面或椅面，大多使用在椅腳桌腳」（沖繩在地的木工家）

【加工】　加工容易。幾乎沒有逆向木紋，所以車削作業時能夠沙啦沙啦地流暢操作。木屑呈粉末狀。木材沒有韌性。完成面比柳桉光滑，但又沒有日本黃楊那般滑溜。

【木理】　不管是徑切面或弦切面都不容易看到木紋。

【色彩】　呈紅茶色。無色斑。帶有濃烈的紅色，又不像紅飽食桑那種程度的紅，但比日本常綠橡更偏紅色。

【氣味】　氣味微弱。「味道溫和。令人想起日照下稻稈的香氣」（七戶）

【用途】　家具材、手工藝品、展示櫃（利用樹枝）

【通路商】　日本　28、29、30

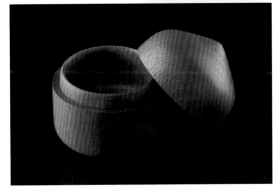

赤松

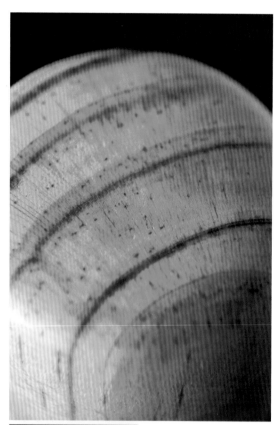

【別名】雌松
【學名】*Pinus densiflora*
【科名】松科（松屬）
　　　　針葉樹
【產地】北海道南部～九州
【比重】0.42～0.62
【硬度】3 ＊＊＊＊＊＊＊＊＊＊

與黑松的質地幾乎相同，通常以「松」為名流通

　　若拿黑松比較，赤松的樹皮較為偏紅。生長於日本全國各地的山野（北海道中部、北部除外），對日本人而言是非常熟悉的樹木。質地隨著地區和環境的培育條件而有差異。赤松與生長在海岸的黑松不易區分，但感覺上比黑松稍微柔軟。市場上並不會區分黑松與赤松，幾乎都泛稱為「松」。

【加工】　木工車床加工方面，只要刀刃鋒利（確實研磨的話）就能切得很漂亮。由於樹脂多所以完成面用砂紙研磨沒有效果，但是也不容易形成「年輪浮雕」（磨掉年輪與年輪之間的部分，使年輪凸出）。容易切削加工或刨削作業。

【木理】　粗年輪明顯可見。油分滲透木肌居多。

【色彩】　心材帶有紅色調的奶油色。邊材呈黃白色，但與心材的界線模糊。

【氣味】　散發松脂的氣味。與黑松兩者相近難以區別。

【用途】　用途與黑松相同。建築材料（會彎曲所以不適合做為柱子。但具有強度可當做樑等使用）

【通路商】　台灣　貳、參、伍、陸
　　　　　　日本　建築材料經銷商。日本市場不太使用赤松這個名稱。

鐵木

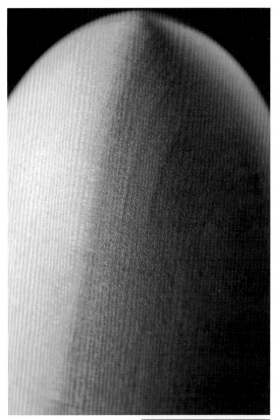

【學名】*Ostrya japonica*
【科名】樺木科（鐵木屬）
　　　　闊葉樹（散孔材）
【產地】北海道（中南部）～九州（霧島山以北）
【比重】0.64～0.87
【硬度】5強 ＊＊＊＊＊＊＊＊＊＊

具有樺木類材種的特徵，
屬於色調沉穩的木材

　　鐵木的顏色和質感類似於日本櫻桃樺樹，但比日本櫻桃樺樹柔軟而且不具韌性。逆向木紋少、不容易缺角。完成面呈漂亮的光澤感。在樺木類當中屬於流通數量少的木材，不過也有當做櫻花木來交易的情形。以前北海道都能出產良質的木材。「鐵木質地細緻、有光澤，而且具有沉穩的木紋。硬度不到真樺的堅實程度，所以常用做地板材」（北海道的木材業者）

【加工】　硬度適中。木工車床加工方面，車削作業流暢。切削加工和刨削作業稍微困難。沒有油分，砂紙研磨效果佳。

【木理】　具有樺木類的共通特徵。年輪不明顯。紋理緻密，木肌光滑。

【色彩】　心材為暗紅褐色（帶有紅色調的焦茶色）的沉穩色調。邊材則帶有桃色調的灰褐色。在樺木類當中是帶有色彩的木材。

【氣味】　沒有特別感覺到有氣味。

【用途】　家具材、建築材、地板材、木碗材、鞋子楦頭、雪橇材、以前是滑雪板材

【通路商】　台灣　伍、壹拾貳
　　　　　　日本　1、4、5、8、12、21

杏樹

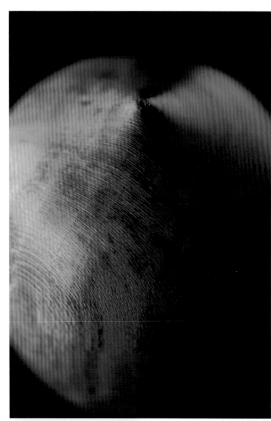

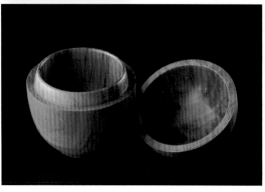

【學名】*Prunus armeniaca* var. *ansu*
（別名：*Armeniaca vulgaris* var. *ansu*）
【科名】薔薇科（櫻屬）
闊葉樹（散孔材）
【產地】原產於中國北部，古代傳入日本各地栽培
【比重】0.72 ～ 0.84
【硬度】6 ＊＊＊＊＊＊＊＊＊＊

呈粉紅或綠色等多彩色調，散發杏仁豆腐般的香氣

　　成樹可生長到樹高 5 ～ 10 公尺、直徑 50 公分左右的小徑木。無法取得大塊木材。杏樹是扭轉向上般成長，所以乾燥不易且容易開裂。但是，具有木紋細緻、木肌滑溜、以及加工性佳等優點。屬於「果實可食之木」（參見 P.122）。

【加工】 硬度適中，質地緻密且容易加工。沒有油分，砂紙研磨效果佳，只是木質相當堅硬，不易磨掉稜角或邊緣。木工車床加工方面，車削作業容易。「雖然車削時的手感比梅樹硬，但屬於相當順手的木材」。（河村）

【木理】 年輪不明顯。木肌細緻而且具有斑點。

【色彩】 混雜粉紅、橙色、淡綠色等各種色彩，整體上帶有紅色調的橙色。雖然具有類似梅樹的氛圍，但是木材紋理顏色比梅樹深。

【氣味】 氣味香甜。生材時散發出強烈香氣。「氣味類似杏仁豆腐或櫻餅皮」。（河村）

【用途】 香盒、茶道具、小工藝品、念珠

【通路商】 日本　15、16

蚊母樹

【別名】蚊子樹、由之樹（日本沖繩方言）
【學名】*Distylium racemosum*
【科名】金縷梅科（蚊母樹屬）
　　　　闊葉樹（散孔材）
【產地】本州南部、四國、九州、沖繩
【比重】0.90〜1.00
【硬度】9 ＊＊＊＊＊＊＊＊＊＊✳
※比樫木類硬。

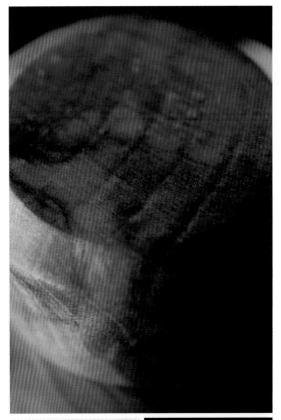

木材性質不穩定不利加工，日本材中的重硬材之最

在日本材中屬於最重且硬的木材之一。木質堅硬不適合加工。而且乾燥時的收縮率大，反翹或開裂情況嚴重，乾燥後也會出現開裂。「製作完成的盒蓋木器也有龜裂的情形」（河村）。耐久性高、防白蟻。市面上也有將蚊母樹當做紫檀或黑檀的替代材販售。

【加工】 質地堅硬而不容易加工。木工車床加工方面，木材的堅硬感強烈，但纖維紮實所以完成面相當美麗。

【木理】 年輪緊密細緻。

【色彩】 製材後不久就會呈微褪色的焦茶色，帶有粉紫色的柔美感。時間愈長顏色愈深，轉為焦茶色。

【氣味】 沒有特別感覺到有氣味。

【用途】 木刀、床之間的裝飾柱、三味線和三弦的琴桿。紫檀或黑檀的替代材

【通路商】 日本　7、16、21、27、29

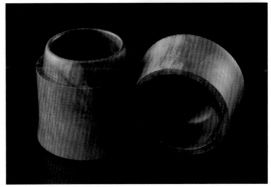

色木槭

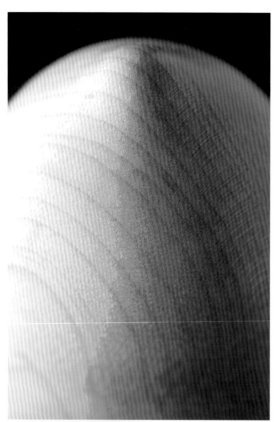

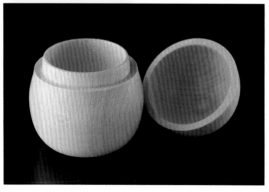

【學名】*Acer mono*
【科名】槭科（槭屬）
　　　　闊葉樹（散孔材）
【產地】北海道（良材的主要產地）～九州
【比重】0.58～0.77
【硬度】6 ＊＊＊＊＊＊＊＊＊＊＊
※ 比山櫻木硬。

光滑堅硬又有韌性的高級良材

　　木材中提到槭木一般都是指色木槭。色木槭不僅堅實而且具有韌性，有日本硬楓（Hard maple）的美名。紋理細膩緻密、木肌光滑。在各種瑰麗的瘤紋和白色調的相互調和之下，散發出一股上等良材的氛圍，也因此用途更加廣泛。不過，因為具有硬度和礦物線（mineral streaks，暗綠色變色部分含有各種礦物）所以不利於加工。「碰到礦物線時會發出喀嚓聲，刀刃很容易彈飛」（河村）

【加工】　加工困難。木工車床加工方面，幾乎不受導管阻力影響能夠咻咻地車削，但要注意突然出現的礦物線。由於質地堅硬，所以邊緣的削切痕跡或稜角不易損缺。完成面非常漂亮。「完成面適合做油脂處理。使用機械作業和敲擊鑿刀加工還行得通，但雕刻刀和手工鑿刀就很辛苦」（木工家）

【木理】　年輪不明顯。木紋細緻。具有波紋瘤紋或鳥眼瘤紋等多彩瘤紋。

【色彩】　接近白色的奶油色。心材和邊材的界線模糊。

【氣味】　削切生材時散發類似楓糖漿般的香甜氣味。乾燥後幾乎沒有氣味。

【用途】　家具材、樂器材、化妝單板、運動器材

【通路商】　日本　1、3、4、6、7、8、21

東北紅豆杉

【別名】日本紅豆杉、赤柏松
【學名】*Taxus cuspidata*
【科名】紅豆杉科（紅豆杉屬）
　　　　針葉樹
【產地】北海道～九州（南九州除外）
【比重】0.45 ～ 0.62
【硬度】3 強 ＊＊＊＊＊＊＊＊＊＊

色調美且容易加工，
屬針葉材中的良材

　　以針葉材而言是堅硬的木材。切削加工或木工車床加工皆容易作業，完成面相當出色。經過一段時間，色調會從橘色轉成深紅色。乾燥作業並不困難，而且不會發生反翹或開裂情形。只是有礦物線，因此加工時碰到礦物線的話就會使刀刃缺損，必須加以注意。大多橫切面都呈南瓜紋理，這點也是東北紅豆杉的特徵。

【加工】　加工容易。在針葉材當中，屬於即使是木工車床加工的初學者也容易操作的木材。這是因為東北紅豆杉具有木紋緊密、車削作業容易、油分少有利砂紙研磨、以及即使刀刃不鋒利，完成面也看不出髒汙等優點。車削時的手感滑順。木屑呈粉末狀。

【木理】　年輪緊密均勻。木肌瑰麗。

【色彩】　剛裁成板材或車削後不久會變成橙色。經過長時間變化，顏色漸漸轉深形成沉穩的色調。「像牛奶糖般的亮黃色調的茶色」（小島）

【氣味】　幾乎沒有氣味。

【用途】　建築材料（床之間的裝飾柱）、日式家具、工藝品、木雕（一刀雕作品等）、薄片圓筒狀容器

【通路商】　台灣　伍

　　　　　日本　1、4、7、8、11、14、16、18、21

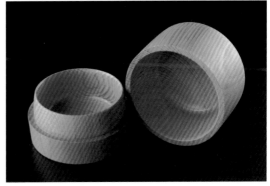

銀杏

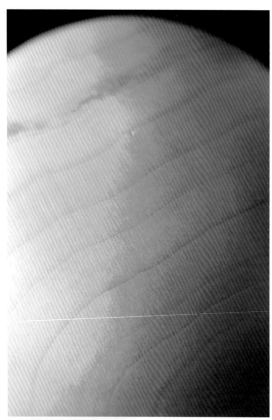

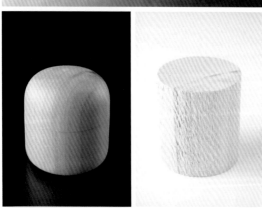

【別名】公孫樹、白果樹
【學名】*Ginkgo biloba*
【科名】銀杏科（銀杏屬）
　　　　裸子植物（針葉樹的樹種）
【產地】日本全國。原產於中國
【比重】0.55
【硬度】3 ＊＊＊＊＊＊＊＊＊＊

常被誤認是闊葉材，
其實是木理不明顯的裸子植物

　　樹木乍看之下是闊葉樹，但卻是會落葉的針葉樹。木理不明顯，甚至銀杏也有類似闊葉材的氛圍，在針葉材中具有堅硬的印象代表。雖然比日本柳杉容易開裂，但情形並不嚴重。木材大致分為具有強烈銀杏果氣味，以及沒有銀杏果氣味兩種。

【加工】　切削加工或刨削作業容易。進行木工車床等旋切加工時，若使用不夠鋒利的刀刃就會使木材表面起毛。「刀刃不銳利（未確實研磨的話）會損傷纖維導致不好削切」（河村）。削切後的觸感滑順，就連木屑的產生過程也很流暢。

【木理】　年輪不明顯。紋理緻密。

【色彩】　接近黃色的奶油色。心材和邊材幾乎無色差。

【氣味】　具有個體差異。氣味濃烈的木材散發銀杏果的臭味。「斑馬木也有相同的氣味，但只要聞氣味就能分辨其差異。我不喜歡銀杏果的氣味」（河村）。因此，氣味強烈的木材不適合製作餐具或砧板。加工前必須確認木材的氣味。

【用途】　用途與連香樹相同（木雕、一般市售的象棋棋盤、圍棋棋盤等）、砧板

【通路商】　日本　1、7、8、10、11、16、
　　　　　　18、19、20、21

朝鮮槐

【別名】槐木
【學名】*Maackia amurensis var. buergeri*
【科名】豆科（馬鞍樹屬）
　　　　闊葉樹（環孔材）
【產地】北海道、本州（中部以北為主）
【比重】0.54～0.70
【硬度】5 ✴✴✴✴✴✴✴✴✴✴

具有光澤和優美色調，
類似於桑木的良材

　　以槐木這個名稱在市場上流通的木材大多為朝鮮槐。由於成樹只能生長到樹高 15 公尺、胸高直徑 75 公分左右，所以無法裁切成大塊木材。植物學上稱為槐樹（*Styphnolobium japonicum*）的樹木是中國原產樹種，生長到樹高 20 公尺左右的樹材，幾乎未在市場上流通（大多為行道樹）。朝鮮槐具有與桑木類似的光澤和堅硬度。暗色系的色調在日本材中相當稀少，因此日本是當做稀有材廣泛使用在各種用途上。具有韌性且不易開裂，耐久性佳。

【加工】　木工車床加工方面，車削時可感受到導管或纖維的存在，傳遞叩哩叩哩的強韌感至手部，也能感受到木材的韌性。完成面具有光澤（與桑木相同）。切削加工稍微困難，但容易雕刻所以適合做為木雕材。

【木理】　生長遲緩因此年輪細窄。木肌粗糙。

【色彩】　心材近似土黃色的焦茶色。經年變化之下色彩逐漸轉深。邊材帶有黃色調的白色。適合做為床之間裝飾柱等，其心材和邊材的色差具有高級感。

【氣味】　作業中飄散微微的苦味。

【用途】　室內裝潢材料（床之間的裝飾柱、前緣等）、日式家具、樂器材（三味線的琴身等）、木工藝品

【通路商】　日本　普及流通。1、4、5、7、8、11、16、17、18、21、27 等

羅漢松

【別名】羅漢杉、金錢松、土杉
【學名】*Podocarpus macrophyllus*
【科名】羅漢杉科（羅漢杉屬）
　　　　針葉樹
【產地】本州（關東地區南部以西）、
　　　　四國、九州、沖繩
【比重】0.48～0.65
【硬度】4 ＊＊＊＊＊＊＊＊＊＊

具有不像針葉材的重量和硬度

　　在針葉材中屬於木肌光滑、既重且堅硬，顛覆針葉材固有印象的木材。雖然成樹可生長到高度 20 公尺以上、直徑 1 公尺左右的高大樹木，但螺旋狀的生長方式會出現斜向開裂，以致無法裁切成大塊木材。不管是硬度還是車削情況，都與髭脈橙葉樹有相似的感覺。耐水性佳且抗白蟻性優異。

【加工】　由於受到硬度和纖維抵抗，所以不容易加工。木工車床加工方面，車削作業流暢，但是刀刃不夠鋒利（未確實研磨的話）會破壞橫切面的纖維。「恰到好處的滑順光澤感，具有與其他針葉材不同的觸感」（河村）

【木理】　大多紋理通直緊密。年輪明顯。

【色彩】　近似白色的膚色，其中包含茶色調的粉紅色。心材和邊材的界線不明顯。

【氣味】　乾燥材幾乎沒有氣味。鋸切生材時有股臭味，因此有「土杉」的別名。

【用途】　建築材（在沖繩是做為柱和樑）、利用耐水特徵所製作的東西（桶子和屋頂板等）、佛壇（沖繩）

【通路商】日本　10、11、28、30

龍柏

【別名】 圓柏
（園藝品種也稱為龍柏）
【學名】 *Juniperus chinensis*
【科名】 柏科（圓柏屬）
針葉樹
【產地】 本州、四國、九州、沖繩
【比重】 0.65
【硬度】 3 ＊＊＊＊＊＊＊＊＊＊

散發日本扁柏般的香氣，
呈粉色調的絢麗木材

　　橫切面呈南瓜紋理般的鋸齒狀輪廓線。
切開原木可見粉色心材和白色邊材，所形成的
鮮明紅白對比。由於樹幹的枝條向四面八方伸
展，因此木節較多。市場流通量少。「初次看
到這種木材時，心想著原來日本有這麼美麗的
木材呀……光是觀賞就是一種樂趣，所以我喜
歡用它來創作」（河村）

【加工】 即使是同一根木材，各部位的加工難
易度也不盡相同。有些部位能夠咻咻地順暢削
切，有些部位不僅纖維錯綜複雜而且木節多到
難以處理。兩者的差異極大。

【木理】 年輪寬幅狹窄。木紋錯綜複雜。橫切
面呈細緻的放射狀紋路。

【色彩】 製材後不久的心材呈鮮粉紅色，經數
週後逐漸褪成茶色。邊材偏白色。

【氣味】 散發類似日本扁柏的香氣。「比日本
扁柏更濃厚的檜木醇氣味，就像用人中夾住鉛
筆時聞到的香氣」（河村）

【用途】 床之間的裝飾柱、裝飾用木材（活用
橫切面的南瓜紋理）、鉛筆筆桿（以前用量不
多）

【通路商】 台灣　壹、伍
　　　　　　日本　7、21

梅樹

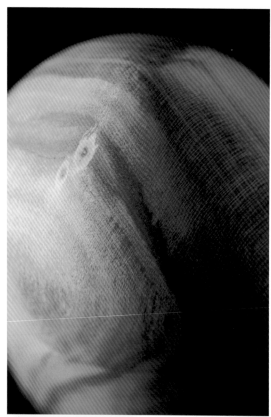

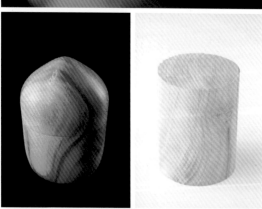

【學名】 *Prunus mume*
【科名】 薔薇科（櫻屬）
　　　　 闊葉樹（散孔材）
【產地】 日本全國。原產於中國
【比重】 0.81
【硬度】 6強 ＊＊＊＊＊＊＊＊＊＊

類似櫨木的硬度，
具有光澤感的完成面

梅樹相當堅硬（硬度接近櫨木）、開裂情況多。不容易裁成板材，市場流通量也極少。橫切面呈放射狀紋路。具有濃淡不一的色差、大多有明顯「紋理」，這或許是成為茶道具的珍貴材料的主要原因。

【加工】 加工容易。木工車床加工方面，雖然質地堅硬，但車削過程不會有嘎吱嘎吱的堅硬感覺。完成面光滑而有光澤。咻咻地削出的木屑不是粉末狀而是薄片狀。無油分感，砂紙研磨效果佳。此外，由於木材堅硬所以不像柔軟木材那樣容易削切。

【木理】 粉色夾雜黑色條狀的「紋理」。木紋緻密光滑。

【色彩】 呈桃色系，帶有暗黃色調的桃色。

【氣味】 氣味香甜。「只有在車削作業時才聞得到。雖然是梅樹卻散發類似櫻桃的氣味」（河村）

【用途】 製作茶道具的高級材料、香盒、念珠、算盤珠子

【通路商】 日本　7、8、12、16、17。市場上幾乎沒有梅樹的板材流通。即使出現在市面上，來源通常是從庭院砍下來，流通量極少

狹葉櫟

【學名】*Quercus salicina*
【科名】殼斗科（櫟屬）
　　　　闊葉樹（放射孔材）
【產地】本州（宮城縣、新潟縣以南）、
　　　　四國、九州、沖繩
【比重】0.76～0.85
【硬度】8 ＊＊＊＊＊＊＊＊＊＊

具有類似小葉青岡櫟的特徵，葉背呈灰白色

　　日文名稱「裏白樫」就是由於葉背像抹上粉末般的白色，所以依此特色命名。整體特徵類似於小葉青岡櫟，但比小葉青岡櫟稍硬，其硬度接近日本常綠橡。顏色則不像小葉青岡櫟，而是呈米黃色。生材狀態的反翹或開裂情況嚴重。「相當有趣的變形。雖然乾燥後趨於安定，但有蓋子的容器總會有變形鬆動的印象」（河村）

【加工】　相當堅硬但有韌性。木工車床加工方面，車削作業順暢沒有抵抗感。由於幾乎看不到導管，所以車刀刃口接觸面相當滑順。無油分感，砂紙研磨效果佳。不過，還是不像柔軟木材那樣容易削切。切削加工和刨削作業皆稍微困難。

【木理】　橫切面呈放射狀紋理和木斑。

【色彩】　呈米黃色。比小葉青岡櫟的色調更暗些。心材和邊材的界線模糊。

【氣味】　氣味弱但有股日本山毛櫸的氣味。「樫木類特有的香氣，這種氣味令我想起童年吃過的便宜蛋糕，蛋糕裡放了大量防腐劑的味道」（河村）

【用途】　道具的柄、梆子、木刀、祭典彩轎的材料。有些會與小葉青岡櫟混和使用。

【通路商】　日本　17、29

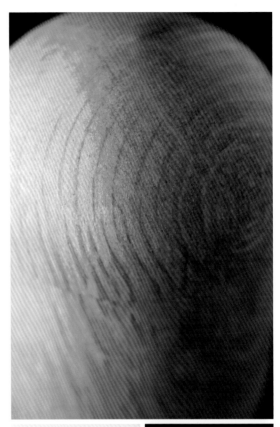

漆樹

【學名】*Toxicodendron verniciﬂuum*
（別名：*Rhus vernicifera*）
【科名】漆樹科（漆樹屬）
闊葉樹（環孔材）
【產地】日本全國。原產於中國和印度
【比重】0.45 ～ 0.57
【硬度】3 ＊＊＊＊＊＊＊＊＊＊

呈鮮黃色調且具有光澤感的柔軟木材

在闊葉材中屬於相當柔軟的木材。鮮豔的黃色令人印象深刻，而且具有光澤。木材維持乾燥狀態就不必擔心起斑疹（接觸樹液時容易起斑疹）。日本江戶時代曾為了採集漆液而在全國各地栽植漆樹；現在日本使用的漆液幾乎都從中國進口（日本國內產地為岩手縣二戶市淨法寺町等地）。毛漆樹（*T. trichocarpum*）和台灣藤漆（*T. orientale*）屬於日本野生品種，但並不會從這些漆樹採集漆液。

【加工】 由於質地柔軟，若刀刃不夠銳利就很難加工。尤其是木工車床加工時，橫切面會變得破碎不堪。車削手感較像針葉材。漆樹是特別需要慎重作業的木材。此外，利用年輪筋條堅硬，但年輪與年輪之間的木質柔軟這點特性加以研磨的話，很容易形成「浮雕拉紋」的完成面。

【木理】 年輪明顯。轉動木材可看到從木肌反射出的光芒（這種印象類似於蝴蝶翅膀）。

【色彩】 心材呈鮮黃色；邊材偏白色。如果是製作鑲嵌工藝品的話，可搭配苦木表現有層次的黃色調。苦木類似柳橙色；漆樹則帶有檸檬黃的色調。

【氣味】 幾乎沒有氣味。

【用途】 木片拼花工藝、鑲嵌工藝品、小物品

【通路商】 日本　7、12、14、15、18、21

魚鱗雲杉

【別名】黑雲杉
【學名】*Picea jezoensis*
【科名】松科（雲杉屬）
　　　　針葉樹
【產地】北海道
【比重】0.35 ～ 0.52
【硬度】3 強＊＊＊＊＊＊＊＊＊＊
※ 由於冬季年輪堅硬，因此會感受到比實際木材比重
更大的硬度。

完成面色調高雅的北海道木材

　　成樹是可生長到樹高 30 ～ 40 公尺、胸高直徑 1 公尺以上的針葉樹樹種，有「北海道之木」美名。北海道地區廣泛使用在結構材、曲輪或餐具等用途。在松科之中屬於容易加工的木材。用於木工車床製品等挽物（日本傳統工藝技術）上，其年輪的黃色調和美麗的完成面能營造挽物的高雅氛圍。以置戶工藝（北海道置戶町製作）為名廣為人知的器物或餐具，主要就是用魚鱗雲杉製作而成。由於不適合造林，所以木材資源漸漸枯竭，使得北海道產的魚鱗雲杉流通量日益減少。

【加工】　容易加工。纖維觸感明顯。木工車床加工方面，只要刀刃鋒利（確實研磨的話）就能切出漂亮的完成面。砂紙研磨效果有限，無法磨到像日本五針松般的光澤。車削手感或完成面的質感類似於琉球松。
【木理】　木理通直、木肌細緻。
【色彩】　年輪部分偏黃色、年輪與年輪之間呈白色，色調均衡感佳。
【氣味】　幾乎沒有氣味，只有一點點的松脂氣味。
【用途】　建築材料、結構材、紙漿材料、器物（置戶工藝品等）、薄木片
【通路商】　日本　北海道針葉材經銷業者

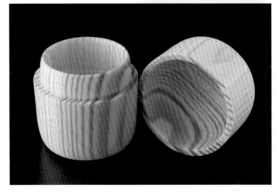

朴樹

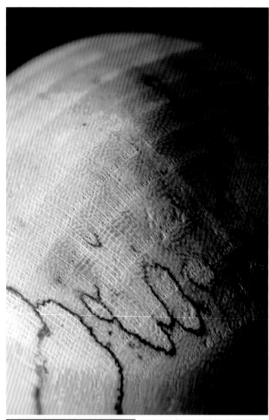

【學名】*Celtis sinensis*
【科名】榆科（朴屬）
　　　　闊葉樹（環孔材）
【產地】本州、四國、九州、沖繩
【比重】0.62
【硬度】5 ＊＊＊＊＊＊＊＊＊＊

硬度適中且木性平實，
無需特別小心而容易加工的木材

　　成樹可生長到樹高 20 公尺、直徑 1.2 公尺，在日本材中屬於可裁切成大塊木材的樹種。木材不僅軟硬度適當而且木性平實，因此容易加工。雖然幾乎沒有個體差異，品質相對穩定，但是乾燥時多少會產生反翹或開裂情形。木材價格低廉。「在山中舉辦的木工車床研習會上，朴樹是做為車削練習的木材」（河村）

【加工】　木工車床加工方面，可明顯感受到叩哩叩哩地纖維抵抗感，與榆木或刺楸的手感相似。沒有逆向木紋的感覺，即使使用不鋒利的車刀，還是能做到某種程度的削切。無油分感，砂紙研磨效果佳。「對初學者來說是不容易產生碎屑，而且容易加工的木材」（河村）

【木理】　木紋明顯。導管粗大。

【色彩】　稍微帶有灰色調的象牙色，顏色比同色調的刺楸淡。心材與邊材的界線模糊。

【氣味】　沒有特別感覺到有氣味。

【用途】　漆器底材、薪炭材、砧板、建築雜用材。有時做為欅木的替代材，但品質低劣

【通路商】　日本　7、16、17、20、27

鬼胡桃木

【別名】胡桃
【學名】*Juglans mandshurica* var. *sachalinensis*
【科名】胡桃科（胡桃屬）
　　　　闊葉樹（散孔材）
【產地】北海道～九州
【比重】0.53
【硬度】4 ★★★★☆☆☆☆☆☆

加工性佳，適合木工初學者的木材

　　通常提到胡桃木時，一般都是指鬼胡桃木。鬼胡桃木質地軟硬適中、紋理通直，是相當好處理又容易取得的木材。此外，還具有導管粗大、容易乾燥且不易變形開裂、有韌性等特質。由於能夠裁切成大塊板材，因此也可做為器物的面板。「感覺比黑胡桃木（比重0.64）稍微柔軟」（河村）

【加工】　加工容易。木工車床加工方面，可沙啦沙啦地滑順車削。沒有油分，砂紙研磨效果好。幾乎沒有逆向木紋，所以對木工初學者來說很容易處理。鬼胡桃木適合做成手工餐具（湯匙、牛油刀等，完成面採胡桃油塗裝）。「質地硬度適中，使用鉋刀或雕刻刀都能順手地作業」（木工家）

【木理】　橫切面的導管粗大明顯。在散孔材中屬於年輪較清晰可見的木材。

【色彩】　暗紫色調（黑紫色）。有如黑胡桃木的基調變淡後的淺褐色。有色斑。

【氣味】　沒有特別感覺到有氣味。

【用途】　家具材、木雕、手工藝品

【通路商】　台灣　壹

　　　　　　日本　1、8、11、12、14、16、
　　　　　　18、21

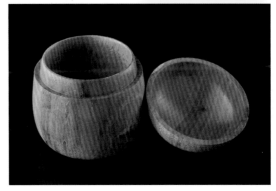

柿
白柿

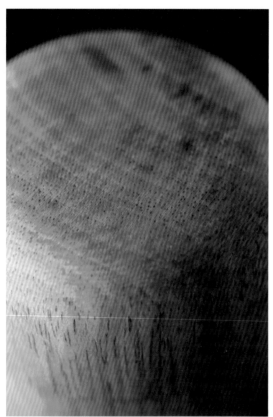

【別名】林柿
【學名】*Diospyros kaki*
【科名】柿樹科（柿樹屬）
　　　　闊葉樹（散孔材）
【產地】本州、四國、九州
【比重】0.60 ～ 0.85
【硬度】6 ＊＊＊＊＊＊＊＊＊＊

相當堅硬的木材，特別需要留意「髓心」的部分

　　由於柿樹是扭轉向上生長，所以螺旋狀部分容易開裂。礙於這點特性，不僅不易裁成板材，市場流通量也極少。乾燥後變得相當堅硬。柿有分等級，具有黑色條紋或整面黑面紋理的木材稱為「黑柿」，這種會以高級材進行交易。另外以柿或白柿名稱流通，通常是指沒有柿紋理的木材。

【加工】　雖然堅硬但心材部分有髓心（用指甲按壓時會凹陷碎裂的部位），因此取材相當困難。

【木理】　年輪不明顯。木肌平滑但有像柿澀成分的粒狀物。

【色彩】　帶有灰色調的象牙色。木肌具有黑色點狀紋路。

【氣味】　散發些微香甜氣味。香味像柿子果實。

【用途】　床之間的柱子等建築裝飾材、木片拼花工藝、鑲嵌工藝品、工藝品

【通路商】　台灣　伍
　　　　　日本　7、8、15、17、18、19、27

細葉榕

【學名】 *Ficus microcarpa*
【科名】 桑科（榕屬）
　　　　 闊葉樹（散孔材）
【產地】 屋久島、南西諸島（沖繩等）
【比重】 0.44～0.76
【硬度】 3 ＊＊＊＊＊＊＊＊＊＊＊

常見於沖繩和奄美地區，
紋樣多變的木材

　　細葉榕在沖繩和奄美地方是做為行道樹
和防風林的普遍樹木。有些可達樹高 20 公尺
左右，能夠裁切成較大板材。質地柔軟、木材
樣貌豐富有趣。不過，細葉榕具有容易開裂和
容易蟲蛀等問題，屬於難以維護的木材。

【加工】 加工容易。但使用不夠鋒利的車刀加
工時，橫切面就會破碎不堪。質地柔軟、少有
逆向木紋，相當適合做為雕刻材。木工車床等
旋削加工方面，由於沒有抵抗感所以車削作業
流暢。無油分感，砂紙研磨效果佳。只是，過
度研磨會形成「浮雕拉紋」（年輪與年輪之間
的部分被磨掉，使得年輪凸出），因此必須加
以注意。

【木理】 具有與鐵刀木相同的細窄條紋。看似
年輪的紋理是其一大特徵。

【色彩】 在奶油色的基調上明顯可見年輪狀的
焦茶色條紋。

【氣味】 沒有特別感覺到有氣味。

【用途】 建築雜用材、琉球漆器底材、工藝品

【通路商】 日本　28

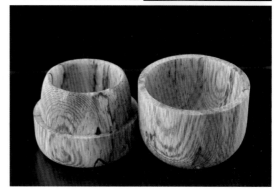

連香樹

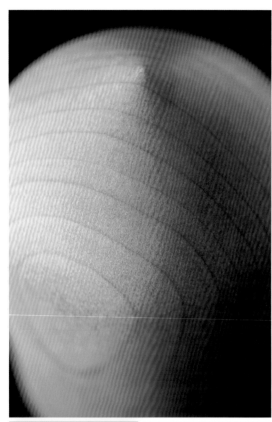

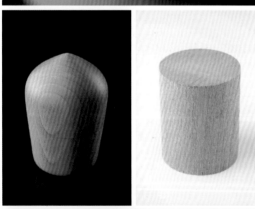

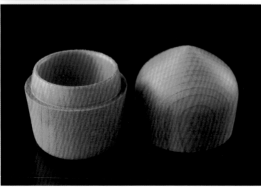

【學名】*Cercidiphyllum japonicum*
【科名】連香樹科（連香樹屬）
　　　　闊葉樹（散孔材）
【產地】北海道～九州
【比重】0.50
【硬度】4 ＊＊＊＊＊＊＊＊＊＊

可取得大塊木材，適合雕刻的木材

　　在闊葉材中連香樹屬於質地較柔軟的樸實木材。具有樹幹直徑粗大、能夠裁切成大塊木材、加工容易等優點，因此以前廣泛地使用在雕刻等用途上。雖然質感類似美洲椴木（Basswood、北美產的華東椴同類），但是比美洲椴木密度高且稍微堅硬。北海道的日高地方等地出產的連香樹不但品質優良，而且因為美麗的深紅色調，又有「緋桂」的別名。色調淡的稱為「青桂」，木材等級比緋桂低。

【加工】　加工容易。木工車床加工方面，由於質地柔軟所以除了刀刃得鋒利以外，還要以謹慎輕觸的方式進行車削作業，否則橫切面容易起毛，塗漆後就會變成黑色。完成面滑順且散發閃耀光澤。「利於使用木工鑿刀，削切手感也相當好。木理平順不會造成加工上的困難」（木雕家）

【木理】　木紋緊密。雖然木肌的紋樣與銀杏相似，但連香樹較為緻密。

【色彩】　帶有黃色調的奶油色。不過也有像緋桂這種帶有紅色的木材，具有個體差異。

【氣味】　沒有特別感覺到有氣味。（樹葉具有香氣）

【用途】　木雕、佛像、鎌倉雕、家具材、一般市售的象棋盤和圍棋盤

【通路商】　日本　闊葉材經銷業者。1、3、4、5、6、7、8、10、11、16、18、21、23 等

日本榧樹

【學名】*Torreya nucifera*
【科名】紅豆杉科（榧樹屬）
　　　　針葉樹
【產地】本州（宮城縣以南）、四國、九州
【比重】0.53
【硬度】3 ＊＊＊＊＊＊＊＊＊＊
※ 具有個體差異。

以象棋盤和圍棋盤的
頂級木材著稱

　　在針葉材之中屬於木材堅硬的類別。具有強烈的黃色調、甘甜濃烈的香氣、耐水性高、耐乾溼變化、抗白蟻、彈性佳等多項特徵。有些乾燥時會產生大量油分，在針葉材當中也屬於稍微難加工的木材。通常做為頂級象棋盤和圍棋盤的材料（尤其以宮崎縣的日向榧最為知名）。棋子或石質棋子碰觸到棋盤時的聲音相當美妙。

【加工】　容易切削加工和刨削作業。油分具有個體差異。木工車床加工方面，若使用不鋒利的車刀削切油分少的木材時，會使橫切面呈啪沙啪沙的破碎零亂。油分多的木材則無法用砂紙研磨。

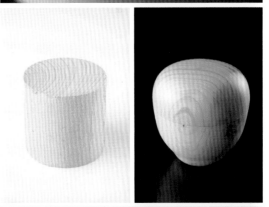

【木理】　年輪寬幅狹窄、年輪與年輪之間的質地柔軟。木紋通直、紋理緻密。

【色彩】　整體呈黃色。時間愈長愈深。「高尚典雅的黃色調」（木鑲嵌工藝家蓮尾）

【氣味】　獨特的強烈氣味。「甘甜芬芳、類似肉桂或錫蘭肉桂的香氣」（河村）

【用途】　頂級象棋盤和圍棋盤、佛像、木桶和高級飯杓（由於飽含油分且耐水的緣故）、鑲嵌工藝、木片拼花工藝

【通路商】　日本　7、8、11、12、16、18、20、21、26

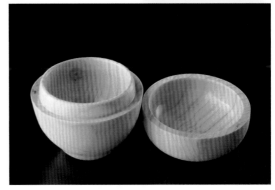

日本落葉松

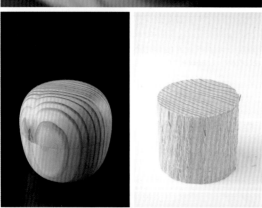

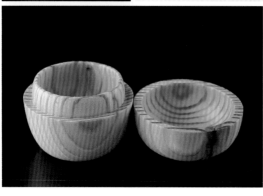

【學名】 *Larix kaempferi*
【科名】 松科（落葉松屬）
　　　　落葉針葉樹
【產地】 北海道（人造林）、
　　　　本州北部到中部（東北地方為人造林）
【比重】 0.40 ～ 0.60
【硬度】 4 ＊＊＊＊＊＊＊＊＊＊

由於乾燥技術的進步，
活用範圍更為廣泛

　　日本落葉松的人造林材和天然林材（日本通稱為天唐），具有木紋粗細等差異性。樹齡十年以上的天然林材，木紋細緻且堅硬，是住宅建築材料的珍貴良材（尤其以信州佐久地方出產最佳）。近年來由於木材乾燥技術的研究進展，人造林材使用在建築或居家設備的範圍也日益擴大。過去由於木材扭曲、性質不穩定、松脂多等負評，使得那時大多只會做為礦坑的坑木或捆包材料等用途。「日本落葉松的魅力在於顏色和松脂。使用時間愈長，會漸漸變成麥芽糖色。松脂香氣也很迷人，而且具有其他針葉材所沒有的硬度」（室內裝潢工匠）

【加工】 人造林材的木紋粗糙堅硬，加工較為困難，尤其不適合木工車床加工。由於年輪粗糙，年輪之間的纖維容易剝落起毛。砂紙研磨效果稍差。

【木理】 年輪明顯。人造林材的木紋粗，現今幾乎買不到的天然林材則較細緻。

【色彩】 在松科中具有心材為紅色的強烈印象。邊材偏白色。

【氣味】 生材狀態有松脂的香氣。人工乾燥後的脫脂木材則幾乎沒有氣味，只聞得到些微的松脂香氣。

【用途】 建築材料（層積材等）、土木用材

【通路商】 台灣　伍
　　　　　日本　建築材料經銷業者。1、2、
　　　　　4 等。幾乎沒有天然林材

山櫻花

【別名】緋寒櫻

※緋寒櫻與彼岸櫻（別名：大葉早櫻 *Prunus x subhirtella*）或江戶彼岸櫻 *Prunus pendula* f. *ascendes* 分屬不同樹種，必須加以注意。

【學名】*Prunus cerasoides* var. *campanulata*
（別名：Cerasus *campanulata*）

【科名】薔薇科（櫻屬）
闊葉樹（散孔材）

【產地】栽植於關東以西地區，沖繩地區則野生化。
原產地為台灣和中國南部

【比重】0.60

【硬度】6 ＊＊＊＊＊＊＊＊＊＊

顏色與氣味皆相當濃烈，
山櫻花屬於日本早開櫻花

　　山櫻花是每年 1 ～ 2 月在沖繩開花的早開櫻花，沖繩的櫻花都是山櫻花。木材的鮮豔桃色令人印象深刻，香氣也比其他櫻花強烈。乾燥時多少會反翹開裂，但相較安定。加工性佳，適合製作餐具和小器物。

【加工】 加工容易。木工車床加工方面，車削時有咻嚕咻嚕的滑溜感（與梅樹類似）。無油分感，砂紙研磨效果好。

【木理】 年輪不明顯。質感滑順，在櫻花類中是特別光滑的材種。

【色彩】 混合綠色和粉色的鮮豔桃色，在櫻花類中屬於紅色感較強烈的材種。具有個體差異。色調明亮這點與梅樹相似。

【氣味】 生材狀態的氣味比其他櫻花類強烈，散發類似杏仁豆腐或櫻桃的香氣。乾燥後仍然散發著香氣。

【用途】 精緻工藝品、車削加工製的圓盤器皿、餐具等工藝品

【通路商】 日本　28

黃檗

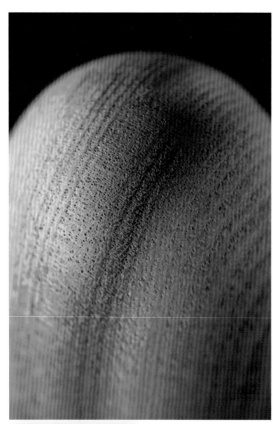

【別名】 黃柏（日本北海道部分區域亦稱為黃柏）
【學名】 *Phellodendron amurense*
【科名】 芸香科（黃檗屬）
　　　　 闊葉樹（環孔材）
【產地】 北海道～九州
【比重】 0.48
【硬度】 4 ＊＊＊＊＊＊＊＊＊＊

用途廣泛、色調優美的柔軟木材

　　黃檗在闊葉材中屬於輕盈柔軟的類別。不僅乾燥容易也是好加工的木材，再加上耐溼氣，因此用途從家具製作到胃腸藥等範圍極廣。黃土色的心材搭配淡黃色的邊材是其特徵。此外，也當做櫸木和桑木的替代材。

【加工】 加工容易。木工車床加工方面，可沙庫沙庫地俐落車削。沒有逆向木紋。無油分，砂紙研磨效果佳。「因為年輪細窄，所以削切起來感覺順暢」（河村）

【木理】 年輪明顯。導管粗大。

【色彩】 心材和邊材的色調有明顯差異。心材為接近灰色的黃土色，時間愈長顏色愈濃。邊材為淡黃色。只是顏色上有個體差異。

【氣味】 加工作業中有少許的甘甜香氣。

【用途】 家具材、榫接木工、工藝品、胃腸藥（奈良縣吉野地方製造的陀羅尼助藥丸頗為知名）、櫸木和桑木的替代材

【通路商】 日本　闊葉材經銷業者。1、3、4、7、8、10、12、16、18、19、21、25 等

毛泡桐

【學名】*Paulownia tomentosa*
【科名】玄參科（泡桐屬）
　　　　闊葉樹（環孔材）
【產地】北海道南部、本州、九州
　　　　原產於中國（亦有韓國鬱陵島為原產地之
　　　　説）
【比重】0.19 ～ 0.40
【硬度】1 ＊＊＊＊＊＊＊＊＊＊

與刺桐齊名，
屬日本最輕的木材之一

　　在日本材中是最輕盈柔軟的木材。不過，
因為柔軟所以加工時不可大意，必須謹慎操
作。容易乾燥且不會有反翹或開裂情況。吸溼
性優良。利用輕盈特性能發揮在各種用途上，
像是做為櫥櫃抽屜或木屐的材料。

【加工】　由於過於柔軟所以加工困難，不適合
木工車床加工。若不頻繁地研磨刀刃的話，會
嚴重損傷木材的纖維。雖然龍門刨床能夠做出
漂亮的完成面，但是容易損傷橫切面，必須多
加注意。鉋刀作業並不困難。「只要調低鋒利
刀刃的進刀狀態（調整至能夠刨出較薄的刨
花）即可。毛泡桐適合使用單刃鉋刀處理完成
面」（木工藝家）

【木理】　心材與邊材的界線模糊。粗年輪明
顯。導管粗大。

【色彩】　帶有灰色調的象牙色。有些夾雜美麗
的紫色紋理。

【氣味】　沒有特別感覺到有氣味。

【用途】　日式家具、室內門窗、箱子、木雕、
樂器材（琴、琵琶）、木屐、活用輕盈特性製
成的道具（釣魚浮標）

【通路商】　台灣　　伍
　　　　　　日本　　7、8、10、12、16、17、
　　　　　　18、21、25

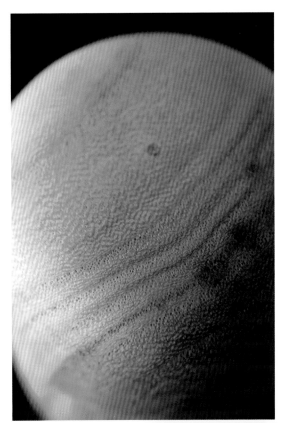

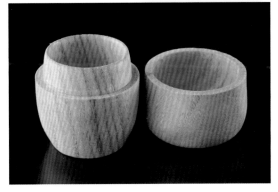

柿
黑柿

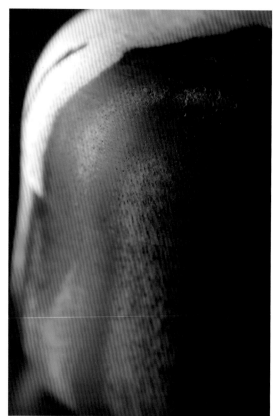

【學名】 *Diospyros kaki*
【科名】 柿樹科（柿樹屬）
　　　　闊葉樹（散孔材）
【產地】 本州、四國、九州
【比重】 0.60～0.85
【硬度】 4～8 ＊＊＊＊＊＊＊＊＊＊

因用於製作工藝品和日式家具
而備受珍愛的高級木材

在日本木材當中，只有「黑柿」具有部分全黑和黑條紋的特徵，因此自古以來深受愛惜。日本正倉院收藏的皇室物品也常使用柿製作。木材硬度具有極大的個體差異。生材狀態的黑色部分比白色部分堅硬，但是乾燥後會變成兩種類型，一種是黑白硬度差異不明顯的安定型；另一種是黑白硬度差異大的不安定型。

【加工】 由於具有個體差異，所以有些木材的局部會相當脆弱（僅用指甲按壓就會剝落）。除了這點以外，車削加工作業流暢。完成面具有深邃光澤。

【木理】 木紋緊密、具有黑條紋或紋樣。

【色彩】 黑色為基本色，有些木材的黑色周圍會呈現相當高雅的翡翠綠。不過，若用透明漆反覆擦拭該部分的話就會消失。

【氣味】 散發些微的甘甜香氣（令人聯想到柿子）。不過，偶而會有臭水溝味，（有些人認為是為了除去柿澀才將木材泡在死水裡，所以才會產生異味）因此必須根據用途謹慎選擇木材。

【用途】 茶室、茶道具、日式家具、木工藝品

【通路商】 台灣　壹拾
　　　　　日本　珍奇木材店等。1、7、8、
　　　　　11、16、17、18、19、21、23

毛泡桐

【學名】 *Paulownia tomentosa*
【科名】 玄參科（泡桐屬）
　　　　 闊葉樹（環孔材）
【產地】 北海道南部、本州、九州
　　　　 原產於中國（亦有韓國鬱陵島為原產地之
　　　　 說）
【比重】 0.19～0.40
【硬度】 1 ＊＊＊＊＊＊＊＊＊＊

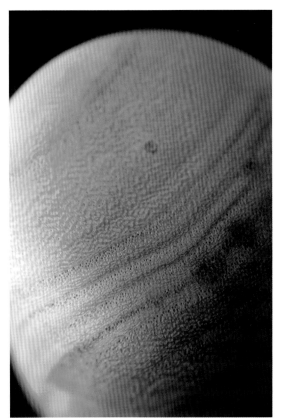

與刺桐齊名，
屬日本最輕的木材之一

　　在日本材中是最輕盈柔軟的木材。不過，因為柔軟所以加工時不可大意，必須謹慎操作。容易乾燥且不會有反翹或開裂情況。吸溼性優良。利用輕盈特性能發揮在各種用途上，像是做為櫥櫃抽屜或木屐的材料。

【加工】 由於過於柔軟所以加工困難，不適合木工車床加工。若不頻繁地研磨刀刃的話，會嚴重損傷木材的纖維。雖然龍門刨床能夠做出漂亮的完成面，但是容易損傷橫切面，必須多加注意。鉋刀作業並不困難。「只要調低鋒利刀刃的進刀狀態（調整至能夠刨出較薄的刨花）即可。毛泡桐適合使用單刃鉋刀處理完成面」（木工藝家）

【木理】 心材與邊材的界線模糊。粗年輪明顯。導管粗大。

【色彩】 帶有灰色調的象牙色。有些夾雜美麗的紫色紋理。

【氣味】 沒有特別感覺到有氣味。

【用途】 日式家具、室內門窗、箱子、木雕、樂器材（琴、琵琶）、木屐、活用輕盈特性製成的道具（釣魚浮標）

【通路商】 台灣　伍
　　　　　 日本　7、8、10、12、16、17、
　　　　　 18、21、25

日本樟

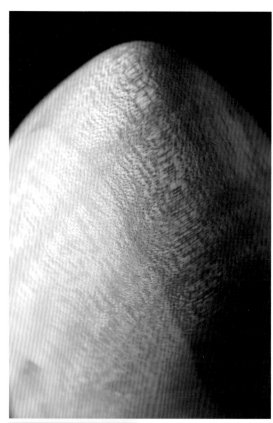

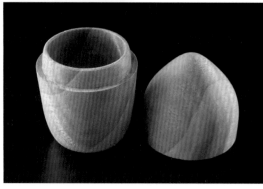

【別名】香樟
【學名】*Cinnamomum camphora*
【科名】樟科（樟屬）
　　　　闊葉樹（散孔材）
【產地】本州（關東以南）、四國、九州
【比重】0.52
【硬度】4 ＊＊＊＊＊＊＊＊＊＊

具有強烈的樟腦香氣和
樹瘤瘤紋特徵

　　樹木直徑大可裁切成大塊木材，在闊葉材中屬於質地柔軟的木材（與日本七葉樹的硬度相同）。具有強烈氣味、特殊瘤紋、複雜色調等特徵。即使硬度適中，但有些有明顯的逆向木紋，因此意外地加工困難。乾燥時容易反翹或開裂。以前是做為賽璐珞和樟腦的原料，所以人造林遍布日本各地。

【加工】　由於有些部位會出現瘤紋或纖維差異，所以不容易加工。逆向木紋也很多。木工車床加工方面，光是一根木材就有差異，可說木質不均。「車削起來有些沙啦沙啦的很滑順，有些則嘎吱嘎吱的頗為堅硬」（河村）。因為含有油分緣故，砂紙研磨的效果不彰。「因為質地溫潤，所以不會有沙沙聲響，刀刃削入木材的感覺很好」（榫接木匠）

【木理】　具有波狀瘤紋或漩渦狀瘤紋等獨特瘤紋。心材與邊材的界線模糊，木紋交錯複雜。

【色彩】　色調複雜。偏白底色裡混雜黃色系、紅色系、綠色系等顏色，有些則呈深紅色。

【氣味】　氣味強烈，散發樟腦的香氣。

【用途】　佛像、木雕、家具材、室內裝潢材料（床之間的柱子、楣欄等）、樟腦原料

【通路商】　台灣　壹、壹拾壹
　　　　　　日本　闊葉材經銷業者。7、8、
　　　　　　11、12、16、18、21 等

日本栗

【學名】*Castanea crenata*
【科名】殼斗科（板栗屬）
　　　　闊葉樹（環孔材）
【產地】北海道（札幌以南）～九州
【比重】0.60
【硬度】5 ＊＊＊＊＊＊＊＊＊＊

從日本繩文時代以來
一直備受珍愛、保存性高的木材

　　日本栗具有硬度均衡、韌性佳、耐水耐久性優異，以及木材性質穩定、幾乎不會開裂等多項特徵。從遠古的繩文時代就有使用於建築的木地檻或枕木等各種用途的紀錄。許多工藝品都強調日本栗的深木紋，其木理與粗獷的水曲柳相同（但日本栗的木理較為明顯）。

【加工】　木工車床加工方面，當刀刃接觸到大導管時會有叩哩叩哩的強韌感。無油分，砂紙研磨效果佳，但無法磨成光滑的完成面。「只要精心研磨鑿刀，就能順利地進行削切作業。用日本柴刀從纖維通過的部位切開，可輕易地剖開」（木工家）

【木理】　年輪周圍布滿肉眼能夠清晰辨識的粗大導管，所以年輪清楚可見。區別心材與邊材也相當容易。

【色彩】　心材呈黃土色。「類似栗子果肉的顏色」（小島）。成分中的單寧酸會使木材愈放色調愈沉穩。因為木材的變化速度快，所以有長年使用的錯覺（容易獲得珍惜該物的滿足感）。

【氣味】　些微甘中帶苦的氣味，氣味鮮明強烈。

【用途】　建築材料、家具材、木地檻、木雕、木器、木工藝品

【通路商】　日本　闊葉材經銷業者。4、5、6、7、8、11、18、20、21、25、27 等

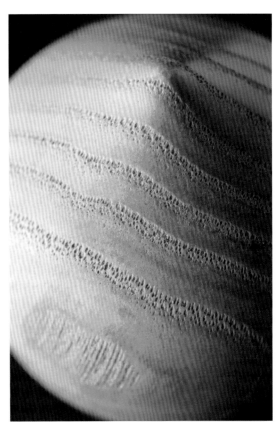

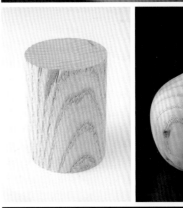

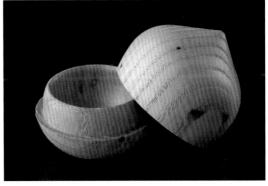

柿
黑柿

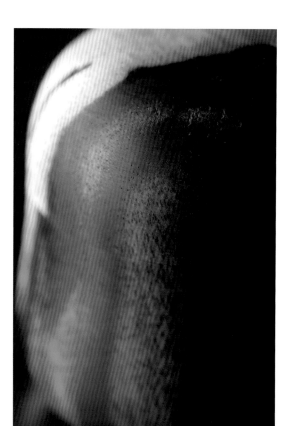

【學名】 *Diospyros kaki*
【科名】 柿樹科（柿樹屬）
　　　　闊葉樹（散孔材）
【產地】 本州、四國、九州
【比重】 0.60 ～ 0.85
【硬度】 4 ～ 8 ＊＊＊＊＊＊＊＊＊＊ ＊ ＊

因用於製作工藝品和日式家具
而備受珍愛的高級木材

　　在日本木材當中，只有「黑柿」具有部分全黑和黑條紋的特徵，因此自古以來深受愛惜。日本正倉院收藏的皇室物品也常使用柿製作。木材硬度具有極大的個體差異。生材狀態的黑色部分比白色部分堅硬，但是乾燥後會變成兩種類型，一種是黑白硬度差異不明顯的安定型；另一種是黑白硬度差異大的不安定型。

【加工】 由於具有個體差異，所以有些木材的局部會相當脆弱（僅用指甲按壓就會剝落）。除了這點以外，車削加工作業流暢。完成面具有深邃光澤。

【木理】 木紋緊密、具有黑條紋或紋樣。

【色彩】 黑色為基本色，有些木材的黑色周圍會呈現相當高雅的翡翠綠。不過，若用透明漆反覆擦拭該部分的話就會消失。

【氣味】 散發些微的甘甜香氣（令人聯想到柿子）。不過，偶而會有臭水溝味，（有些人認為是為了除去柿澀才將木材泡在死水裡，所以才會產生異味）因此必須根據用途謹慎選擇木材。

【用途】 茶室、茶道具、日式家具、木工藝品

【通路商】 台灣　壹拾
　　　　　日本　珍奇木材店等。1、7、8、
　　　　　11、16、17、18、19、21、23

黑松

【別名】雄松
【學名】*Pinus thunbergii*
【科名】松科（松屬）
　　　　針葉樹
【產地】本州、四國、九州。以沿岸地區為中心自
　　　　然生長
【比重】0.44〜0.67
【硬度】3 強 ＊＊＊✲✲✲✲✲✲✲

在松屬材種之中
屬於相較堅硬、松脂多的木材

　　日文用來形容海岸風光的「白砂青松」，
其松字就是指黑松。日本各地沿海岸都栽植黑
松做為防風林和防砂林。在松屬材種之中，黑
松屬於相當紮實且稍微堅硬的木材。由於松脂
多，木工車床加工時橫切面不容易破碎，而且
耐水性強。日本稱油分多的木材為「肥松」，
是當做床之間的珍貴木材。黑松和赤松大多以
「松」名稱流通於市場。

【加工】　木工車床加工方面，若刀刃夠鋒利
（確實研磨的話）就能削切得很漂亮。由於松
脂多，所以砂紙研磨效果不彰，但是也不容易
形成「浮雕拉紋」。切削加工和刨削作業都相
當容易。

【木理】　年輪明顯較粗。有些具有瘤紋（虎眼
瘤紋等）。

【色彩】　帶有紅色調的奶油色（類似整體暈染
上松脂的感覺）

【氣味】　具有松脂香氣。

【用途】　與赤松相同（例如建築材料等）

【通路商】　日本　建築材料經銷商。10、21
　　　　　等

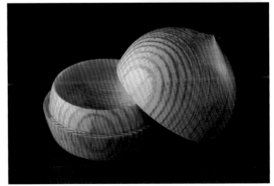

大葉釣樟

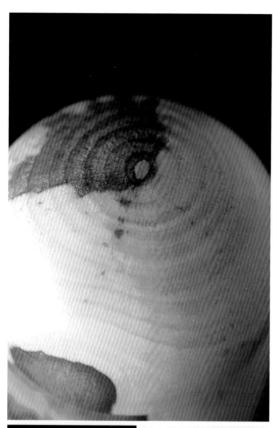

【學名】*Lindera umbellata*
【科名】樟科（釣樟屬）
　　　　闊葉樹（散孔材）
【產地】本州、四國、九州
【比重】0.85
【硬度】5強 ＊＊＊＊＊＊＊＊＊＊

用於製作高級牙籤的大葉釣樟

　　由於屬於樹高約 5 ～ 6 公尺的低矮樹種，因此無法裁切成大塊木材。日本高級牙籤常用大葉釣樟製作，不僅軟硬度適中，而且不難加工。近似於夏山茶的硬度和細緻度，具有柑橘類香氣的特徵。

【加工】　木工車床加工方面，車削作業可咻嚕咻嚕地順暢操作，與髭脈榿葉樹有相同的纖維觸感。加工面會起毛，所以直接塗漆的話會變成深黑色。幾乎沒有油分感，砂紙研磨效果佳。

【木理】　無特殊特徵。木紋滑順。

【色彩】　呈奶油色。製作牙籤或日式糕點的切刀時，會保留黑色樹皮強調白與黑的色彩對比。

【氣味】　散發柑橘類的強烈氣味。類似辣薄荷的香氣。「氣味溫潤沉穩，只是有一點微酸的刺鼻味」（七戶）。「用砂輪削切後，工坊內會暫時瀰漫著一股香氣」

【用途】　高級牙籤、日式糕點切刀、木製雪鞋

【通路商】　日本　16、21、日本山野

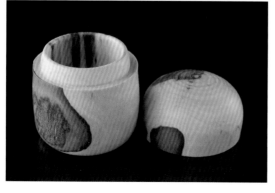

欅木

【學名】*Zelkova serrata*
【科名】榆科（欅屬）
　　　　闊葉樹（環孔材）
【產地】本州、四國、九州
【比重】0.47 ～ 0.84
【硬度】4 ～ 7 ＊＊＊＊＊＊＊＊＊＊＊

日本闊葉材的代表性材種

　　欅樹為筆直生長的大直徑樹木，具有耐久性高等優點。硬度等方面具有個體差異，所以是根據用途或喜好來挑選的珍貴木材。此外木材性質不穩定這點也有極大的個體差異。過去欅木常使用在家具和住宅主要樑柱等與生活息息相關的用途上，因此是日本闊葉材的代表材種。

【加工】　加工難易度也有個體差異。只要觀察橫切面的狀態，就能夠對木材性質有某種程度上的熟稔。

・年輪細緻→柔軟。硬度4。加工容易、木紋絢麗。木工車床加工方面，車削作業流暢。價值高。

・年輪粗重→相當堅硬。硬度7。木工車床加工方面，車削吃力所以有時會折損刀刃。

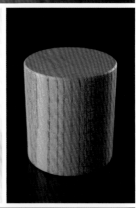

【木理】　年輪周圍布滿粗大導管，因此年輪清晰可見。

【色彩】　心材呈橙色；邊材則呈淡黃色。心材與邊材的界線明顯。

【氣味】　欅木特有的嗆鼻氣味。「每次車削欅木時都會打噴嚏」（河村）

【用途】　家具材、建築材料、床之間的柱子、木雕、工藝品等。視工藝品的用途挑選，例如：

・木雕→柔軟清脆的木材
・車削加工製品→年輪恰到好處的通直木材
・傳統工藝品→具有瘤紋的木材

【通路商】　台灣　伍
　　　　　　日本　闊葉材經銷業者。購買容易

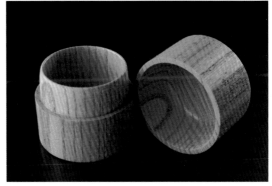

枳椇

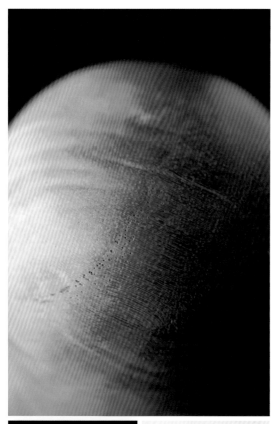

【學名】 *Hovenia dulcis*
【科名】 鼠李科（枳椇屬）
　　　　 闊葉樹（環孔材）
【產地】 北海道（奧尻島）～九州
【比重】 0.64
【硬度】 5 ＊＊＊＊＊＊＊＊＊＊

用於製作木工藝品，類似櫸木的木材

　　有些胸高直徑 1 公尺左右的大直徑樹木，會有非常珍貴的樹瘤。具有瘤紋的木材相對性質穩定，軟硬適中且加工容易。導管粗的地方觸感不太滑順，質感類似水曲柳和日本栗，顏色則近似櫸木。

【加工】 加工容易。木工車床加工方面，有叩哩叩哩的強韌感但不太有抵抗感，完成面既美麗又有光澤。

【木理】 粗大導管布滿年輪周圍，年輪清晰可見（這點與櫸木和日本栗相同）。

【色彩】 心材呈深橙色（比櫸木更強烈的橙色）；邊材則呈白色，與心材的界線明顯。濃烈的色調類似櫸木。「塗上漆後，可能會與櫸木和日本栗搞混」（河村）

【氣味】 氣味微弱，但是具有獨特的氣味。「類似正露丸的藥臭味。可樂豆木也會讓人聯想到正露丸，但是兩者還是有點差異」（河村）

【用途】 木工藝品（容器、盆、榫接器皿等）

【通路商】 日本　7、8、11、12、16、17、18、19、20、21

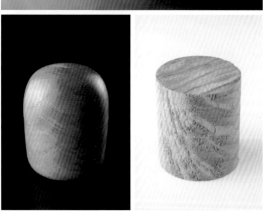

日本金松

【學名】 *Sciadopitys verticillata*
【科名】 杉科（金松屬）
　　　　針葉樹
【產地】 本州（福島縣以南）、四國、九州。
　　　　遍植木曾地區和高野山。生長在山稜線上
【比重】 0.35 ～ 0.50
【硬度】 3 ＊＊＊＊＊＊＊＊＊＊

耐水性強、在針葉材中屬於
容易車削的木材

　　成樹可生長到樹高 30 ～ 40 公尺、胸高
直徑約 1 公尺的日本特產種樹木（1 科 1 屬 1
種），屬於木曾五木之一。日本悠仁親王的印
章就是用日本金松製成，其木紋通直緊密，在
針葉材當中屬於容易加工的木材，完成面也很
容易收整。此外，利用比日本扁柏更耐水的特
性，也經常用於製作泡澡桶和碗櫥等用途上。
但是產量並不豐富，市場流通量極少。

【加工】 加工容易。木工車床加工方面，有強
烈的纖維感，在針葉材中屬於容易沙啦沙啦地
順暢車削的木材。雖然不太有油分感，砂紙研
磨效果差強人意，但木材會乾縮（形成類似
「浮雕拉紋」的效果），最好還是避免使用砂
紙研磨。「車削手感類似木紋緊密的日本扁柏
和羅漢柏，即使不使用砂紙也很容易收整完成
面，遮掩的效果好」（河村）

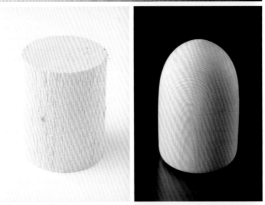

【木理】 年輪寬幅狹窄。木紋緊密。
【色彩】 心材呈奶油色；邊材則偏白色。
【氣味】 清爽優雅的香氣，但與日本扁柏和松
木的香氣不同。「類似檸檬和薄荷的水果香
氣」（河村）
【用途】 高級建築材料、水桶和泡澡桶（活用
耐水性佳的特性）
【通路商】 日本　1、7、8、10、11、16、
　　　　　18、20

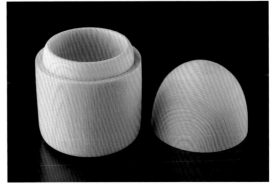

樺木
雜樺

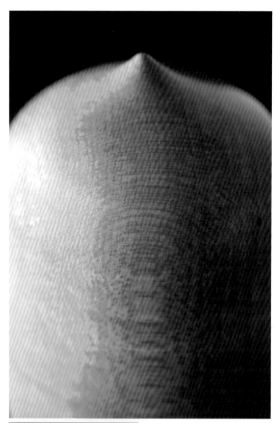

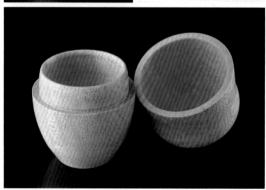

※「樺木」並非指一種木材，而是岳樺（*Betula ermanii*）等樺木類木材（原則上不包括真樺、白樺、日本櫻桃樺樹）的總稱，日本木材業大多以此稱呼。以下內容是針對岳樺特性來說明。

【學名】*Betula* spp.
【科名】樺木科（樺木屬）
　　　　闊葉樹（散孔材）
【產地】北海道、本州
【比重】0.65（岳樺）
【硬度】6 ＊＊＊＊＊＊＊＊＊＊＊

硬度適中且具有韌性，屬於用途廣泛的優良木材

　　樺木具有木紋緻密、富韌性、硬度適中、以及上等色澤等特點，除此之外，由於木性平實，因此容易加工，使用上也相當順手。硬度、韌性、加工抵抗感等特性都類似於色木槭。價格上沒有真樺貴，所以用途相當廣泛。「樺木是比真樺更便宜的優良木材。最適合預算有限的業主」（木工家具設計家）

【加工】　加工容易。木工車床加工方面，沒有堅硬感相當好削切（硬度 6 ～ 7 最適合做木工車床加工）。削切後的稜角和邊緣不易缺損。「與真樺相同之處在於，即使刀刃不夠鋒利還是能夠削切，所以也是適合初學者操作的木材」（河村）
【木理】　木紋細緻，類似於真樺。
【色彩】　有些帶有粉色（近似日本櫻桃樺樹），有些則是白奶油色（近似色木槭），兩者都是上等品。時間愈長愈接近麥芽糖色。心材與邊材的界線不明顯。
【氣味】　具有樺木類和日本山毛櫸特有的氣味，像蠟的微弱香氣。
【用途】　家具材、室內裝潢材、化妝單板、樺接木工
【通路商】　台灣　壹、貳、伍、壹拾貳
　　　　　　日本　闊葉材經銷業者。3、4、5等

樺木與櫻花木

為何樺木會被稱為櫻花木？

樺木和櫻花木不管在質地上或外觀上都非常相似。因此，儘管植物學歸類為種類相異的樹木，但是樺木在市場上大多以櫻花木的名稱流通，尤其是日本櫻桃樺樹（樺木科）已經習慣稱為「水目櫻」。

從質地來看，雖然樺木和櫻花木相近，但其實更類似於槭木。就從木材硬度、質地緻密度、木肌平滑程度、以及木紋風格，還有木工車床加工的手感（大致車削容易）等方面進行比較便可知道。此外，櫻花木比樺木稍微柔軟，色調是兩者相似的地方。櫻花木類的整體共通點為偏紅色系，就與大多數的樺木類相同。

不過有部分是例外。染井吉野櫻在櫻花木中屬於堅硬的等級，硬度與樺木相近，但常會扭曲或反翹開裂，不容易進行車削作業。白樺屬於奶油色系，近似槭木的色調。

日本的植物學稱樺木為「Kanba」。雖然語源無法確定，但是有源自愛奴語的「karinpa（櫻樹皮）」的說法。根據《木與日本人》（上村武著 學藝出版社）一書的敘述，樺木和櫻花木的樹皮容易剝下而且具有耐水性，所以以前被用來包覆弓和箭筒。愛奴人稱這種樹皮為「Karinpa」，在古語中變成「Kaniha」（包覆道具用的樹皮），然後又變成「Kanba」。現今日本東北地方（秋田縣角管等地）自古傳承的「櫻皮細工（木片拼花工藝）」（使用大山櫻和霞櫻等），就稱為「樺細工」。這個名稱也被認為是往昔殘留的語彙（關於樺細工的由來有各種不同說法）。

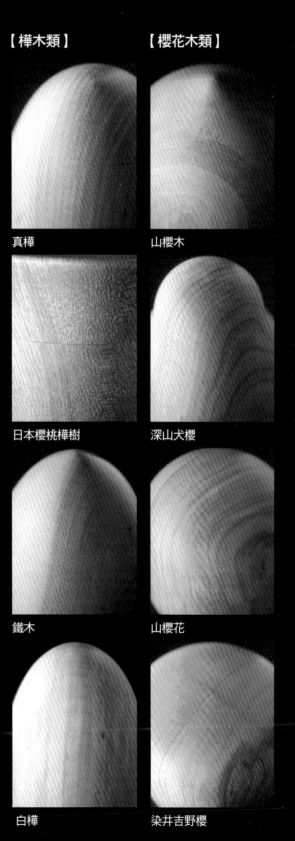

【樺木類】

真樺

日本櫻桃樺樹

鐵木

【櫻花木類】

山櫻木

深山犬櫻

山櫻花

色木槭

白樺

染井吉野櫻

水胡桃

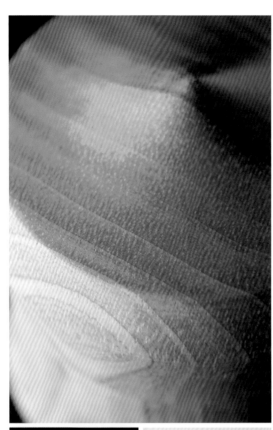

【別名】川胡桃
※市場通稱：山桐（與毛泡桐並非同科屬別，但自古當做木屐材料因而有山桐之稱）
【學名】*Pterocarya rhoifolia*
【科名】胡桃科（楓楊屬）
　　　　闊葉樹（散孔材）
【產地】北海道（南部）、本州、四國、九州
【比重】0.45
【硬度】3 ＊＊＊＊＊＊＊＊＊＊＊

白皙且輕盈柔軟，
與椴木類似的木材

　　水胡桃與鬼胡桃木分屬不同屬別，是色白柔軟的闊葉材。纖維觸感與椴木類似，乾燥容易且木材性質穩定。只要刀刃夠鋒利，就能做出質感優良的作品。不過，當做板材使用的評價不高。「水胡桃具有各種不同的用途，我覺得可以多加利用」（河村）

【加工】柔軟性和纖維觸感接近針葉材，類似椴木變硬之後的觸感。木工車床加工方面，使用鋒利車刀削切的話，雖然會感覺到纖維抵抗，但車削作業還是能沙啦沙啦地流暢進行。此外，由於木質柔軟，所以切削加工必須慎重操作。無油分，砂紙研磨效果佳。

【木理】年輪不太明顯，心材與邊材的界線也相當模糊。

【色彩】與椴木類似的白奶油色（椴木更白些）

【氣味】氣味微弱，幾乎聞不到。

【用途】木屐、火柴桿、牙籤。由於樹皮堅韌，所以適合用於鋪設山中小屋等的屋頂

【通路商】日本　12、14、21

日本花柏

【學名】*Chamaecyparis pisifera*
【科名】柏科（扁柏屬）
　　　　針葉樹
【產地】本州（岩手縣附近以南）、九州（北部）
【比重】0.28 ～ 0.40
【硬度】1 ＊ ＊ ＊ ＊ ＊ ＊ ＊ ＊ ＊ ＊

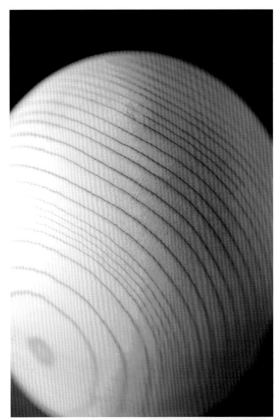

活用耐水性強的特性，大多做為桶材使用

　　日本花柏為木曾五木之一。^{原注}木質相當柔軟，品質比日本扁柏劣等。比重數值低，是日本材中最輕盈柔軟的針葉材。耐水性強是其最大特徵，雖然裁切成板材後容易開裂，但仍然適合製成木桶。「日本花柏適合製作泡澡桶，只是偏白色的日本扁柏較受歡迎。還有，由於沒有香氣所以也適合做成櫥櫃或壽司桶」（木桶工匠）

【加工】　不適合使用木工車床加工。「感覺像是車削蓬鬆的纖維束，柔軟程度僅次於輕木。比毛泡桐和刺桐都難以加工，切口很容易破碎」（河村）。雖然容易進行切削加工和刨削作業，但是木質柔軟的緣故，必須注意不可削到木材的切口。另外，木紋通直和割裂性佳這兩點相當利於使用日本柴刀劈裂。

【木理】　木紋通直。木肌粗糙。

【色彩】　帶有紅色調的奶油色，而且奶油色偏黃。顏色相似於日本扁柏，但更深些。

【氣味】　沒有特別感覺到有氣味。

【用途】　木桶、浴室用材、室內門窗用材、天花板材、櫥櫃、魚板砧板

【通路商】　日本　1、7、8、11、21、27

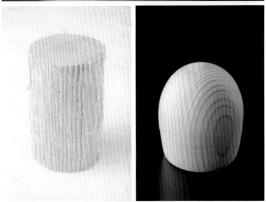

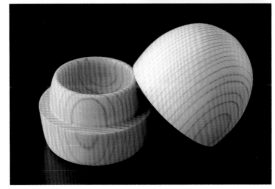

原注：木曾五木是指生長於木曾谷的日本扁柏、羅漢柏、日本花柏、日本香柏、日本金松等五種樹木，相傳日本江戶時代的尾張藩下令嚴禁砍伐而得名。

蜀椒

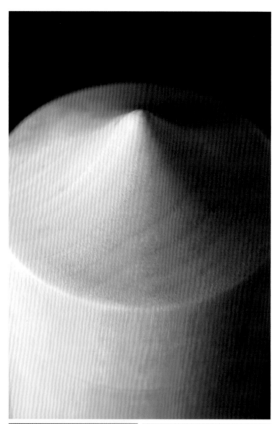

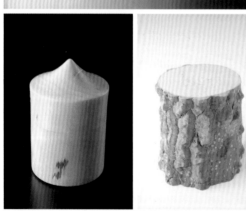

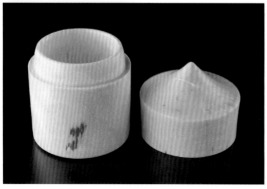

【學名】*Zanthoxylum piperitum*
【科名】芸香科（花椒屬）
　　　　闊葉樹（散孔材）
【產地】北海道～九州
【比重】0.78
【硬度】4 ＊＊＊＊＊＊＊＊＊＊＊

色調鮮黃且木肌光滑，出乎意料之外地容易使用

　　成樹可達樹高 3～5 公尺左右的小徑木，果實、葉子、嫩芽可做為料理的芳香料或香辛料。由於木材強韌且不易磨損，所以常被用於製作研磨棒。性質（硬度、顏色、加工性等）與西南衛矛類似，乾燥容易且不易開裂，因此有利加工。意外地容易使用的木材。

【加工】　加工容易。木工車床加工方面，車削作業流暢順利。不過刀刃不夠鋒利（未確實研磨的話）多少會起毛。無油分，砂紙研磨效果佳。完成面相當漂亮。

【木理】　年輪不明顯。木肌細緻光滑。

【色彩】　帶有黃色調的奶油色，比西南衛矛更深的黃色。「感覺像日本黃楊變淡，比較接近蜜柑的顏色」（河村）

【氣味】　沒有特別感覺到有氣味。沒有蜀椒果實的香氣。

【用途】　研磨棒、茶碗、茶盤、木片拼花工藝

【通路商】　日本　16。市場上幾乎沒有蜀椒的板材流通。取得方式只有到山野溼氣重的樹林裡尋找自生種樹木，或是向種有該樹木的屋主請求割愛

錐栗

※ 日本原生的兩種「商氏栲、鬧蒴栲」苦櫧屬木材的總稱，大多稱為椎栗。

【別名】商氏栲又稱為圓椎
　　　　鬧蒴栲又稱為板椎、長椎
【學名】*Castanopsis cuspidata*（商氏栲）
　　　　C. sieboldii（鬧蒴栲）
【科名】殼斗科（苦櫧屬）
　　　　闊葉樹（放射孔材）
【產地】本州（商氏栲在本州以南、鬧蒴栲在福島
　　　　縣、新潟縣以南）、四國、九州、沖繩
【比重】商氏栲 0.52、鬧蒴栲 0.50 ～ 0.78
【硬度】8 ＊＊＊＊＊＊＊＊＊＊ ＊＊

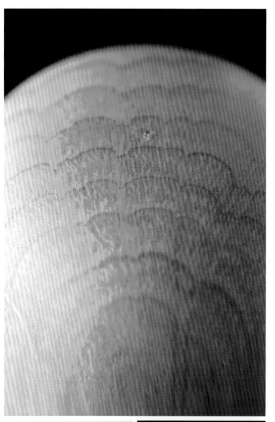

木材堅硬且性質不穩定，難以使用的木材

　　錐栗的收縮率高，乾燥時容易開裂或翹曲，耐久性也不高。生材狀態時若不裁切成板材的話，乾燥後會變得相當堅硬更難處理。由於這樣的特性所以不適合加工，大多用做薪柴或紙漿原料。

【加工】 質地相當堅硬且紮實（逆紋或木節少）。木工車床加工方面，車削時受到纖維抵抗而有嘎吱嘎吱的堅硬感，不過只是製作小物件的話並不太困難。沒有油分。

【木理】 橫切面有明顯的年輪，而且大多為波浪紋理。心材與邊材的界線模糊。

【色彩】 接近白色的奶油色，偶而有漆樹般的黃色條紋。

【氣味】 沒有特別感覺到有氣味。

【用途】 栽種香菇的菇木、薪柴，不太使用於建築材料或家具材

【通路商】 日本　29（板椎）、薪柴經銷業者
　　　　　（有些是薪柴專賣店）、紙漿加工
　　　　　廠等

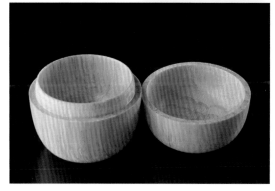

深山犬櫻

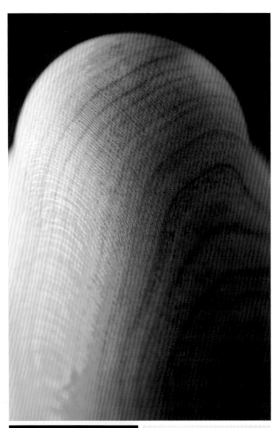

【別名】日本稠李、朱理櫻

【學名】 *Prunus ssiori*
　　　　（別名：*Padus ssiori*）

【科名】 薔薇科（櫻屬）
　　　　闊葉樹（散孔材）

【產地】 北海道、本州（中部地方以北）、
　　　　隱岐島（極為稀少）

【比重】 0.67

【硬度】 5 強 ＊＊＊＊＊＊＊＊＊＊

硬度適中，高雅的淡紅色櫻花木

　　在櫻花木類中，屬於質地緻密、具有韌性且硬度適中的木材。比山櫻木（比重 0.62、硬度 5）稍硬。暗紅色的色調也比其他櫻花木的紅色更淡雅，所以能夠呈現高尚典雅的氣氛。由於上述特徵，深山犬櫻經常被用於製作家具。

【加工】 適合加工。木工車床加工方面，車削手感與山櫻木差不多。因為導管少所以能夠咻嚕咻嚕地順暢車削，完成面漂亮而有光澤。稜角和邊緣不易缺損的特性與槭木相同。

【木理】 年輪相當明顯（櫻花木類的年輪有模糊的傾向）。

【色彩】 心材呈暗紅色調，並有綠色條紋（櫻花木類的色調共同特徵為紅中帶粉和黃綠色，有種黯淡的感覺）。邊材為奶油色，與心材的界線不明顯。

【氣味】 生材狀態有微弱的甘甜香氣（在櫻花木類中氣味較為微弱），乾燥後幾乎沒有氣味。

【用途】 家具材、室內裝潢材、製圖用直尺

【通路商】 日本　1、3、4、11、14、21

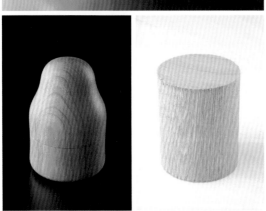

象蠟木

【學名】*Fraxinus spaethiana*
【科名】木犀科（梣屬）
　　　　闊葉樹（環孔材）
【產地】本州（關東地方以西）、四國、九州
【比重】0.53
【硬度】6 弱＊＊＊＊＊＊＊＊＊＊＊

與水曲柳的木質相當接近，
分辨方法是觀察顏色的質感

　　象蠟木與水曲柳的木質相像難以分辨，因此市場上大多不加以區分。成樹是可達樹高25公尺以上，直徑約1公尺的高大樹木（比水曲柳高大），所以能夠裁切成大塊木材。樹瘤種類也比水曲柳多。木紋通直、硬度適中，而且容易加工。觀察色澤上的差異是分辨象蠟木與水曲柳的關鍵。象蠟木是淡黃色調且有光澤，因此給人明亮的感覺。

【加工】　大致與水曲柳相同。有利切削加工和刨削作業。木工車床加工方面，雖然車削作業並不困難，但是會有嘎吱嘎吱地堅硬抵抗感（明顯感受到纖維的強韌感）。完成面具有高雅光澤。

【木理】　木紋通直且細緻，常有樹瘤瘤紋。

【色彩】　心材為明亮的淡黃色。雖然顏色與水曲柳類似，但象蠟木給人亮白印象，水曲柳則較為灰暗。

【氣味】　氣味微弱。象蠟木與水曲柳的氣味類似，難以區別兩者。

【用途】　大致上與水曲柳的用途相同。家具材、建築材料、運動用具、木工藝品

【通路商】　日本　闊葉材經銷業者（北海道以外的地區以水曲柳名稱流通的木材，很多都與象蠟木混在一起販售）。7、16、18、21、26 等

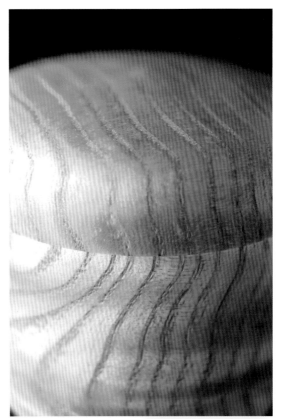

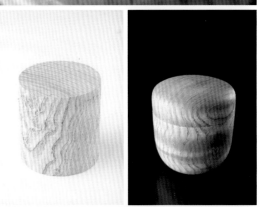

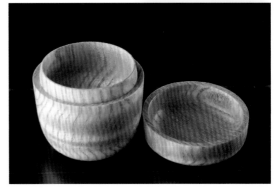

日本千金榆

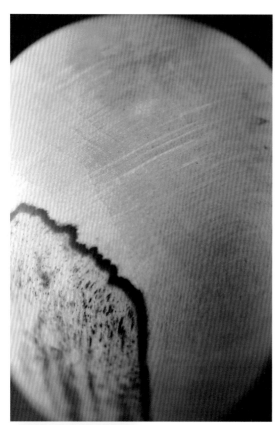

【學名】*Carpinus tschonoskii*（昌化鵝耳櫪）
　　　　C. laxiflora（赤芽四手）
　　　　C.japonica（日本鵝耳櫪）
　　　　C. cordata（千金榆）
【科名】榛木科（鵝耳櫪屬）
　　　　闊葉樹（散孔材）
【產地】昌化鵝耳櫪：本州（岩手縣以南）、四國、
　　　　九州
【比重】0.69（昌化鵝耳櫪）、0.70～0.82（赤芽
　　　　四手）、0.75（日本鵝耳櫪）、0.73（千
　　　　金榆）
【硬度】7強 ＊＊＊＊＊＊＊＊＊＊
※ 硬度與真樺類似，但具有個體差異。

木質細緻堅硬，但木材性質不穩定
屬於難以處理的雜木

　　日本千金榆有昌化鵝耳櫪、赤芽四手、日本鵝耳櫪、千金榆、鵝耳櫪等五種木材。除了鵝耳櫪之外，其他四種都以日本千金榆的名稱在市場上流通。日本千金榆的質地緻密、富韌性且堅硬，但纖維組成複雜，所以加工困難。而且不僅不易乾燥也容易反翹開裂（乾燥後也會產生變動）。雖然有個體上的差異，但做為木材來看是難以處理的樹木。

【加工】　加工困難。木工車床加工方面，受到複雜的纖維拉扯而使車削作業有些吃力感。「操作龍門刨床時木材會彈飛起來，發出乒乒乓乓的聲響」（河村）。另外，質地堅硬也不利於圓鋸削切。

【木理】　年輪不明顯。橫切面有些許放射狀線條。由於黑色條狀紋路會變色，所以常有類似地圖造形的真菌切裂紋（spalted）。

【色彩】　些微奶油色的暗白色（近似錐栗）。心材與邊材的界線模糊。

【氣味】　沒有特別感覺到有氣味。

【用途】　床之間的裝飾柱（附樹皮）、道具的柄、薪炭、栽植香菇的菇木

【通路商】　日本　10、14、16

椴木

【別名】華東椴
【學名】*Tilia japonica*
【科名】椴樹科（椴樹屬）
　　　　闊葉樹（散孔材）
【產地】北海道（木材主要產地）～九州
【比重】0.37～0.61
【硬度】3＊＊＊＊＊＊＊＊＊＊

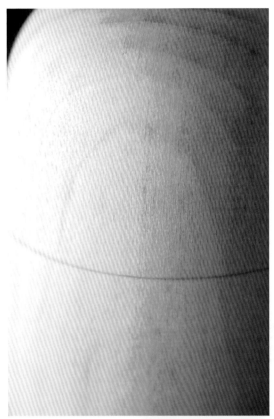

因木性平實和偏白的特徵，大多製成合板

　　椴木能夠裁切成較大的木材。具有質地輕盈柔軟、木紋均勻流暢、以及乾燥容易又不易開裂等優點。色調偏白色。這些特性可廣泛地運用在各項用途上，尤其以製成合板居多。椴木在市場上是將華東椴（*T. japonica*）和大葉菩提樹（*T. maximowicziana*）混在一起販售。日本稱前者為「赤椴」，後者稱為「青椴」。大葉菩提樹的顏色稍微淡薄。

【加工】　容易切削加工和雕鑿作業。木工車床加工方面，只要刀刃夠銳利就能沙啦沙啦地順暢車削，但是操作必須謹慎。無油分，砂紙研磨效果佳。「質地柔軟，車削作業不費吹灰之力。由於木紋不明顯，觀賞者會先注意到造形，所以鑿繪時得全神貫注」（木雕家）

【木理】　年輪不明顯。木肌細緻。

【色彩】　帶有奶油色調的暗白色系。

【氣味】　類似樺木類的氣味。「削切時空氣中飄散一股淡淡的牛油味」（河村）

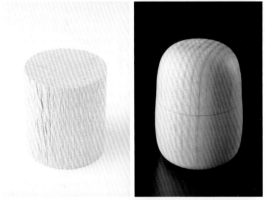

【用途】　合板、塗裝底材、雕刻。使用樹皮製作繩子或布匹等

【通路商】　台灣　伍
　　　　　日本　闊葉材經銷業者。1、3、4、
　　　　　7、11、18、20、21、22、23 等

棕櫚

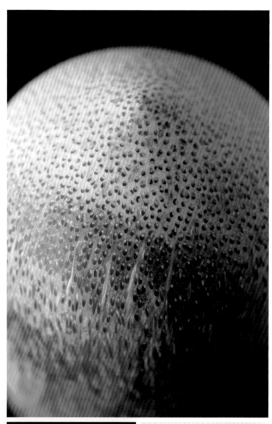

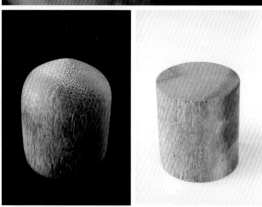

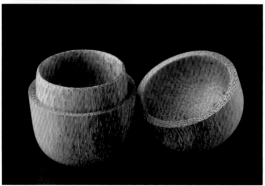

【學名】 *Trachycarpus fortunei*
【科名】 棕櫚科（棕櫚屬）
　　　　 單子葉植物
【產地】 九州。原產於中國
【比重】 0.47
【硬度】 4 ＊＊＊＊＊＊＊＊＊＊＊

宛如纖維集合體般的木材，但意外地容易加工

　　棕櫚有比外觀給人的印象，更出乎意外之外的紮實感。所以也用於製作寺廟撞鐘的鐘杵。棕櫚的收縮率高，乾燥後有時會發生昆蟲鑽進去的狀況。此外，取得生材後必須剃除樹幹周圍的棕毛（毛羽狀纖維），這項作業相當費時費工。「取得的棕櫚生材經過半年左右乾燥之後剪掉棕毛，然後裁切成適當的圓木尺寸，最後再用木工車床加工。剪下來的棕毛竟然塞滿了大約十個裝蜜柑用的網袋，實在讓我留下相當費力處理的深刻印象」（河村）

【加工】 即便像是纖維集合體的木材，但是相當容易加工。不過，纖維會使刀刃愈削愈鈍，所以必須仔細研磨。不太適合當做創作作品的素材。

【木理】 年輪不明顯。木肌的粒狀物為其特徵。

【色彩】 奶油色裡參雜黑色纖維。

【氣味】 沒有特別感覺到有氣味。

【用途】 鐘杵（發出的聲音比硬木鐘杵柔美。發出的聲響並非「空～宮～」而是「轟～汪～」、床之間的裝飾柱（連帶樹皮的裝飾樹枝）。樹皮可製作繩子或棕櫚刷，樹葉則可編織成鋪墊

【通路商】 日本　12、15、21

小葉青岡櫟

【學名】 *Quercus myrsinaefolia*
【科名】 殼斗科（櫟屬）
　　　　 闊葉樹（放射孔材）
【產地】 本州（新潟縣、福島縣以南）、
　　　　 四國、九州
【比重】 0.74～1.02
【硬度】 8弱＊＊＊＊＊＊＊＊＊＊＊

日本材中比重最大的硬材之一，可用於製作道具的柄

　　小葉青岡櫟是日本材中最沉重的硬材之一。由於具有韌性，可廣泛使用於道具的柄等用途上，幾乎所有鉋刀的台座都使用小葉青岡櫟製作。雖然堅硬但不易開裂。

【加工】 由於木材幾乎沒有導管，因此刀刃削過木材時既滑順且沒有抵抗感，木工車床加工也是意外地容易。再加上沒有個體差異，任何一塊木材都有均勻的質感。只是使用鋸子進行切削加工或刨削作業會相當辛苦。「小葉青岡櫟的質地堅硬卻具有柔軟感。車削時會感覺到韌性，所以作業過程既非順暢也非吃力，介於中間」（河村）

【木理】 有些橫切面以木芯為中心呈牡丹瘤紋，徑切面有虎斑紋理。「製作木鑲嵌工藝品時，能夠將鳥類羽毛表現得栩栩如生」（木鑲嵌工藝家蓮尾）

【色彩】 淡奶油色裡帶有焦茶色條紋。心材與邊材的界線不明顯。「橫切面呈美麗的焦茶色牡丹花般的紋樣」（小島）

【氣味】 樫木類特有的氣味，這種氣味與殼斗科相同。

【用途】 道具（刀刃、工具等）的柄、鉋刀的台座（參見 P.14【用途】）

【通路商】 日本　8、12、21

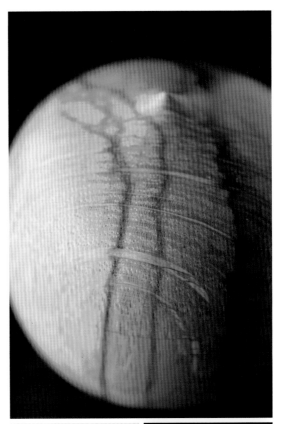

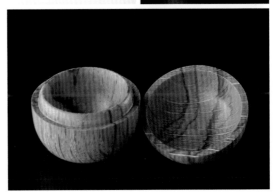

白樺

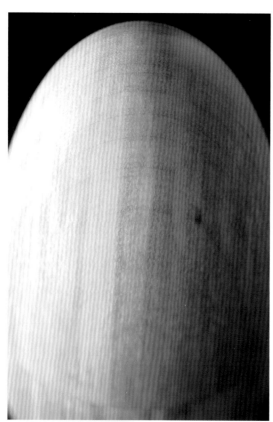

【別名】粉樺
【學名】*Betula platyphylla* var. *japonica*
【科名】樺木科（樺木屬）
　　　　闊葉樹（散孔材）
【產地】北海道、本州（中部以北）
【比重】0.58
【硬度】4 弱 ＊＊＊＊＊＊＊＊＊＊

為人熟知的白樺林，
其實當木材使用也相當優秀

　　白樺樹木的美比白樺木材更為人所知。在樺木類中白樺屬於柔軟的類別。木材會有稱為髓斑（pith fleck）的褐色斑點或條紋。耐久性低。基於上述理由，白樺被認為是比其他樺木等級低的木材。不過，只要確實乾燥就有可能成為品質極為優良的木材。

【加工】　基本上容易加工。木工車床加工方面，車削作業能夠沙啦沙啦地流暢操作。木屑呈粉狀漂浮飛舞。無油分，砂紙研磨效果佳。「比日本七葉樹更容易加工，感覺是硬度 4 以下的木材密度」（河村）

【木理】　年輪相當不明顯。白色的木肌上有類似發霉的點狀髓斑。

【色彩】　帶有奶油色調的白色。心材與邊材的界線模糊。

【氣味】　散發淡淡的樺木類共通的牛油氣味特徵。

【用途】　紙漿材料、利用樹皮製成的器具、免洗筷、冰淇淋的刮杓或刮棒、醫療用棒（子宮頸癌篩檢用等）

【通路商】　台灣　伍、壹拾
　　　　　　日本　1、4、5

日本柳杉

【學名】*Cryptomeria japonica*
【科名】杉科（日本柳杉屬）
　　　　針葉樹
【產地】北海道（南部）～九州
【比重】0.30～0.45
【硬度】2 ＊＊＊＊＊＊＊＊＊＊

自古用途就相當廣泛，日本人相當熟悉的木材

　　日本針葉材的代表性木材，從以前就被使用在建築材料等廣泛用途上，一直以來深受日本人青睞。現在幾乎都是人造林木，在針葉材中被列入柔軟的類別。日本各地都有產地（秋田、吉野、北山等地），木質則依地區而有差異。例如，年輪寬幅有寬有窄、油分有多有少等等。乾燥處理相對容易。

【加工】　不太適合使用木工車床和轆轤加工。以木工車床加工來看，由於年輪的晚材和早材之間的纖維較軟容易被破壞，因此難以進行加工作業。還有，刀刃不夠鋒利（未確實研磨的話）就無法順利車削。年輪部分較硬，當車削時會有叩哩叩哩的強韌感，所以必須採取傾斜刀刃的方式處理。切削加工或刨削作業則沒有問題。

【木理】　木紋通直明顯，有些會有竹葉層疊般的瘤紋。

【色彩】　心材呈漸層色，從帶有黃色的赤褐色到深赤褐色。邊材為偏白色。心材與邊材的界線明確。

【氣味】　日本柳杉獨特的氣味。

【用途】　建築材料、室內門窗材料、天花板板材、酒樽

【通路商】　台灣　參、伍、捌、壹拾壹
　　　　　　日本　購買容易

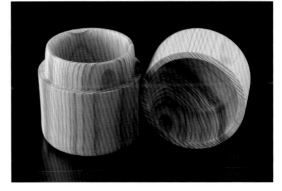

刺楸

鬼栓

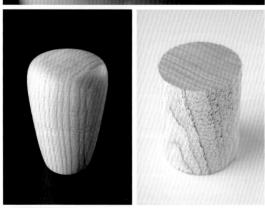

【別名】針桐、丁桐、釘木樹
【學名】*Kalopanax pictus*
【科名】五加科（刺楸屬）
　　　　闊葉樹（環孔材）
【產地】北海道（多良材）～九州
【比重】0.40～0.69
【硬度】5 ＊＊＊＊＊＊＊＊＊＊

色彩偏白且高雅，
木紋類似櫸木的優良木材

　　刺楸是樹木時各地有不同的稱呼，但是當木材時則是以刺楸的名稱在市場上流通。不僅木紋通直、木性平實，而且是很少反翹或開裂的優良木材。塗上漆之後與櫸木一模一樣，所以也做為櫸木的替代材。刺楸與櫸木的不同之處在於木材的色彩和波狀瘤紋。硬度上有個體差異，在日本是以「鬼栓」和「糠栓」的名稱加以區別。

　　鬼栓（本頁照片）→紋理粗硬，硬度與標準的水曲柳大略相同。

　　糠栓（右頁照片）→紋理細緻柔軟，細緻度與細紋的櫸木相近。

【加工】　鬼栓和糠栓皆容易加工。木工車床加工方面，抵抗少，但車削有叩哩叩哩的強韌感。無油分，砂紙研磨效果佳。「不管是原色木材或是經著色處理的木材都很容易使用」（木工家）

【木理】　年輪周圍布滿粗大導管，因此年輪清晰可見。木紋與櫸木類似。

【色彩】　接近白色的奶油色。心材與邊材的界線不明顯。

【氣味】　沒有特別感覺到有氣味。

【用途】　家具材、漆器底材、合板、化妝單板、櫸木的替代材

【通路商】　日本　闊葉材經銷業者。1、3、4、5、6、7、10、11、18、21、22、23等

糠栓

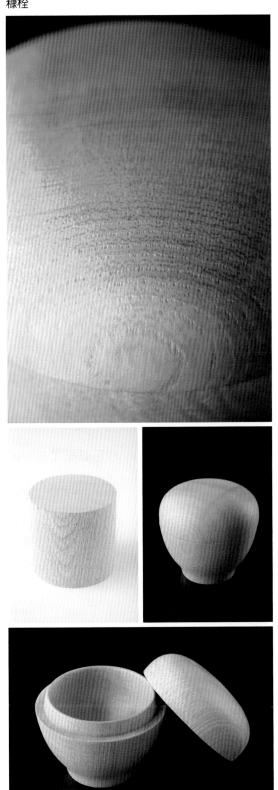

鬼栓的横切面局部放大照

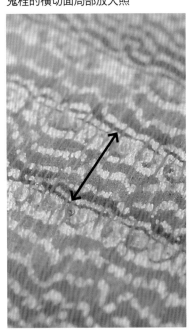

糠栓的横切面局部放大照

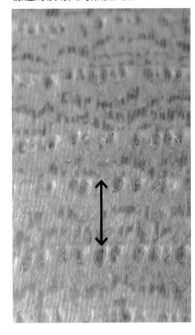

※ 照片中的箭頭代表一年的年輪。

苦楝

栴檀

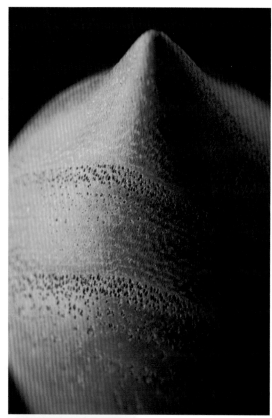

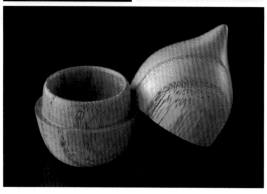

【學名】*Melia azedarach*
【科名】楝科（楝屬）
　　　　闊葉樹（環孔材）
【產地】本州（伊豆半島以西）、四國、九州
【比重】0.55 ～ 0.65
【硬度】5 強 ＊＊＊＊＊＊＊＊＊＊

經常與白檀混淆，
具有絢麗瘤紋呈紅色調的木材

　　成樹可生長到高度 25 ～ 30 公尺、直徑約 1 公尺左右的大直徑樹木。木材帶有明亮的紅色調，塗上漆之後很像櫸木，但不像刺楸。車削時的堅硬感覺與榆木相同。導管粗大（近似日本栗）。日本諺語「栴檀初萌即香（比喻大人物年少早慧）」的栴檀並非指苦楝，而是指印度原產的白檀。

【加工】　加工容易。木工車床加工方面，車削過程能夠感受到纖維，而有叩哩叩哩的強韌感。無油分，砂紙研磨效果佳。

【木理】　年輪周圍布滿粗大導管，因此年輪清晰可見。具有大直徑樹木才有的瘤紋。

【色彩】　心材帶有紅色調的茶色，比櫸木的紅色更強烈（但又比香椿弱）。赤茶色中有強調色和色斑。邊材部分狹窄且偏白，與心材的界線明顯。

【氣味】　沒有特別感覺到有氣味（經常誤以為是苦楝的白檀則有獨特的氣味）。

【用途】　建築裝飾材、家具材、鑲嵌工藝、木片拼花工藝、樂器材（琵琶等）、櫸木的替代材

【通路商】　台灣　伍、柒
　　　　　　日本　7、11、12、16、18、21、
　　　　　　26、29、30

相思樹

【別名】台灣相思樹
【學名】*Acacia confusa*
【科名】豆科（金合歡屬）
　　　　闊葉樹（散孔材）
【產地】沖繩。原產於菲律賓或台灣
【比重】0.75
【硬度】6 ＊＊＊＊＊＊＊☆☆☆☆

日本材中屬於色彩深濃，
且具有詩意名稱的木材

　　相思樹在台灣或沖繩被大量種植於行道兩旁。沖繩引進相思樹當做防風林。在日本木材之中，相思樹被歸入色彩深濃的類別。比重數值高，是相當沉重且堅硬的木材。

【加工】有少許的逆向木紋，但木性平實。木工車床加工方面，可感受到起毛纖維，但車削起來沒有抵抗感，而能沙啦沙啦地順暢進行。完成後的起毛狀況相當嚴重。無油分，砂紙研磨效果佳。切削加工或刨削作業稍微困難。「木質堅硬，加工有點辛苦」（沖繩的木工家）

【木理】由於含有纖維質，所以木肌不滑順。

【色彩】心材呈焦茶色；邊材則呈奶油色。心材與邊材的界線明顯。

【氣味】氣味微弱，像是燒焦微苦的氣味。「車削時有股藥材的氣味」

【用途】坑木、薪柴、家具材、小工藝品（鑰匙圈、鳥笛等）。樹皮可提煉出單寧（鞣酸）和橡膠

【通路商】台灣　壹、參、伍、柒、壹拾、
　　　　　壹拾壹
　　　　　日本　28、29、30

染井吉野櫻

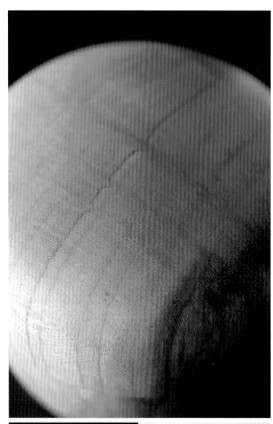

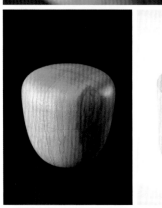

【學名】 *Prunus × yedoensis*
（別名：*Cerasus × yedoensis*）
【科名】 薔薇科（櫻屬）
闊葉樹（散孔材）
【產地】 日本全國各地均有栽植
【比重】 0.58 *～ 0.76 *
【硬度】 6 * * * * * * * * * *
※ 具有個體差異。

雖然會開絢麗的花朵，但既會扭曲又會開裂是不好處理的木材

　　染井吉野櫻被認為是大島櫻和江戶彼岸櫻雜交的樹種，日本各地都是栽種來觀賞用。受到扭轉而上的生長特性影響，很難裁切出木紋通直的木材，而且樹幹很容易產生空洞，乾燥時常發生扭曲開裂。基於這些理由很難取得堪用的木材。雖然做為觀賞用樹木時很受歡迎，但是當做木材用時則被敬而遠之。

【加工】　加工困難。木工車床加工方面，有被拉扯的感覺所以車削作業困難。由於礦物線很多，進行鏈鋸裁切作業時刀刃容易折損。

【木理】　木紋也和扭轉而上的生長方向呈扭曲狀。橫切面呈明顯的放射狀組織。

【色彩】　粉色中混有綠色的明亮色澤，近似山櫻木的顏色。

【氣味】　氣味甘甜，乾燥後仍然散發香氣。

【用途】　小物件。因為扭曲或開裂的情況很多，所以不適合用來製作家具

【通路商】　日本　市場上幾乎沒有染井吉野櫻的木材流通。除了砍伐行道樹或庭院老樹時有機會取得以外，到紙漿加工工廠或資源回收中心或許會大有斬獲

紅楠

【別名】豬腳楠
【學名】*Machilus thunbergii*
【科名】樟科（楨楠屬）
　　　　闊葉樹（散孔材）
【產地】本州（中部地方以南、關東、
　　　　東北地方沿岸）、四國、九州、沖繩
【比重】0.55～0.77
【硬度】5 ＊＊＊＊＊＊＊＊＊＊

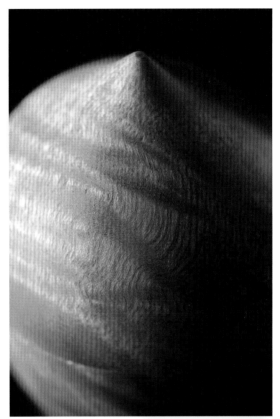

呈波浪狀瘤紋，與難以乾燥的日本樟相似的木材

　　紅楠的木紋與日本樟類似（比重0.52、硬度4），但是硬度比日本樟堅硬。色彩上有個體差異，帶有紅色的木材稱為「紅楠」，奶油色系的木材則稱為「白楠」。紅楠的交易價格較高。不過，紅楠很難乾燥、收縮率相當高，而且容易開裂翹曲。屬於大直徑的樹木，因此幾乎都有瘤紋。

【加工】　由於瘤紋多，所以刀刃不夠鋒利（沒有確實研磨的話）就無法順利削切。另外，木工車床加工時，若不謹慎操作就會有纖維破碎的感覺。使用鋸子和鉋刀作業稍微辛苦些。油分少，砂紙研磨效果剛剛好。

【木理】　木紋與日本樟類似，常有波浪狀或漩渦狀瘤紋，並且有交錯紋理。

【色彩】　紅楠為紅褐色，時間愈長顏色愈深。白楠為淡米黃色，經年累月也不太會產生變化。

【氣味】　具有類似藥材的氣味，但是又與日本樟的氣味不同。

【用途】　家具材、利用瘤紋特徵做成的裝飾品

【通路商】　日本　8、11、14、16、18、20、
　　　　　　26、30

水曲柳

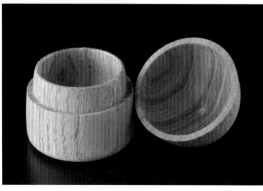

※「梻」是日本木材業使用的假借字，讀音為「sikimi」。

【別名】大葉梣、東北梣
【學名】*Fraxinus mandshurica var. japonica*
【科名】木犀科（梣屬）
　　　　闊葉樹（環孔材）
【產地】北海道、本州（中部以北）
【比重】0.43～0.74
【硬度】6 弱＊＊＊＊＊＊＊＊＊＊

木質與象蠟木相似，
具有強度和韌性的良材

　　水曲柳通常是指以北海道為主要產地的大葉梣（或稱東北梣）。不過，北海道產的數量逐漸減少，因此日本近年來大多是從海外輸入。水曲柳具有強度和韌性，而且木紋均勻，適合做為家具材或彎曲材。沒有瘤紋的木材不僅開裂少，製材良率也高。相反的，有波浪瘤紋的木材則容易開裂或剝離。水曲柳的木質與象蠟木雷同，市場上有些不會加以區分。俄羅斯產的水曲柳比北海道的輕盈柔軟，強度稍低，木紋通直。

【加工】　容易切削加工和刨削作業。木工車床加工方面，雖然不難車削但會有嘎吱嘎吱的抵抗感（來自纖維的強度）。完成面呈高雅光澤。
【木理】　木紋均勻通直。導管粗大，感覺很像日本栗。
【色彩】　接近白色的奶油色（淡灰色的感覺）。象蠟木是稍微偏白，橫切面具有光澤明亮感。
【氣味】　氣味些微獨特，象蠟木也有相同的氣味。「香氣撲鼻而來，感覺像是踏入外玄關時會聞到的氣味」（七戶）
【用途】　家具材、建築材料、運動用具、木工藝品
【通路商】　台灣　壹、貳、壹拾
　　　　　　日本　闊葉材經銷業者（特別是北海道）

香椿

※ 日本是直接取中文名稱。此外，山茶（花）是別種樹木（日文寫作「椿」）。

【別名】雷電木

※ 合花楸和梓樹的別名都是「雷電木」。由於樹木高大容易遭到雷擊，因此做為具有避雷針功能的木材總稱。

【學名】*Toona sinensis*
　　　　（別名：*Cedrela sinensis*）

【科名】楝科（香椿屬）
　　　　闊葉樹（環孔材）

【產地】本州以南的溫暖地區（栽種於庭園等地）。
　　　　原產於中國

【比重】0.53

【硬度】5 ＊＊＊＊＊＊＊＊＊＊

容易加工的鮮紅色木材

　　香椿原產自中國，約莫是日本的江戶時代或室町時代引進，栽種於本州以南的溫暖地區。成樹可達高度 30 公尺、直徑 80 公分的筆直高大樹木。導管粗大，木質類似苦楝（比苦楝柔軟）。在日本木材中色彩呈強烈紅色是香椿的特徵。雖然容易加工但乾燥時易開裂。不過，香椿的耐久性高、耐水性佳。儘管是優良木材，但市場流通量極少。

【加工】　加工容易。木工車床加工方面，雖然有明顯的纖維抵抗感，但還是能沙庫沙庫地俐落車削。沒有油分，砂紙研磨效果佳。具有漂亮的完成面。

【木理】　木紋通直清晰、沒有瘤紋。心材與邊材的界線明顯。

【色彩】　呈濃烈的紅褐色，比苦楝更強烈的紅褐色。

【氣味】　沒有特別感覺到有氣味。

【用途】　家具材、樂器材、木工藝品

【通路商】　台灣　伍
　　　　　　日本　12、16、17

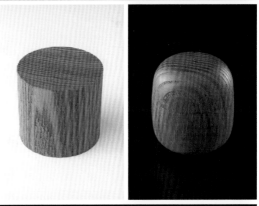

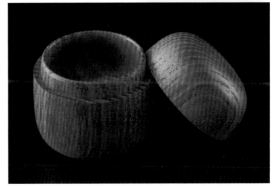

日本鐵杉

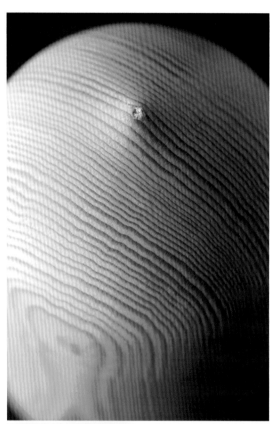

【別名】栂
【學名】*Tsuga sieboldii*
【科名】松科（鐵杉屬）
　　　　針葉樹
【產地】本州（福島縣以南）、四國、
　　　　九州（包含屋久島）
【比重】0.45～0.60
【硬度】3 弱 ＊＊＊＊＊＊＊＊＊＊

擁有絢麗的徑切紋，常使用於床之間裝飾柱的高級建築材料

　　在針葉材中屬於稍硬的材種。由於具有木紋通直、富光澤感，以及年輪寬幅狹窄等優點，因此是床之間裝飾柱的高級建材。不過出現木節或缺陷的比例較高。此外，乾燥容易。

【加工】　在針葉材之中屬於容易沙啦沙啦地順暢車削的木材。沒有油分，砂紙研磨效果佳。切削加工和刨削作業則稍微辛苦。「以前能夠用鉋刀順利刨削日本鐵杉的人，才能成為獨當一面的木匠。由於日本鐵杉沒有油分且木質脆弱，所以容易被木刺穿刺。徑切紋的去芯木材適合做為住宅的柱子」（某關西建築公司負責人）

【木理】　年輪寬幅細窄且明顯。木紋通直緊密。

【色彩】　帶有紅色調的膚色。心材與邊材的界線模糊。

【氣味】　氣味微弱。

【用途】　高級建築材料（和室的床之間裝飾柱、門楣、橫木等）、地板材、佛具、樂器材

【通路商】　台灣　伍
　　　　　　日本　7、10、11、16、18、21、27

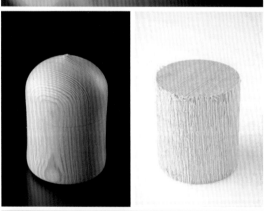

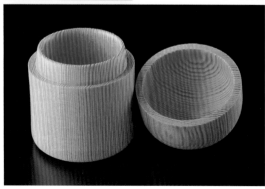

日本黃楊

※ 暹羅黃楊為進口木材（價格便宜），但是並非屬於黃楊科，而是茜草科的別種木材。以「梔子木」或「本黃楊」的名稱在市場上流通。薩摩黃楊有時會以「薩摩本柘植」的名稱銷售，購買時多加注意以免混淆。

【學名】*Buxus microphylla var. japonica*
【科名】黃楊科（黃楊屬）
　　　　闊葉樹（散孔材）
【產地】本州（山形縣、宮城縣以南）、四國、九州。主要產地為御藏島和三宅島等伊豆諸島、鹿兒島縣指宿市周邊等地
【比重】0.75
【硬度】8＊＊＊＊＊＊＊＊＊＊

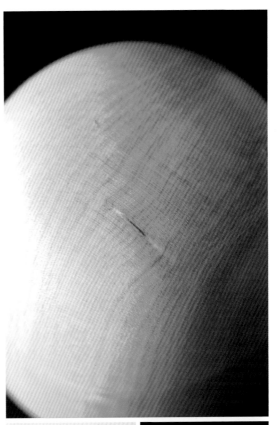

擁有緻密光滑感的日本頂級木材

　　日本黃楊的木肌細緻而滑順，在日本材中屬於頂級的木材。美麗的黃色色澤相當吸引人的目光。「感覺上光滑柔順的木肌比紫檀更容易吸收塗料。不過，再次噴塗就無法吸收塗料」（河村）。另外，御藏島出產的御藏黃楊（主要用於製作象棋棋子）、鹿兒島縣指宿市周邊栽種的薩摩黃楊（主要用於製作梳子）頗為著名。

【加工】　雖然木質堅硬，但是木工車床加工相當順暢。「沒有纖維或年輪抵抗感，感覺上削切的不是木材而是塑膠。使用龍門刨床時木材會砰砰地震動」（河村）

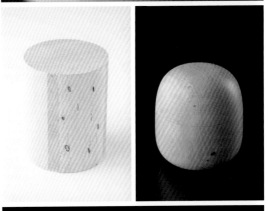

【木理】　木紋和木肌都相當細緻。心材與邊材的界線不明顯。
【色彩】　呈漂亮的黃色。心材與邊材幾乎沒有色差。
【氣味】　沒有特別感覺到有氣味。
【用途】　梳子、印鑑、象棋棋子、版木（表現細微的部分）、樂器材
【通路商】　台灣　伍
　　　　　　日本　8、12、14、16、18、21

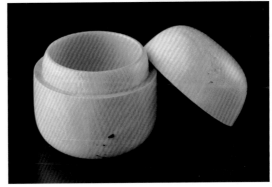

爬牆虎

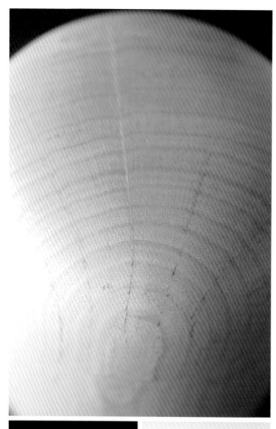

【學名】*Parthenocissus tricuspidata*
【科名】葡萄科（爬牆虎屬）
　　　　闊葉樹（散孔材）
【產地】北海道～九州
【比重】0.45*
【硬度】3 ＊＊＊＊＊＊＊＊＊＊

做為車床加工製品的木材而言，其加工難度排序在前五名

　　雖然爬牆虎到處可見，但是長到可使用的木材需要很長的時間，因此木材非常稀少。由於木材的缺陷部位（大約一半會劣化）相當明顯，因此刀刃不夠鋒利（未確實研磨的話），會使纖維破爛雜亂。此外，開裂情況在完全乾燥之前相當嚴重；乾燥後則趨於安定，屬於難以處理的細緻木材。但是經漆塗裝技術優異的工匠處理之後更是美麗至極。順便一提，使用爬牆虎製作的木工藝品中，以日本人間國寶木漆工藝家黑田辰秋的作品「拭漆蔦金輪寺茶器」最為著名。

【加工】　木工車床加工方面，必須使用鋒利車刀慎重進行車削作業。「對生手來說，爬牆虎是很難處理的木材。因為需要仔細分辨有缺陷和沒有缺陷的差異，所以難度較高」（河村）

【木理】　橫切面的放射狀組織明顯。

【色彩】　整體上為奶油色。

【氣味】　沒有特別感覺到有氣味。

【用途】　香盒、木工藝品

【通路商】　日本　16。爬牆虎的木材在市場上
　　　　　　幾乎沒有流通

【別名】藪椿
【學名】*Camellia japonica*
【科名】山茶科（山茶屬）
　　　　闊葉樹（散孔材）
【產地】本州、伊豆諸島、四國、九州、沖繩
【比重】0.76～0.92
【硬度】7 ＊＊＊＊＊＊＊＊＊＊

木質堅硬細緻、木肌滑順，可做為日本黃楊的替代材

　　山茶密度高但硬度比日本黃楊稍微柔軟，是木肌光滑的良材。常做為日本黃楊的替代材使用在各種用途上。耐久性高。乾燥時的開裂情形很多。「性質相當不穩定的木材。由於會扭曲所以無法削成薄木板。屬於相當難以處理的木材」（木材業者）

【加工】　木工車床加工方面，不像日本黃楊般堅硬，因此可滑溜地車削。無油分，砂紙研磨效果佳（山茶花油是從果實採集）。完成面呈美麗的光澤。切削加工和刨削作業皆不容易進行。

【木理】　木紋極為細緻緊密。心材與邊材沒有分界線。粗大樹木的木材常會有波浪瘤紋。

【色彩】　顏色上有個體差異，有接近白色的奶油色、象牙色、偏紅色等。粗大樹木的木材則帶有紅色調。

【氣味】　沒有特別感覺到有氣味。

【用途】　印鑑、梳子、象棋棋子、版木等雕刻材。從果實採集山茶花油（伊豆大島為產地）。由於是日本黃楊的替代材，所以用途上很多都與日本黃楊相同

【通路商】　日本　1、7、8、12、16、18、27

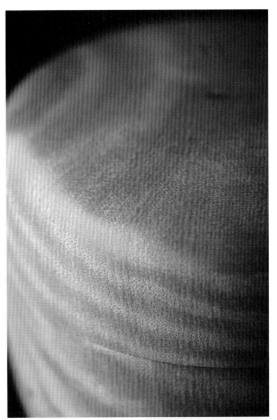

刺桐

【別名】四季樹
【學名】*Erythrina variegata*
【科名】豆科（刺桐屬）
　　　　闊葉樹（散孔材）
【產地】沖繩、小笠原諸島。原產於印度
【比重】0.21
【硬度】1 ＊＊＊＊＊＊＊＊＊＊

輕量程度大約與毛泡桐相同，是最輕的日本木材

　　刺桐是沖繩縣的縣花。木材像是由火山碎屑的輕石組成，內部空洞不扎實。原產地是印度，不過刺桐是現今日本材當中最輕盈柔軟的木材。在世界木材中，也是僅次於輕木的木材。沖繩的琉球漆器就是用刺桐當做底材，做法是將刺桐車削處理後，在木肌粗糙的地方用砂與漆混合製成的塗料塗裝，藉以強化木質底胚的強度。至於選擇刺桐的理由，可能是耐乾燥而且不易開裂或翹曲，然而還是有預料之外的開裂狀況。

【加工】　由於過於柔軟所以不利於木工車床加工。木材像是布滿吸管似的，車刀不夠鋒利（未確實研磨的話）就會使木材破碎零亂。沒有油分，砂紙研磨效果佳。但是，過度研磨的話器物的形狀會變形，所以必須小心處理。「雖然製材作業並不困難，但是種在庭院的刺桐有些會釘上釘子的關係，進行木工車床加工作業就需要時時注意」（沖繩的製材業者）

【木理】　年輪不明顯。有些具有瘤紋，還有很多像人類毛孔的黑色條紋。

【色彩】　米黃色的底色上有黑色條紋或黑點。

【氣味】　沒有特別感覺到有氣味。

【用途】　琉球漆器的底材、雕刻材

【通路商】　台灣　壹
　　　　　　日本　28、29

日本七葉樹

【別名】栃木
【學名】*Aesculus turbinata*
【科名】無患子科 [原屬七葉樹科]（七葉樹屬）
　　　　闊葉樹（散孔材）
【產地】北海道（西南部）～九州
【比重】0.40 ～ 0.63
【硬度】4 ＊＊＊＊＊＊＊＊＊＊

擁有絢麗的光澤和樹瘤瘤紋，
完成面散發冶豔氛圍

　　在闊葉材之中，日本七葉樹被歸類在柔軟的類別。具有皺縮瘤紋、波紋瘤紋等各種瘤紋。完成面散發有如絲綢般高雅的光澤。活用瘤紋特徵的漆塗裝器物，尤其能夠呈現出冶豔的氛圍。

【加工】　由於相當柔軟，所以加工上有困難度。木工車床加工方面，刀刃不夠鋒利（未確實研磨的話）就無法進行車削作業。「纖維的動向複雜，無論如何調整刀刃的接觸方式，都很容易產生逆向木紋。不過，從這點也可看出車削技術的優劣差異」（河村）

【木理】　年輪不明顯。心材與邊材的界線模糊（屬於全白的木材）。弦切面呈朦朧的波紋紋樣（稱為「漣紋」ripple mark）。

【色彩】　相當接近白色的奶油色。心材與邊材的色彩沒有差異。

【氣味】　沒有特別感覺到有氣味。偶而有紅色的假心材（又稱為紅栃）異味。

【用途】　家具材、活用瘤紋的工藝品和榫接木器、漆器底材

【通路商】　日本　闊葉材經銷業者。購買容易

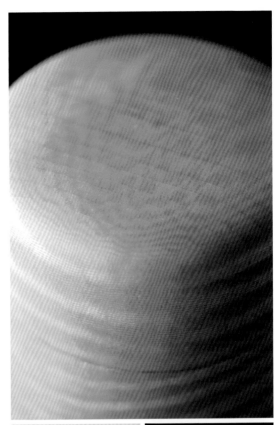

庫頁島冷杉

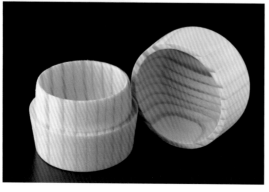

【學名】*Abies sachalinensis*
【科名】松科（冷杉屬）
　　　　針葉樹
【產地】北海道
【比重】0.32 ～ 0.48
【硬度】3 ＊＊＊＊＊＊＊＊＊＊

在北海道被廣泛活用，
與日本冷杉同科屬的材種

　　庫頁島冷杉是北海道栽植最多的樹木（森林的蓄積量最多），與日本冷杉為同類材種。由於木質柔軟、保存性佳，所以被廣泛使用在建築結構材和土木用材等用途上。日本昭和20 ～ 30 年代（1945 ～ 1955 年），就曾大量使用庫頁島冷杉製作政府廳舍和集合住宅的浴桶。鋸子或鉋刀加工方面沒有問題，但不適合木工車床加工。在松科之中色調屬於黃色少而偏白的木材，被認為是最適合做為紙漿的原料。

【加工】　適合切削加工和刨削作業。木工車床加工方面，若刀刃不夠鋒利（未確實研磨的話）就無法順利進行車削作業。「纖維觸感類似輕木。因為年輪粗，所以容易起毛」（河村）沒有油分，砂紙研磨效果佳。

【木理】　年輪明顯。木紋通直、木肌粗糙。

【色彩】　接近白色的奶油色。心材與邊材的界線模糊。「敝社是善加利用庫頁島冷杉的偏白光澤特性，在完成面上特別下一番工夫」（免洗筷製造業者）

【氣味】　沒有特別感覺到有氣味。

【用途】　建築材料、土木用材、紙漿材、高級免洗筷

【通路商】　台灣　伍
　　　　　　日本　北海道的針葉材經銷業者。
　　　　　　2 等等

日本梣木

【學名】 *Fraxinus japonica*（日本梣木）
　　　　F. longicuspis（尖萼梣）
【科名】 木犀科（梣屬）
　　　　闊葉樹（環孔材）
【產地】 本州（日本梣木分布於中部以北）、
　　　　四國、九州
【比重】 0.76（日本梣木）
【硬度】 6 強 ＊＊＊＊＊＊＊＊＊＊

日本梣木具有韌性，
與水曲柳非常相似難以分辨

　　市場上以日本梣木名稱流通的木材，包含筑紫梣（生長於九州）和尖萼梣等。日本梣木具有剛性^{原注}、韌性強，木質與水曲柳非常類似。「感覺上比水曲柳堅硬，但是光從一根木材外觀判斷是否為日本梣木是相當困難的。也就是說若不將日本梣木和水曲柳並排檢視，根本很難判斷」（河村）

【加工】 由於年輪條紋具有強度，所以木工車床加工時有嘎吱嘎吱的堅硬感（比水曲柳稍強，但比小葉梣稍弱）。但是木性平實，即便質地堅硬還是容易削切。或許是因為比水曲柳堅硬的緣故，加工面不會起毛。

【木理】 木紋通直。年輪明顯。

【色彩】 心材帶有黃色調的奶油色，比水曲柳黃，但沒有象蠟木的明亮感。邊材則帶有黃色調的白色。心材比例小。

【氣味】 氣味微弱，但氣味類似水曲柳。

【用途】 運動用具（球棒等）、家具材、漆器底材

【通路商】 台灣　壹
　　　　　日本　12、18

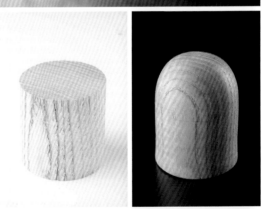

原注：剛性是指物體承受外力時，其體積和形狀維持不變形的能力。

棗樹

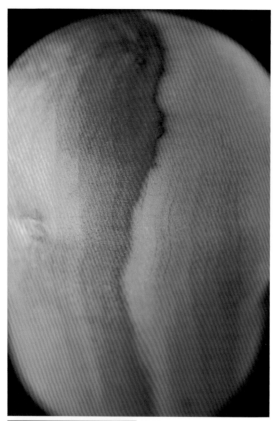

【學名】*Ziziphus jujuba*
【科名】鼠李科（棗屬）
　　　　闊葉樹（散孔材）
【產地】日本全國。原產於中國北部
【比重】0.50 ～ 1.12
【硬度】6 ＊＊＊＊＊＊✳✳✳✳

具有雙色調的木材

　　棗樹是心材與邊材呈現截然不同色調的木材。創作者能夠發揮色彩的差異特性製作作品，讓使用者邊使用（觀賞）邊享受色調變化的樂趣，這也是運用棗樹創作的一大重點。棗樹是高度 5 ～ 10 公尺的小徑木，因此只能裁切成小塊木材，市場流通量極少。具有木質滑順、「果實可食之木」（參見 P.122）等特徵。

【加工】　木工車床加工方面，幾乎感覺不到導管存在，因此能夠咻嚕咻嚕地順暢車削。完成面呈美麗的光澤感。沒有油分，砂紙研磨效果佳。

【木理】　年輪不明顯。沒有瘤紋、木肌緻密。

【色彩】　心材帶有紅色調的焦茶色，邊材則呈鮮明的黃色（稍微偏白）。心材與邊材的差異明顯，所以可利用色彩差異創作作品。這種色彩對比稱為「源平」^{譯注}。

【氣味】　幾乎沒有氣味。

【用途】　香盒、榫接木器、拼花小工藝品、梳子（以前是僅次於日本黃楊備受珍愛的梳子材料）

【通路商】　日本　16、18

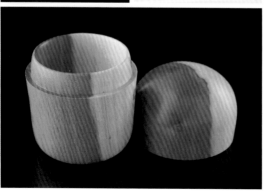

譯注：源平一詞源自日本平安時代末期發生的「源平合戰」，由於雙方對戰時源氏使用白旗；平氏使用紅旗，所以這或許是日本習慣將對抗競賽叫做紅白戰的原因。

南天竹

【學名】*Nandina domestica*
【科名】小檗科（南天竹屬）
　　　　闊葉樹（散孔材）
【產地】本州（茨城縣以西）、四國、九州。
　　　　原產於中國
【比重】0.48～0.72
【硬度】4 弱 ＊＊＊＊＊＊＊＊＊＊

特徵為鮮豔的黃色和放射狀紋樣

　　南天竹是深秋時節會結滿小小紅色果實而頗受歡迎的庭園樹木。樹高僅有 2～3 公尺的低矮樹木，直徑也只有數公分，因此市場上幾乎沒有流通。不過，有些則看中裝飾性，拿來做為日本和室的床之間裝飾柱。從橫切面中心呈向外擴展的放射狀斑紋相當漂亮，這種斑紋和當做鑲嵌材料而備受喜愛的黃色調，是南天竹的主要特徵。「因為山中研習會的福田芳朗老師（木工藝家、木工車削師）喜愛南天竹，所以把它使用在鑲嵌工藝上」（河村）

【加工】　由於木質柔軟，如果車刀不夠鋒利（未確實研磨的話）就無法順利車削，必須慎重進行加工。感覺不到逆向木紋。木屑呈粉末狀。常有樹芯開裂的情形。

【木理】　木材側面呈美麗的魚鱗紋樣。「類似裝蜜柑的網袋網眼」（河村）

【色彩】　整體呈鮮豔的黃色。

【氣味】　氣味微弱，氣味聞起來不嗆鼻而溫和。

【用途】　床之間的裝飾柱（裝飾木材）、香盒、茶器、筷子、鑲嵌工藝。紅色果實具有止咳和視力回復的藥效

【通路商】　日本　1、12、16、18、21

苦木

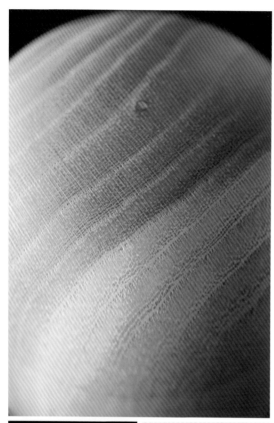

【學名】*Picrasma quassioides*
【科名】苦木科（苦木屬）
　　　　闊葉樹（環孔材）
【產地】日本全國
【比重】0.55 ～ 0.70
【硬度】5 ＊＊＊＊＊＊＊＊＊＊

擁有令人印象深刻的溫暖黃色調，做為木片拼花工藝和鑲嵌工藝的木材

　　瑰麗的黃色調與削切生木時的苦味，是苦木的主要特徵。不管是硬度還是木紋等性質都與刺楸相似（苦木就像是刺楸變成黃色的模樣）。硬度適中有利加工。乾燥時不會反翹或開裂。由於樹高只有 10 ～ 15 公尺、直徑約 40 公分，所以無法裁切成大塊木材，市場上幾乎沒有流通。

【加工】　木工車床加工方面，雖然有明顯的纖維存在感，但還是能沙啦沙啦地順暢車削。沒有油分，砂紙研磨效果佳。「比削切櫸木時的抵抗感稍微輕微，觸感與刺楸類似。雖然與漆樹同樣為黃色系，但質地比漆樹堅硬，所以質感上有明顯的差異」（河村）

【木理】　年輪明顯。木紋緊密均勻。

【色彩】　心材呈淡黃色；邊材則帶有黃色調的白色。心材與邊材的交界區域偏橙色。「苦木的黃色是具有溫暖感的正黃色，漆樹則是類似檸檬色的黃色，而且具有光澤感」（木鑲嵌工藝家蓮尾）

【氣味】　「削切生木時口中會有苦味」（河村）。乾燥材則沒有聞到什麼味道。

【用途】　木片拼花工藝、鑲嵌工藝、拼花小工藝品

【通路商】　日本　8、12、16

刺槐

【別名】洋槐
【學名】*Robinia pseudoacacia*
【科名】豆科（刺槐屬）
　　　　闊葉樹（環孔材）
【產地】日本全國。原產於北美
【比重】0.77
【硬度】7 ＊＊＊＊＊＊＊＊＊＊

綠褐色色調是刺槐的特徵，
具有韌性且堅硬的木材

　　刺槐是從北美移植到日本的樹木，與豆
科金合歡屬（*Acacia* spp. 美國和澳洲原產）的
木材不同屬，但是刺槐有時會被稱為金合歡。
大多做為行道樹栽種。雖然生長迅速，但是不
僅木質堅硬而且韌性強。綠褐色的色調是刺槐
的特徵，由於擁有這種色調的木材極少，因此
頗為珍貴。

【加工】　加工困難。木工車床加工方面，車削
時有叩哩叩哩的強韌感，所以作業困難。此
外，木雕或手工具的加工也不容易。沒有油
分，砂紙研磨效果佳。有些木材還含有石灰，
加工時必須注意。「我在削切時曾因為碰到石
灰，讓刀刃斷了兩次」（河村）

【木理】　類似朝鮮槐的粗糙感。刺槐的年輪相
當粗大。

【色彩】　心材呈綠褐色；邊材則呈黃白色。心
材與邊材的界線明顯。

【氣味】　幾乎沒有氣味。

【用途】　木工藝品（桑木和朝鮮槐的替代材）。
刺槐的花朵是上等蜂蜜的蜜源。在北美曾經被
使用在馬車車輪和車軸、造船用木釘、枕木等
用途上

【通路商】　台灣　壹、壹拾
　　　　　　日本　1、4、5、8、11、14、18、
　　　　　　21、27

榆木

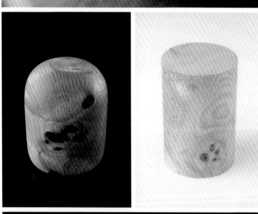

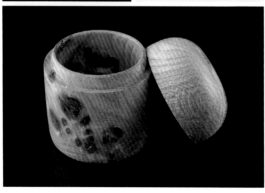

【別名】春榆、白榆、elm

※市場通稱：赤榆（赤榆和水曲柳的日文名稱會讓人誤以為是同種樹種，但實屬不同科屬，有些地區或木材業界會以此稱呼）

【學名】*Ulmus davidiana* var. *japonica*

【科名】榆科（榆屬）
　　　　闊葉樹（環孔材）

【產地】北海道（木材主要產地）、本州、
　　　　四國（部分）、九州（部分）

【比重】0.42～0.71

【硬度】6 ＊＊＊＊＊＊＊＊＊＊

整體感覺類似水曲柳或欅木，屬於性質不穩定的木材

　　榆樹又區分為裂葉榆、椰榆等樹種，但是做為木材的話一般都是指春榆。不過，市場上流通的榆木中也有混入裂葉榆的木材。「春榆的木紋較為平順，裂葉榆的木紋則呈波紋」（製材業者）。雖然擁有美麗的木紋、纖細的木斑、以及適當硬度和韌性等優良木材的條件，但是木材的性質不穩定（乾燥後也會變動），使得木材裁切良率不高。這就是榆木評價低落的原因。此外，可做為水曲柳或欅木的替代材。由於榆木的樹瘤部分有明顯的瘤紋，所以常以榆木瘤的名稱進行交易。

【加工】不論是進行切削或旋削作業都不是容易加工的木材。木工車床加工方面，由於導管粗大、有纖維抵抗感，因此車削有嘎吱嘎吱的堅硬感。沒有油分，砂紙研磨效果佳。

【木理】雖然木紋不細緻，但是分布均勻且明顯可見。徑切面有獨特的斑點紋樣（區別榆木與刺楸的關鍵點）。

【色彩】心材呈帶有紅色調的奶油色；邊材則偏白色。心材與邊材的界線明顯。

【氣味】些微異味。

【用途】家具材、建築材料、合板

【通路商】台灣　壹、伍、壹拾
　　　　　日本　闊葉材經銷業者

日本香柏

【別名】黑檜、鼠子
【學名】*Thuja standishii*
【科名】柏科（側柏屬）
　　　　針葉樹
【產地】本州（從北部到中部、以中部山岳地帶為
　　　　主）、四國
【比重】0.30 ～ 0.42
【硬度】2 ＊＊＊＊＊＊＊＊＊＊

做為隔間門窗材料使用，
屬於木曾五木之一

　　日本香柏與美西側柏為同科同屬，是木曾五木之一。主要產地為本州中部山岳地帶，由於木材蓄積量有限，因此市場流通量極少。日本香柏的收縮率低、幾乎不會反翹或開裂，一直是做為日式糊紙拉門或隔扇框架等隔間門窗的材料。木質有點類似神代杉^{譯注}的風雅情趣。

【加工】木工車床加工方面，雖然不容易削切，但橫切面不會破碎零亂。整體質地柔軟，唯獨年輪較硬，所以車削時有叩哩叩哩的堅硬感。「車削難度與毛泡桐差不多，但是比起日本冷杉和日本花柏還算容易」（河村）。沒有油分，砂紙研磨效果佳。容易切削和刨削作業。

【木理】年輪明顯、寬幅相當狹窄。木紋大致通直、木肌緻密。

【色彩】心材呈微焦茶色，而且時間愈長愈黑。邊材為淡奶油色。心材與邊材的界線明顯。

【氣味】幾乎沒有氣味。

【用途】建築材料（天花板等）、隔間門窗材料、神代杉的替代材

【通路商】台灣　伍、壹拾貳
　　　　　日本　1、6、7、8、11、16、18

譯注：神代杉是指埋藏在水中或土中，經過長久歲月的杉木。以前是專門指埋藏在火山灰中的杉木。色彩為藍黑色，木紋細緻瑰麗。

野漆

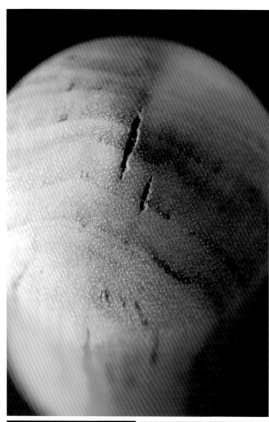

【學名】*Toxicodendron succedaneum*
（別名：*Rhus succedanea*）
（琉球櫨、黃櫨）
T. sylvestre
（別名：*Rhus sylvestris*）
（木蠟樹）
【科名】漆樹科（漆屬）
闊葉樹（環孔材）
【產地】本州（關東地方以西）、四國、
九州、沖繩
【比重】0.72（琉球櫨）、0.64（木蠟樹）
【硬度】6 ＊＊＊＊＊＊＊＊＊＊

擁有醒目的鮮黃色，
特別需要注意乾燥處理

　　野漆又可區分出琉球櫨（黃櫨）和木蠟樹等樹種，市場上大多將這兩種混在一起以野漆或琉球櫨的名稱流通銷售。艷麗的黃色調是野漆的特徵，不容易乾燥而且收縮率大。「有時會從意想不到的地方開裂，有時並非開裂而是纖維剝離。自然乾燥相當困難」（河村）

【加工】　木性平實，只要不開裂就可順利進行車削作業。沒有油分，砂紙研磨效果佳。

【木理】　年輪明顯。木肌粗糙。

【色彩】　心材有如薑黃般的鮮豔黃色；邊材則偏白。琉球櫨是比木蠟樹稍微淡的黃色。

【氣味】　些微獨特的氣味（微弱酸味），不太好聞。

【用途】　鑲嵌工藝、木片拼花工藝、木樁。果實可採集蠟燭的蠟（日本江戶時代栽植很多，生產最多的時期是大正到昭和初期）

【通路商】　日本　15、26、27、28、29

日本柳

【別名】山貓柳
【學名】*Salix bakko*
【科名】楊柳科（柳屬）
　　　　闊葉樹（散孔材）
【產地】北海道（西南部）、本州（近畿地方以
　　　　北）、四國（山地地區）
【比重】0.40 ～ 0.55
【硬度】4 弱 ＊＊＊＊＊＊＊＊＊＊

色彩偏白、木質輕盈柔軟的闊葉材

　　世界上有三百種以上的柳屬植物，日本就有數十種以上。大多數認為以楊柳（柳樹）的名稱在市場上流通的木材，是好多種柳屬材種，然而其實大部分都是日本柳。成樹可達樹高 15 公尺、胸高直徑約 60 公分，在闊葉材中屬於輕盈柔軟的木材（與白楊相同）。乾燥容易且不易開裂。雖然在乾燥前會稍微變形，但是乾燥後趨於安定。

【加工】　木性平實，相對容易加工，但是不適合木工車床加工。雖然容易削切，但纖維柔軟會使橫切面起毛。此外，車刀不夠鋒利（未確實研磨的話）就無法順利進行車削作業。木雕作業操作容易（前提為使用鋒利的刀刃）。

【木理】　年輪相較明顯。木紋緊密。

【色彩】　心材接近白色的奶油色；邊材則偏白色。

【氣味】　聞不出氣味。

【用途】　坑木、木雕、砧板

【通路商】　日本　購買容易。1、4、5、8、
　　　　　　11、12、16

日本榿木

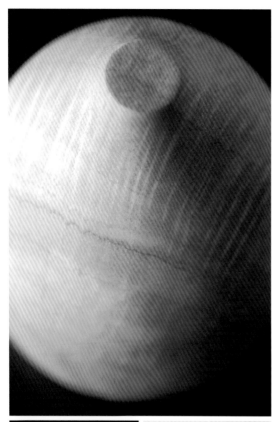

【學名】*Alnus japonica*
【科名】樺木科（榿木屬）
　　　　闊葉樹（散孔材）
【產地】北海道～九州（北部）
【比重】0.47 ～ 0.59
【硬度】5 ＊＊＊＊＊＊＊＊＊＊

擁有美麗的高雅色調，
但是木材被當做雜木使用

　　雖然成樹可達樹高 15 ～ 20 公尺，但是無法裁切成大塊木材。市場上大多與遼東榿木（*A. hirsuta* var. *sibirica*）歸類在一起，即便如此市場流通量還是少，兩者都被當做雜木使用。日本榿木並沒有明顯的特徵，只是在裁切生材時具有相當漂亮的橙色色調。

【加工】　木工車床加工方面，車削手感與日本山毛櫸類似。雖然車削容易，但車削後纖維容易起毛。因此，作業時需要聚精會神投入，否則很難做出漂亮的完成面。「質地有缺陷地方，在闊葉材中屬於非常難處理的木材」（河村）。切削和刨削作業方面沒有什麼問題。沒有油分，砂紙研磨效果佳。

【木理】　年輪不明顯。橫切面的放射狀組織有點明顯。有斑點、木肌緻密。

【色彩】　帶有橙色調的粉紅色。「裁切生材時，橫切面會變成橙色。屬於偏白的粉紅色，相當高雅」（河村）

【氣味】　沒有特別感覺到有氣味。

【用途】　裝潢材料、漆器底材、鉛筆筆桿

【通路商】　日本　4、5、15、17、27

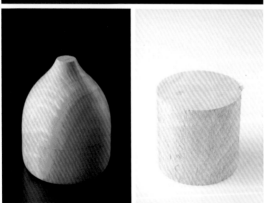

日本扁柏

【學名】*Chamaecyparis obtusa*
【科名】柏科（扁柏屬）
　　　　針葉樹
【產地】本州（福島縣以南）、四國、
　　　　九州（屋久島為止）
【比重】0.34～0.54
【硬度】2～3 ＊＊＊＊＊＊＊＊＊＊

用途廣泛，
日本針葉材的代表良材

　　日本扁柏在建築材料中屬於最高級的木材。由於地區別、以及天然林或人工林的區分等因素，所以在硬度或木紋上有個體差異。完成面呈美麗的光澤。不僅耐久性佳而且耐水性強。「日本扁柏不愧為木材之王。裁切之後強度會逐漸增加，還具有韌性。雖然耐水程度比日本花柏稍弱」（木桶工匠）。日本扁柏與台灣扁柏（台灣檜木）的差異在於，台灣扁柏的香氣較濃、油分較多，年輪寬幅也較細窄。

【加工】　容易切削和刨削作業，但木工車床加工較為辛苦。人工造林的木材（硬度2）成長快速且木質柔軟，類似日本柳杉的質感，因此木工車床加工困難。由於天然的木曾日本扁柏（硬度3）的晚材木紋較硬，所以必須使用鋒利車刀才能順利進行車削作業。此外，因為含有油分，砂紙研磨效果不彰，使得完成面處理較為費工。

【木理】　具有個體差異。年輪細窄。木曾日本扁柏的木紋細緻。

【色彩】　心材帶有黃色調的白色。接近邊材的部分有粉白色條紋，相當高雅瑰麗。另外，木質緻密的木曾日本扁柏則有濃厚的黃色調，粗木紋的木材呈現粉膚色。邊材幾乎都是白色。

【氣味】　具有日本扁柏特有的強烈香氣。

【用途】　建築材料、泡澡桶、木雕（佛像等）

【通路商】　台灣　伍、捌、壹拾壹
　　　　　　日本　購買容易

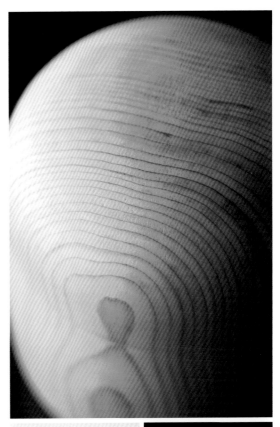

羅漢柏

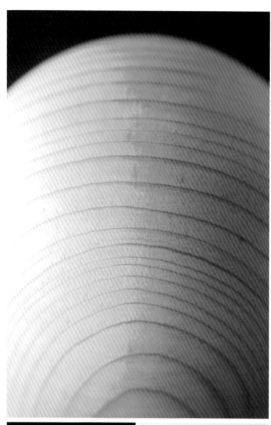

【別名】蜈蚣柏、明日檜、檜翌檜

【學名】*Thujopsis dolabrata*（羅漢柏）
　　　T. dolabrata var. *hondai*（檜翌檜）

【科名】柏科（羅漢柏屬）
　　　針葉樹

【產地】本州、四國、九州。檜翌檜主要產地為
　　　北海道南部～本州北部

【比重】0.37 ～ 0.52

【硬度】3 ＊＊＊＊＊＊＊＊＊＊

具有非常優異的耐久性和耐水性

　　羅漢柏與其變種的檜翌檜，大多以羅漢柏的名稱在市場上流通。能登地方的羅漢柏稱為「貴或阿天（Ate）」，青森縣附近的檜翌檜則以青森羅漢柏著稱。由於羅漢柏具有木紋大致通直、木肌緻密、以及耐久性高等特質，因此使用範圍相當廣泛。尤其是耐水性強這點就常做為木地檻或浴室材料。由於木材中含有抗菌作用的檜木醇，因此耐久性非常優異。羅漢柏屬於木曾五木之一。

【加工】　木工車床加工方面，在針葉材中屬於纖維抵抗感適當、容易車削的木材。油分少，砂紙研磨效果佳。容易切削或刨削作業。

【木理】　年輪不明顯。木紋通直緊密。

【色彩】　帶有黃色調的奶油色，整體呈濃烈的黃色。

【氣味】　強烈的檜木醇氣味。「比日本扁柏更像日本扁柏的氣味」（河村）

【用途】　建築材料（木地檻、樓板格柵、柱子等）、浴室材料、土木材料（橋樑等）、輪島塗^{譯注}底材

【通路商】　日本　1、4、8、11、16、18

譯注：輪島塗是日本石川縣的漆器工藝，已列入日本國寶級重要無形文化財。

日本五針松

【別名】日本五鬚松、五釵松、北五葉、五葉松
【學名】*Pinus parviflora* var. *pentaphylla*（北五
　　　葉）
　　　P. parviflora（五葉松）
【科名】松科（松屬）
　　　針葉樹
【產地】北五葉（北海道、本州中部以北）、
　　　五葉松（本州中南部、四國、九州）
【比重】0.36 ～ 0.56
【硬度】3 ＊＊＊＊＊＊＊＊＊＊

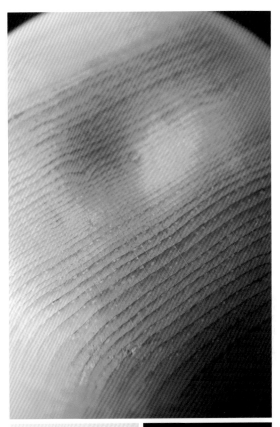

在松木類中屬於木質相當堅硬、木紋緻密的木材

　　以日本五針松的名稱在市場上流通的木材，主要是指產自日本北部區域的北五葉。在針葉材之中日本五針松是歸入堅硬的類別，年輪寬幅細窄且緻密。不論是鋸刀切削加工或刨削作業，還是木工車床加工都相當適合。完成面出色，而且反翹或開裂情況少。基於上述這些優點，常被當做珍貴的試作模型或鑄造模具的材料。

【加工】　加工容易。木工車床加工方面，因為年輪緊密所以在松木類中也是最容易車削的木材。由於含有松脂的緣故，橫切面不容易破碎。但是含有的油分會使砂紙研磨效果不彰。

【木理】　年輪寬幅細窄。木紋通直均勻。

【色彩】　在松木類中，日本五針松的心材屬於濃烈的黃色調，邊材則帶有黃色調的白色。

【氣味】　些微松脂香氣。

【用途】　建築材料（隔間門窗等）、樂器材、雕刻（佛像）、鑄造模具

【通路商】　日本　6、11、16

翅莢香槐

※ 與藤棚植物的多花紫藤（*Wisteria floribunda*、豆科紫藤屬）是同科不同屬的樹種。

【學名】*Cladrastis platycarpa*
【科名】豆科（香槐屬）
　　　　闊葉樹（散孔材）
【產地】本州（福島縣以南）、四國、對馬
【比重】0.71＊
【硬度】6 ＊＊＊＊＊＊＊＊＊＊＊

擁有亮黃白色和優良加工性等
良材要素，卻鮮為人知的高級木材

　　成樹可達樹高約 20 公尺，樹幹呈幾乎筆直地生長（直徑約 60 公分）。雖然是山地常見的樹種，但並非群聚生長因而不太顯眼。翅莢香槐擁有硬度適中等良材要素，卻幾乎沒有在市場上流通，因此不太為人所知。以導管大的木材而言，翅莢香槐的觸感意外地滑順。但是常有昆蟲鑽入心材的情況。「木材表面會產生些許的反射，這感覺就像發自木材內部，極為動人」（河村）

【加工】　非常容易加工。木工車床加工能夠沙啦沙啦地順暢車削。沒有油分，砂紙研磨效果佳。

【木理】　年輪明顯。乍看之下不管是色彩或木紋等都與良木芸香類似。在日本木材中屬於珍奇的材種。

【色彩】　心材與邊材沒有區別，整體呈明亮的黃白色。黃色稍微強烈，沒有色斑。

【氣味】　沒有特別感覺到有氣味。

【用途】　建築裝潢材料、家具材（五斗櫃的面板）、土木材、小器物

【通路商】　日本　12、15

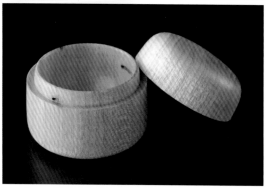

葡萄

【學名】*Vitis vinifera*（釀酒葡萄或歐洲葡萄）
【科名】葡萄科（葡萄屬）
　　　　闊葉樹（散孔材）
【產地】日本全國
【比重】0.56 *（栽培品種的藤稔葡萄）
【硬度】4 ＊＊＊＊＊＊＊＊＊＊

在日本材中屬於色彩或紋樣都相當獨特的木材

　　葡萄特徵在於色彩和紋樣。具有珍奇的色調、深刻的放射狀橫切面、以及蕾絲般的質地等特色，使葡萄帶有趣味性。「不管是色調還是紋樣都非常獨特，今後也想試試這種優良的木材」（河村）。不過，乾燥時的開裂情況相當嚴重，所以無法裁切成大塊木材，但乾燥後趨於安定。在市場上幾乎沒有流通。

【加工】　木工車床加工方面，由於硬度適中，所以能夠順暢地進行車削作業。只是會有纖維抵抗感。沒有油分，砂紙研磨效果佳。

【木理】　橫切面的放射狀組織醒目（比爬牆虎更清楚）。徑切面呈蕾絲般的紋樣。

【色彩】　帶有紫色調的焦茶色。「尚未加工前是灰米黃色，完成後會出現不可思議的紫色感覺」（小島）

【氣味】　沒有特別感覺到有氣味。

【用途】　小器物、木工藝品

【通路商】　日本　7、栽培果樹的農家

日本山毛櫸

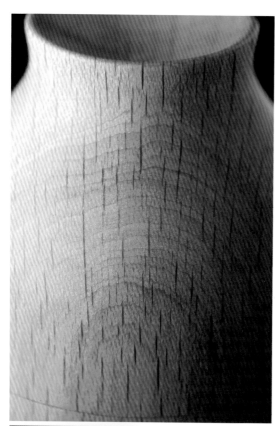

【別名】圓齒水青岡
【學名】*Fagus crenata*
【科名】殼斗科（山毛櫸屬）
　　　　闊葉樹（散孔材）
【產地】北海道（南部）～九州
【比重】0.50～0.75
【硬度】5強 ＊＊＊＊＊＊＊＊＊＊

具有韌性且堅硬，
適合進行彎曲加工的木材

　　日本山毛櫸的木肌偏白而且具有特殊木斑，屬於硬度中等的木材，因此容易加工。表面起毛情況少，完成面光滑美麗。乾燥時性質相當不穩定但鮮少開裂，乾燥後則趨於安定。此外，木材富有適合做為彎曲材、性質上的個體差異小等優點。基於上述這些理由，日本山毛櫸一直是深受珍愛的木材。由於具有韌性，也常製成玩具（即使小孩粗暴地玩弄玩具也不容易損壞）。

【加工】　硬度適中（比樺木柔軟），基本上容易加工。而且刀刃鋒利與否對削切的結果影響不大。木工車床加工方面，車削時有嘎吱嘎吱的堅硬感（樺木類的共通點）。沒有油分，砂紙研磨效果佳。

【木理】　橫切面呈放射狀紋理。徑切面有些許偏紅色的斑點。弦切紋像是雨點般（芝麻般）的點狀分布（芝麻點紋又稱為山毛櫸木紋）。

【色彩】　呈米黃色。心材和邊材的界線不明顯。

【氣味】　氣味微弱，氣味類似蠟燭的蠟（樺木類的共通點）。「這種氣味像是以前常有的便宜蛋糕，防腐劑的味道相當重」（河村）

【用途】　家具材、裝潢材料、彎曲加工材、木製玩具

【通路商】　台灣　伍
　　　　　　日本　闊葉材經銷業者

日本厚朴

【別名】朴之木
【學名】*Magnolia obovata*
【科名】木蘭科（木蘭屬）
　　　　闊葉樹（散孔材）
【產地】北海道～九州
【比重】0.40 ～ 0.61
【硬度】4 ＊＊＊＊＊＊＊＊＊＊

木質柔軟，相當好用的優良材種

　　日本厚朴不僅木質輕盈而且柔軟（木質與日本七葉樹差不多），刀刃觸感相當好。「日本厚朴不會損傷刀刃，收刀入鞘時即使碰到刀刃也沒有關係」（日本刀的刀鞘師）。乾燥容易且很少翹曲或開裂。日本全國各地都有栽種。基於上述這些優點，日本自古以來就常使用在各種用途上。

【加工】　加工容易。不過，由於纖維細緻，木工車床加工時若刀刃不夠鋒利（未確實研磨的話），就會使纖維起毛必須多加注意。此外能夠沙啦沙啦地順暢車削。沒有油分，砂紙研磨效果佳。

【木理】　年輪明顯。木紋細緻均勻。大塊木材有波浪狀或漩渦狀瘤紋，樹瘤種類不多。

【色彩】　心材呈黃綠色。時間愈長愈濃，逐漸轉為深綠褐色。邊材偏白色。心材與邊材的界線明顯。

【氣味】　幾乎沒有氣味。

【用途】　雕刻、漆器底材、版木、木屐、刀鞘、砧板。森林中特別醒目的大葉片，可用來製作朴葉味噌

【通路商】　日本　闊葉材經銷業者、居家建材
　　　　　　　銷售中心

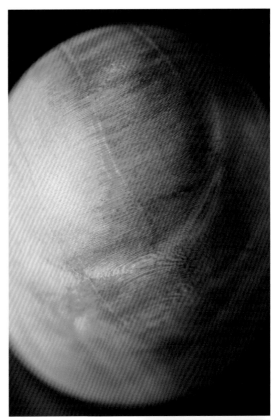

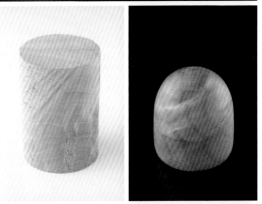

白楊

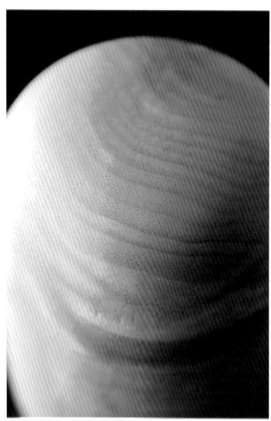

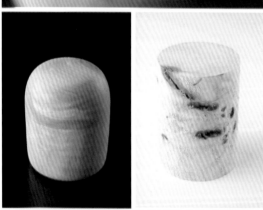

【別名】鑽天楊、義大利黑楊、西洋箱柳
【學名】*Populus nigra* var. *italica*
【科名】楊柳科（楊屬）
　　　　闊葉樹（散孔材）
【產地】北海道等地。原產地有歐洲、西亞等各種
　　　　說法
【比重】0.45
【硬度】4 弱＊＊＊＊＊＊＊＊＊＊

做為行道樹比木材更為人所知的外來種樹木

　　位於北海道大學的白楊行道樹（栽植於日本明治末期）非常知名。白楊與楊柳（柳樹）是同科植物，木質輕盈柔軟，硬度比日本厚朴稍微低。纖維質感類似銀杏和日本厚朴。雖然木材性質相當不穩定，但開裂情況少。由於有樹瘤的白楊通常會有瘤紋，因此價值高。不過，木材含有樹瘤的價格低廉，市場上幾乎沒有流通。北美鵝掌楸屬於木蘭科的別種木材，市場上有時會將白楊與北美鵝掌楸混在一起銷售。

【加工】切削加工容易。木工車床加工方面，由於木質較為柔軟，也不會有纖維存在感，所以反而不容易車削。此外，刀刃不夠鋒利（未確實研磨的話）就無法順利進行車削作業。木屑細緻。沒有油分，砂紙研磨效果佳。
【木理】年輪不明顯。
【色彩】帶有黃色調的奶油色。略有銀杏的色彩。
【氣味】沒有特別感覺到有氣味。
【用途】櫃檯單片面板（有瘤紋的木材）、小器物、火柴棒
【通路商】台灣　壹、伍
　　　　　日本　5、12、14、21

真樺

【別名】王樺、鵜松明樺、明樺
【學名】*Betula maximowicziana*
【科名】樺木科（樺木屬）
　　　　闊葉樹（散孔材）
【產地】北海道、本州（中部地方以北）
【比重】0.50〜0.78
【硬度】7 強 ＊＊＊＊＊＊＊＊＊＊

木質堅硬且紋理緻密，
加工性佳的樸質良材

　　真樺的日文植物名稱為鵜松明樺。近年來優良的真樺資源枯竭，因此市價高。真樺是具有硬度和韌性、木質樸實、木性平實、以及肌理光澤等優點的上等良材。在日本木材中，屬於木紋相當緻密的材種（蚊母樹的木紋最為緻密）。基本上容易加工。由於具有這些優良的性質，因此被使用在製作家具等多樣用途上。不過，乾燥加工稍微困難，但乾燥後木材性質趨於穩定。真樺當中邊材比例較高的木材，會以「目白樺」的名稱在市場上流通。

【加工】　雖然木質堅硬，但不管是切削或刨削，還是木工車床都不難加工。木工車床加工時不會感受到纖維存在，因此能夠咻嚕咻嚕地順暢車削，只是有嘎吱嘎吱的堅硬感。完成面呈美麗的光澤。「即使刀刃不夠鋒利也能削切。對於技術欠佳的人來說是容易加工的木材」（河村）

【木理】　木紋緻密均勻。年輪不明顯。具有槭木和日本山毛櫸相同的氛圍。

【色彩】　心材呈淡紅豆色。在樺木類中屬於紅色感強烈的木材。邊材偏白色。

【氣味】　幾乎沒有氣味。製材或加工時飄散一股類似蠟的氣味。

【用途】　家具材、地板材、樂器材、化妝單板

【通路商】　日本　闊葉材經銷業者（以北海道為主）

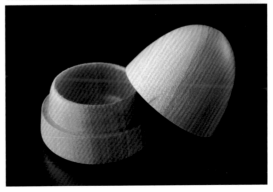

柑橘

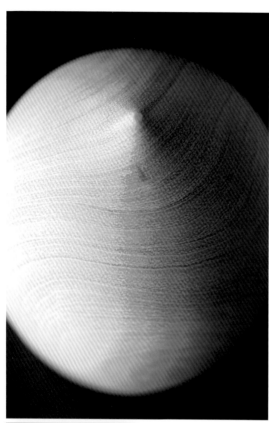

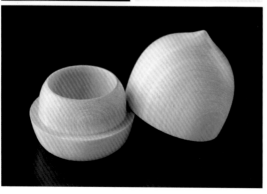

【別名】溫州蜜柑
【學名】*Citrus* spp.
【科名】芸香科（柑橘屬）
　　　　闊葉樹（散孔材）
【產地】本州（關東地方以南溫暖地區）、
　　　　四國、九州
【比重】0.80
【硬度】5 ＊＊＊＊＊＊＊＊＊＊

適合製成小器物的絢麗黃色木材

　　柑橘具有滑順的木肌、硬度適中、韌性佳、以及明亮瑰麗的色彩，典型「果實可食之木」（參見 P.122）等特徵。柑橘適合製作餐具等小型器物，因為無法裁切成大塊木材。

【加工】加工容易。木工車床加工能夠咻嚕咻嚕地流暢車削。雖然逆向木紋強勁，但不會影響車削順暢度。只是，有時會出現少許的起毛狀況。沒有油分，砂紙研磨效果佳。

【木理】年輪細緻且不明顯。木肌細緻光滑。「用柑橘製的湯匙吃布丁的話，一定非常美味」（河村）

【色彩】整體呈清爽明亮的黃色（檸檬色）。但並非只有黃色，而是摻雜白色和黃色的斑駁色彩。

【氣味】沒有特別感覺到有氣味。

【用途】鑲嵌工藝、木片拼花工藝、小型工藝品、餐具。通直木材適合製作鐵鎚的木柄（不過取得不易）

【通路商】日本　7、15、栽種柑橘的果農

燈台樹

【學名】*Cornus controversa*
　　　　（別名：*Swida controversa*）
【科名】四照花科（燈台樹屬或山茱萸屬）
　　　　闊葉樹（散孔材）
【產地】北海道～九州
【比重】0.63
【硬度】4 強 ＊＊＊＊＊＊＊＊＊＊

具有一定程度的硬度，
白色中帶點藍色為其特徵

　　成樹可生長到樹高 20 公尺、直徑 60 公分左右。雖然日本全國各地的山地皆能看到蹤影，但燈台樹卻很少在市場上流通。木質既不堅硬也不柔軟，很容易加工，而且變形或開裂的情況少。但是做為木材而言，除了整體的素質平均以外，沒有特別出色的特徵。如果勉強舉例的話，應該是木材的白色調。這種白色調是製作鑲嵌工藝和木片拼花工藝的貴重木材。日本東北地方（宮城縣鳴子溫泉等）的木削人偶，大多都是用燈台樹製成。

【加工】　加工容易。木工車床加工能夠沙啦沙啦地流暢車削。不過，因為有纖維抵抗感，因此車刀不夠鋒利（未確實研磨的話）就容易起毛，而且塗上漆之後會變成黑色。沒有油分感，砂紙研磨效果佳。

【木理】　年輪細緻且不明顯。木紋緻密。具有類似槭木的氛圍。

【色彩】　帶有藍色調的白色，心材與邊材的界線模糊。

【氣味】　沒有特別感覺到有氣味。

【用途】　木片拼花工藝、鑲嵌工藝（善用白色特徵）、木削人偶、漆器底材

【通路商】　日本　5、7、11

水楢木

【別名】 楢木（木材業也會以楢木稱呼，指的就是
水楢木）
【學名】 *Quercus crispula*
【科名】 殼斗科（櫟屬）
闊葉樹（環孔材）
【產地】 北海道（木材主要產地）～九州
【比重】 0.45 ～ 0.90
【硬度】 5 ＊＊＊＊＊＊＊＊＊＊

在家具材中頗具人氣，
日本闊葉材的代表

　　水楢木擁有沉穩木紋、美麗色調、以及
加工性佳等特質，在日本闊葉材中是具有代
表性的木材。橫切面呈間隙狹窄的放射狀組織
紋路，徑切面有虎斑。同科屬的白橡木則呈間
隙較寬的放射狀組織紋路，整體上比水楢木堅
硬。市場上有時會與堅硬且難處理的櫟木混在
一起販售，因此必須加以注意。

【加工】 加工容易。木工車床加工能夠沙啦沙
啦又沙庫沙庫地順暢車削。虎斑不會對加工造
成影響。「沒有個體差異，對初學者來說，水
楢木是車削加工製品的理想木材」（河村）。
沒有油分感。與櫸木同樣有粗大導管，因此塗
料的吸收狀況良好（環孔材共通的性質）。

【木理】 粗大導管布滿年輪周圍，年輪明顯。

【色彩】 心材帶有紅色調的奶油色；邊材則偏
白色。

【氣味】 氣味微弱，但有楢木特有的味道。氣
味沉穩高雅，與樫木不同。

【用途】 家具材、化妝單板、地板材

【通路商】 日本　闊葉材經銷業者

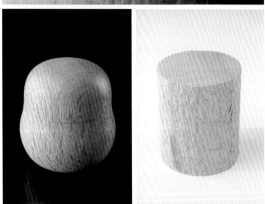

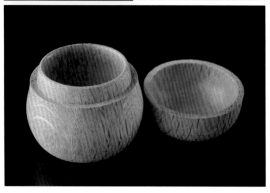

日本櫻桃樺樹

【別名】日本櫻樺、夜糞峰榛、梓樹

※ 市場通稱：水目櫻（雖然與櫻花木分別屬於不同科屬，但木材業大多將樺木類木材稱為櫻花木）

【學名】*Betula grossa*

【科名】樺木科（樺木屬）

　　　　闊葉樹（散孔材）

【產地】本州（岩手縣以南）、四國、九州

【比重】0.60～0.84

【硬度】7 ＊＊＊＊＊＊＊＊＊＊

常做為漆器底材的樺木類良材

　　日本櫻桃樺樹的木紋緻密，木質相當堅硬（比日本山毛櫸硬但比真樺柔軟，感覺上像堅硬的槭木）。乾燥時的翹曲情形少也不易開裂，因此木材良率高。完成面光滑。基於上述這些理由，大多做為漆器底材使用。「光澤漂亮而且摩擦時不會減損，所以常製成門檻」（建築公司負責人）

【加工】基本上容易加工。作業時會有樺木類共通的硬度感。木工車床加工方面，車削時的抵抗感強烈。「不僅堅硬還具有韌性，所以車削時會有比實際硬的感覺。日本櫻桃樺樹的車削聲是『叩哩叩哩』，真樺則是『嘎吱嘎吱』」（河村）

【木理】木紋緻密。有些有大波浪瘤紋。

【色彩】心材呈淡桃紅色；邊材則偏白色。心材和邊材的界線明顯。

【氣味】幾乎沒有氣味。雖然樹皮會散發類似酸痛貼布的氣味，但是木材沒有。

【用途】漆器碗底材、裝潢材、床之間的裝飾柱、地板材、道具的柄

【通路商】日本　6、8、11、12、16、18、

　　　　　　 19、21、23、26

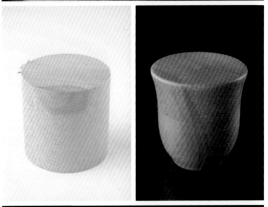

木賊葉木麻黃

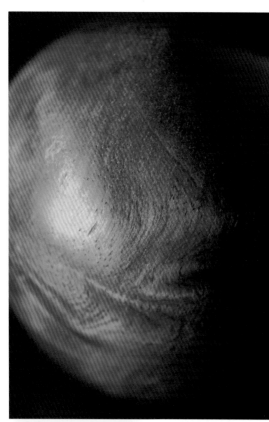

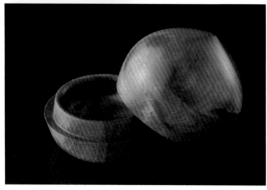

【別名】馬毛樹、駁骨樹
【學名】*Casuarina equisetifolia*
【科名】木賊葉木麻黃科（木賊葉木麻黃屬）
　　　　闊葉樹（散孔材）
【產地】沖繩、小笠原群島。
　　　　原產於東南亞、澳洲
　　　　（當地名：Coastal Sheoak 等）
【比重】0.95
【硬度】10 ＊＊＊＊＊＊＊＊＊＊

在日本木材之中，
屬於最堅硬的種類

　　木賊葉木麻黃在沖繩沿海經常可見，樹木可發揮防風林的作用。木賊葉木麻黃的樹木有類似松針般線狀的細莖，雖然看起來像針葉樹，但其實是闊葉樹。木材相當堅硬。樹種的原產地是澳洲，傳入日本大量栽植後就變成日本材之中最堅硬的種類。木材有逆向木紋，木紋複雜而且容易開裂，因此加工困難。色調呈閃耀的桃紅色。

【加工】　加工相當辛苦。不僅堅硬而且纖維的結構組織複雜難以切斷。木工車床加工方面，刀刃容易彈飛，有時還會導致帶鋸機的鋸片缺損。「總之非常堅硬，感覺是日本生長的樹種當中最堅硬的木材」

【木理】　由於木紋錯綜複雜，所以不太能看出年輪。木肌具有散發閃耀光芒的印象。

【色彩】　帶有絢麗的桃紅色，與楊梅相似。

【氣味】　沒有特別感覺到有氣味。

【用途】　桌腳或椅腳、需要高硬度的道具或木工藝品（文鎮、筷子等）、三味線的琴桿

【通路商】　日本　28、29

厚皮香

【學名】 *Ternstroemia gymnanthera*
【科名】 山茶科（厚皮香屬）
　　　　 闊葉樹（散孔材）
【產地】 本州（關東地區南部以西）、四國、
　　　　 九州、沖繩
【比重】 0.80
【硬度】 7 ＊＊＊＊＊＊＊＊＊＊

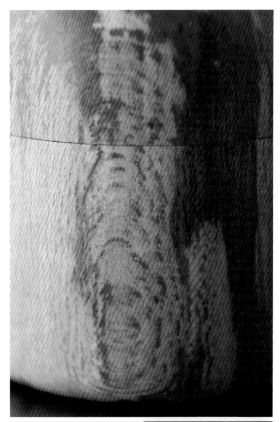

擁有木質堅硬、亮紅色調、完成面光滑等優點

　　厚皮香的木質緻密，不僅重量重且堅硬，還具有韌性。感覺上與真樺的硬度相同。紅色色調也是厚皮香的特徵之一。因此市面上有販售厚皮香的湯匙等餐具小器物，紅色相當搶眼。乾燥困難，有時會產生嚴重的開裂，還有容易反翹或開裂也是其缺點，因此適合人工乾燥。木材具有耐久性和抗白蟻的性能。

【加工】 木質樸實，雖然堅硬且有抵抗感，但木工車床加工容易。切削或雕刻則稍微辛苦。完成面光滑。

【木理】 年輪不明顯。木紋緻密。

【色彩】 整體呈亮紅褐色。時間愈長顏色愈深，趨近沉穩色調。心材與邊材的界線不明顯，整體偏紅色，偶而有色斑。

【氣味】「製作生材時會聞到嗆鼻的氣味」（製材業者）。乾燥後則沒有味道。

【用途】 鑲嵌工藝、木片拼花工藝、織布機的梭子、小器物。沖繩地區也使用在建築材料和三味線的琴桿等用途上

【通路商】 日本　15、16、28

日本冷杉

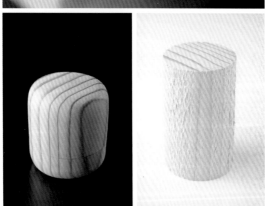

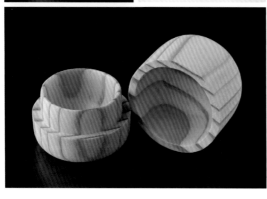

【學名】*Abies firma*
【科名】松科（冷杉屬）
　　　　針葉樹
【產地】本州（秋田縣、岩手縣南部以南）、
　　　　四國、九州（包含屋久島）
【比重】0.35 ～ 0.52
【硬度】3 ＊＊＊＊＊＊＊＊＊＊

在針葉材中屬於
硬度落差特別大的木材

　　成樹可生長到樹高 40 ～ 45 公尺、胸高直徑 1.5 ～ 2 公尺的大直徑樹木。早材（春材）和晚材（秋材）的硬度差異，是針葉材常見的特徵，因此木工車床加工的困難度僅次於輕木和日本花柏。

【加工】木工車床加工困難。年輪相當堅硬，車削到年輪部位時會有嘎吱嘎吱的堅硬感，但木材纖維本身柔軟，因此刀刃必須相當鋒利，否則切口會破碎不堪。沒有油分，砂紙研磨效果佳。只是過度削切的話就會形成「浮雕拉紋」。「硬度落差大，不適合木工車床。雖然砂紙研磨效果不錯，但木質纖維柔軟所以想用也無法使用」（河村）。容易切削加工但不容易刨削。「雖然木質脆弱不易削切，但價格低廉所以有時會使用於天花板。」（隔間門窗工匠）。

【木理】年輪堅硬且清晰可見。木紋大致通直。木肌粗大。

【色彩】心材邊材呈白奶油色，年輪為茶紅色。

【氣味】沒有特別感覺到有氣味。「新年前常會訂購年糕，用來包裝年糕的木箱就是日本冷杉製。因為木材沒有氣味，所以常被使用於盛裝食物上」（木工公司負責人）

【用途】建築材料、隔間門窗材料、棺木、魚板砧板

【通路商】台灣　伍
　　　　　日本　10、11、19、20、21

屋久杉

【學名】 *Cryptomeria japonica*
【科名】 杉科（日本柳杉屬）
　　　　針葉樹
【產地】 屋久島
【比重】 0.38～0.40
【硬度】 2＊＊＊＊＊＊＊＊＊＊＊

遠近馳名的日本最大樹木

　　屋久杉生長於屋久島標高 500 公尺以上
的山地，樹齡一千年以上的日本柳杉才能稱為
「屋久杉」（樹齡未滿一千年的稱為「小杉」）。
現在日本已禁止砍伐，因此市場上流通的木材
都只是稱為「土埋木」的傾倒木。屋久杉具有
木紋細緻、竹葉波狀瘤紋、松脂多等特徵。年
輪或瘤紋紋理具有令人印象深刻的存在感。由
於松脂多，所以乾燥時間長，開裂情況嚴重。

【加工】 加工容易。木工車床加工方面，由於
木紋緊密，因此比日本柳杉更容易車削。此
外，木紋寬幅狹窄有利於車削作業是因為比較
不會感覺到纖維的存在。油分多，砂紙研磨完
全無效。車削作業必須用鋒利的刀刃（確實研
磨）。

【木理】 具有竹葉波狀瘤紋。細窄的年輪才會
有竹葉波狀瘤紋。木紋細緻。松脂多的部位會
形成脂囊現象。

【色彩】 整體呈紅褐色。因為松脂多，所以褐
色會愈來愈深。

【氣味】 強烈的日本柳杉氣味，且具有樹齡大
的感覺。油分多的木材則有類似牛奶的氣味。

【用途】 桌椅面板、瘤紋裝飾的建築材料、木
工藝品

【通路商】 日本　1、7、8、10、11、16、
　　　　　　18、20、21、23、26、27

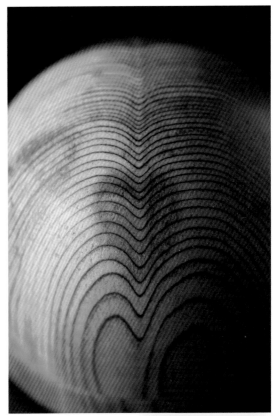

天竺桂

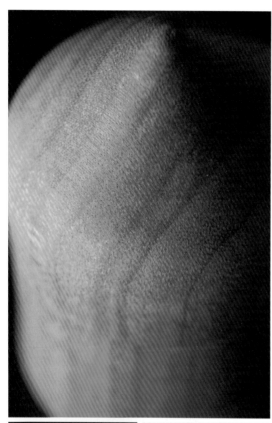

【別名】日本香桂、日本桂
【學名】*Cinnamomum tenuifolium*
　　　　（別名：*C. japonicum*）
【科名】樟科（樟屬）
　　　　闊葉樹（散孔材）
【產地】本州（宮城縣以南）、四國、九州、沖繩
【比重】0.56
【硬度】4 弱 ＊＊＊＊＊＊＊＊＊＊

加工不易但擁有瑰麗橙色的木材

　　樟屬的木材有三百種以上，錫蘭肉桂等的樹皮可用來製作辛香料或藥材。天竺桂的成樹可生長到高度 15 ～ 20 公尺、直徑 1 公尺左右，可裁成大塊木材，但市場流通量極少。橙色調是其特徵，木質的柔軟性或纖維質感都類似水胡桃。乾燥時木材性質相當不穩定。「相當嚴重的變形方式。如果將生材裁切成 4 公分厚的板子，放置一年以上的話會產生極大的彎曲。但是只要經過製材，修正翹曲之後就會趨於安定」（製材業者）

【加工】　加工困難。木工車床加工方面，雖然不會感覺到導管存在，但有纖維抵抗感。刀刃不夠鋒利的話，會使橫切面破碎零亂。即使沒有油分，還是不容易用砂紙研磨（大概是因為纖維極為細緻，很容易塞入砂紙縫隙的關係）

【木理】　年輪大致可見。沒有樹瘤。

【色彩】　心材帶有茶色調的橙色；邊材則偏白色。

【氣味】　從樹皮附近散發強烈的肉桂味道。心材部分則幾乎沒有氣味。

【用途】　鑲嵌工藝、木片拼花工藝。種子可採集肉桂油

【通路商】　日本　15、28

雞桑

【別名】小葉桑
【學名】*Morus australis*
　　　　（別名：*M. bombycis*）
【科名】桑科（桑屬）
　　　　闊葉樹（環孔材）
【產地】北海道～九州
【比重】0.52～0.75
【硬度】6強＊＊＊＊＊＊＊＊＊＊

長久使用在江戶指物^{譯注}，色調與木紋深淺完美調和的木材

　　雞桑在日本材中屬於高價位的木材。具有清晰強勁的木紋、光澤感、褐色系色調、以及堅硬和韌性佳等特徵。御藏島產的雞桑（稱為島桑）為稀少的最高級木材，是製作江戶指物不可或缺的材料。同時也是茶櫃等日式家具、工藝品、琵琶等器物的材料。「島桑的音色很棒，會發出清脆的聲音」（琵琶匠師）。「無論是色彩、光澤、或削切感，都和櫸木完全不同，島桑氛圍佳」（江戶指物匠師）

【加工】由於相當堅硬，所以用鋸子切削、或木工車床都不容易作業。木工車床加工時有嘎吱嘎吱的堅硬感，但並非被纖維等拉扯的感覺，純粹是木材本身的硬度。而且刀刃會立刻變鈍（變得不鋒利）。

【木理】年輪明確且間隔較寬。有些具有瘤紋，橫切面呈放射狀條紋。

【色彩】剛加工後呈綠褐色。由於含有單寧（植物鞣質），因此時間愈長顏色愈深，從金褐色逐漸轉為焦茶色，顏色變化激烈。

【氣味】些微藥材臭味。

【用途】江戶指物、日式家具、床之間的裝飾柱、工藝品、樂器材（琵琶和三味線的鼓框等）

【通路商】日本　1、7、8、16、17、18、21

譯注：「江戶指物」是指不使用金屬釘子固定，僅利用榫卯組合方式製作而成的各種精巧日式家具或器物。

山櫻木

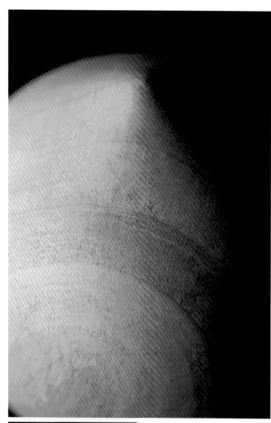

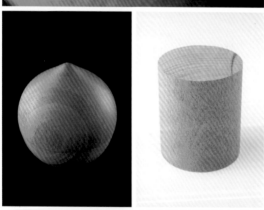

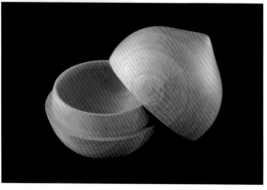

【學名】 *Prunus jamasakura*
（別名：*Cerasus jamasakura*）
【科名】 薔薇科（櫻屬）
闊葉樹（散孔材）
【產地】 本州（宮城縣、新潟縣以南）、
四國、九州
【比重】 0.62
【硬度】 5 ＊＊＊＊＊＊＊＊＊＊

擁有顯眼的沉穩高雅木肌，
而且容易加工的良材

　　山櫻木的硬度適中且具有韌性，因此削切或加工都相當容易。生材狀態容易變形但不會開裂。由於雕刻（削切）邊緣不易缺損，因此日本以前就常用來製作版木或糕點模具。山櫻木可裁切成大塊木材。「日本江戶時代的浮世繪版木就是用山櫻木製作。雖然感覺上很硬，但很好雕刻。日本厚朴也很好雕刻，但稍微柔軟了點」（雕刻師）

【加工】 加工容易。木工車床加工能夠咻嚕咻嚕地順暢車削，而且不容易出現逆向木紋。沒有油分，砂紙研磨效果佳。完成面呈美麗的光澤。「具有絢麗的色澤和光滑的質感，從事車削加工製作器物的人都會喜愛的木材。只要稍微削切就會散發出微量香氣，令人心情愉悅」（河村）

【木理】 年輪不明顯。木肌緻密光滑。具有大波紋瘤紋。

【色彩】 木材散布黃色、綠色、淺桃紅色各種顏色，時間愈長愈趨近麥芽糖色。整體上呈高雅沉穩的氛圍。

【氣味】 杏仁豆腐的味道，與紅豆的氣味類似。

【用途】 家具材、裝潢材、版木（江戶時代的浮世繪版木等）、糕點模具、樂器材

【通路商】 日本 闊葉材經銷業者。1、7 等

楊梅

【學名】*Myrica rubra*
【科名】楊梅科（楊梅屬）
　　　　闊葉樹（散孔材）
【產地】本州（關東地方南部以西）、四國、
　　　　九州、沖繩
【比重】0.73
【硬度】7 ＊＊＊＊＊＊＊＊＊＊

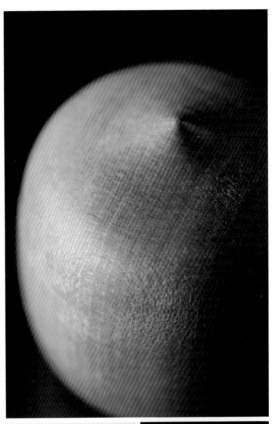

色彩呈瑰麗的「日本桃紅色」而非一般粉紅色的木材

　　桃紅色的木材具有極佳氛圍，但並非像粉紅象牙木的粉紅色，而是道地的「日本桃紅色」。楊梅不僅有韌性還相當堅硬。木材既不容易乾燥，性質也相當不穩定，變形方式類似染井吉野櫻。雖然有些能夠生長到高度15～20公尺、直徑1公尺左右，但是無法裁切成大塊木材，所以市場流通量甚少。楊梅擁有「果實可食之木」（參見P.122）的特徵，木肌具有美麗的光澤和滑順質感。「製材容易，但乾燥時會發生反翹，而且是相當嚴重的反翹」（製材業者）

【加工】　車削時有纖維抵抗感，因此木工車床加工困難。沒有油分，砂紙研磨效果佳。不過，過度研磨的話會變成焦黑色。有逆向木紋且容易起毛。

【木理】　年輪不明顯。具有大紋路瘤紋（由於瘤紋大，所以在小箱盒上反而看不出來）。木肌光滑。

【色彩】　呈淡桃紅色。比厚皮香更明亮。

【氣味】　加工時會散發非常好聞的氣味（像桃子的味道），製成後氣味也就消失。

【用途】　小器物、鑲嵌工藝、樹皮可做為染料和燙傷藥的原料

【通路商】　日本　15

象牙柿

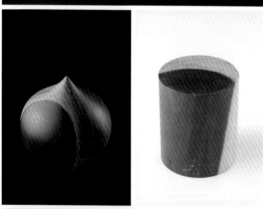

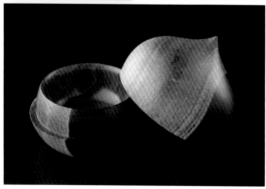

【別名】烏皮石柃、烏木、八重山黑木、
　　　八重山黑檀、琉球黑檀
【學名】*Diospyros egbert-walkeri*
　　　（別名：*D. ferrea* var. *buxifolia*）
【科名】柿樹科（柿樹屬）
　　　闊葉樹（散孔材）
【產地】沖繩、奄美大島。原產於印度
【比重】0.74 ～ 1.21
【硬度】9強＊＊＊＊＊＊＊＊＊＊

比斑紋黑檀硬，
日本最重且最硬的木材之一

　　象牙柿與蚊母樹或木賊葉木麻黃等木材，
是日本生長的樹木之中最重硬的種類，而且
比斑紋黑檀或黑檀硬。象牙柿比皮灰木（非
洲產）柔軟的原因在於韌性，因此硬度值相異
（整體上日本木材比其他國家的木材有韌性）。
象牙柿具有黑白分明的木紋，黑白部分的硬度
沒有差異（柿（黑柿）的白色部分則較柔軟）。
此外乾燥困難，開裂情況多。

【加工】　雖然木材裡頭不含石灰等物質，但是
木質本身特別堅硬，因此加工困難。即便沒
有油分，由於木質堅硬也無法進行砂紙研磨。
「因為有逆向木紋，所以刀刃不夠鋒利的話根
本無法削切」（河村）

【木理】　年輪不明顯。具有黑白條紋，黑色條
紋從橫切面的中心附近向外擴展，逐漸轉為白
色。

【色彩】　在接近灰色的白色底色中有部分全
黑。黑色部分比黑檀更有光澤。

【氣味】　類似柿的氣味。「聞起來很像年糕稍
微烤過頭燒焦的味道」（七戶）

【用途】　最頂級的三味線琴桿、小器物

【通路商】　日本　28，流通量少

琉球松

【學名】*Pinus luchuensis*
【科名】松科（松屬）
　　　　針葉樹
【產地】吐葛喇列島～沖繩
【比重】0.52 *
【硬度】3 強 ＊＊＊＊＊＊＊＊＊＊

在針葉材中屬於較堅硬的木材，沖繩居民熟悉的沖繩縣樹

　　從吐葛喇列島到琉球列島的山野中都能夠看到琉球松的身影，具有防風林、防潮林等作用。在針葉材裡屬於較堅硬、松脂少的樸實木材。由於容易加工，所以經常是沖繩木工家使用的木材。此外，琉球松還是沖繩縣樹，白色調裡夾雜著金色系條狀木紋。「琉球松是沖繩常使用的木材，也是我使用最多的木材，沖繩居民對琉球松也很熟悉。因為木材會有稍微反翹或龜裂的情形發生，需要特別留意這點」（沖繩在地木工家）

【加工】　加工容易。木工車床加工方面，由於橫切面的纖維既不易零碎破爛，而且以針葉材來看，也比日本柳杉或日本扁柏更容易沙啦沙啦地削切。

【木理】　在松木類中屬於木紋柔軟的木材。成長快速的緣故，年輪粗大。

【色彩】　整體偏白色。由於松脂位於木紋部位，所以木紋呈金色條紋。

【氣味】　松木類特有的氣味。比赤松或黑松的氣味微弱。

【用途】　家具材、建築材料、紙漿材、工藝品

【通路商】　日本　28、29、30。沖繩地區的木材行

蘋果

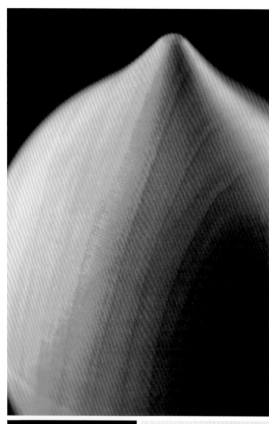

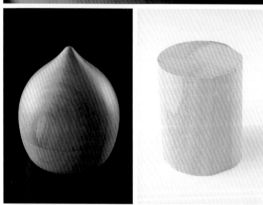

【學名】*Malus* spp.
【科名】薔薇科（蘋果屬）
　　　　闊葉樹（散孔材）
【產地】北海道（西南部）、本州（青森、長野等
　　　　寒涼地區）
　　　　西洋蘋果為歐洲原產；來安花紅（林檎）
　　　　則為中國原產
【比重】0.66 ～ 0.80
【硬度】5 ＊＊＊＊＊＊＊＊＊＊

木肌色調多彩且平滑，
但是開裂情況嚴重

　　蘋果是樹高 10 ～ 15 公尺、直徑 20 ～ 30
公分的小喬木果樹，木材的特徵為木肌光滑和
色調多彩。不過，乾燥困難而且開裂相當嚴重
（嚴重程度在日本木材中僅次於野漆）。由於
受限於無法裁切成大塊木材和開裂問題等因
素，市場流通量極少。

【加工】　加工容易。木工車床加工方面，可咻
嚕咻嚕地順暢車削而且沒有抵抗感。完成面光
滑漂亮，光澤也格外耀眼。沒有油分感，砂紙
研磨並非完全無效，但是稜角和邊緣不易磨
平。

【木理】　雖然年輪不太明顯，但仍然看得出來
（類似山櫻木）。木紋緊密。

【色彩】　具有色斑。呈膚色到紅褐色的漸層
色，其中還有綠色。

【氣味】　生材散發出類似嗅聞蘋果果實時的香
甜氣味，乾燥後則幾乎沒有氣味。

【用途】　小器物、餐具（光滑木肌使唇口觸感
良好）

【通路商】　日本　5，栽種蘋果的果農

Part 2　其他日本木材

神代欅木

神代日本柳杉

【2 其他日本木材】神代欅木／神代日本柳杉

原本沉重堅硬的欅木變成神代木之後，其硬度也不會改變。但是，原本木質輕盈柔軟的欅木在變成神代木之後則會變得脆弱。神代欅木的色彩是深綠色系（參見下面照片）或焦茶色系。氣味則殘留著欅木的異味。「自然乾燥時相當容易變形，而且開裂情況相當嚴重」（木材業者）

【通路商】 日本　4、8、12、18、21、23、27

一般的日本柳杉質地柔軟，變成神代木之後也一樣柔軟。只是「脆弱」程度可謂極致，只是用手指按壓木材就會凹陷。「年輪寬幅粗大的木材較難車削，寬幅細窄的還勉強能加工」（河村）。色彩呈美麗的灰色（沒有神代連香樹深）。沒有油分感，失去原本日本柳杉的潤澤感。

【通路商】 日本　1、7、8、12、16、20、21、23

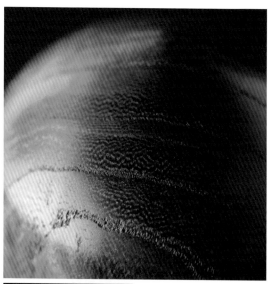

Part 2　其他日本木材

日本紫莖

丹桂

【學名】*Osmanthus fragrans* var. *aurantiacus*
【科名】木樨科（木樨屬）
　　　　闊葉樹（散孔材）
【產地】日本各地的庭園木等。原產於中國
【比重】0.71 *
【硬度】6 ＊＊＊＊＊＊＊＊＊＊

　　丹桂的木質類似於錐栗（硬度比錐栗柔軟）。兩者的共通點為橫切面具有獨特的細緻裂紋、木工車床加工時的纖維感受、刀刃接觸面的整體觸感等等。雖然刀刃碰到強韌纖維而有嘎吱嘎吱的抵抗感，但不影響木工車床加工作業。沒有油分，砂紙研磨效果佳。木材色彩是帶有黃色調的奶油色。幾乎沒有氣味（但花朵具有香甜氣味）。屬於庭園樹木，因此木材流通量極少。

【通路商】　日本　16

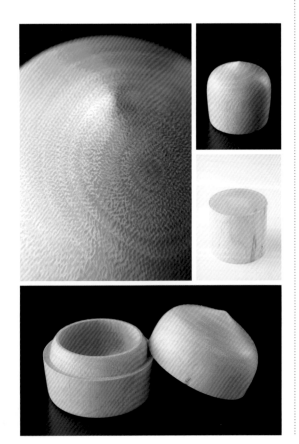

構樹

【別名】楮樹、殼樹、鹿仔樹
【學名】*Broussonetia kazinoki* × *B. papyrifera*
【科名】桑科（構屬）
　　　　闊葉樹（環孔材）
【產地】本州、四國、九州、沖繩
【比重】0.85 *
【硬度】5 ＊＊＊＊＊＊＊＊＊＊

　　構樹是出名的和紙原料。由於是小直徑樹木（直徑 10 公分左右），無法裁切成大塊木材，因此市場上幾乎沒有流通。然而，構樹是具有光滑木肌、高雅奶油色調、硬度適中、以及適度韌性等特徵的良材。硬度和光澤等特性與髭脈榿葉樹類似（只是色調不同）。適合用來製作小器物等。因為沒有逆向木紋的存在感，所以容易加工。木工車床加工能夠咻嚕咻嚕地順利車削。沒有油分，砂紙研磨效果佳。

【通路商】　日本　16

石榴

【學名】*Punica granatum*
【科名】千屈菜科 [原屬石榴科]（石榴屬）
　　　　闊葉樹（散孔材）
【產地】本州、四國、九州。
　　　　原產於西亞（伊朗、阿富汗一帶）
【比重】0.67 *
【硬度】6 ＊＊＊＊＊＊＊＊＊＊

　　石榴的果實和紅色的花朵令人印象深刻。石榴在市場上幾乎沒有流通，但卻是擁有硬度適中、木質緻密光滑、色調斑斕等特徵的良材。雖然木材非常稀少，但是也能做為床之間的裝飾柱，而且是以連帶樹皮的木材或經過研磨的原木狀態使用。石榴的加工性良好，適合製成小器物等物品。木工車床加工方面，雖然有堅硬感但能夠啾嚕啾嚕地順暢車削（類似削切山茶的手感）。木材色彩是帶有黃色調的萊姆綠色。生材時有些微的氣味。
【通路商】 日本　8、17

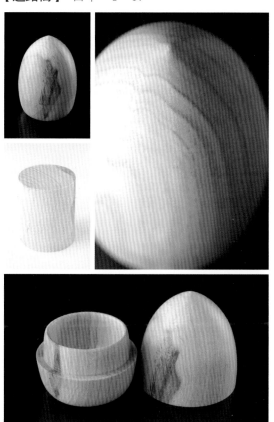

瓊崖海棠
紅厚殼

【別名】胡桐、海棠木、照葉木
【學名】*Calophyllum inophyllum*
【科名】藤黃科（紅厚殼屬）
　　　　闊葉樹（散孔材）
【產地】沖繩、小笠原群島
【比重】0.64 ～ 0.71
【硬度】7 ＊＊＊＊＊＊＊＊＊＊

　　瓊崖海棠是一種木紋細緻美麗的南洋木材，生長在東南亞和太平洋諸島的最北端到沖繩為止。由於葉子具有光澤，因此在日本有「照葉木」之稱。木質堅硬強韌，在沖繩是當做家具或漆器底材的上等木材。此外，逆向木紋強勁必須慎重進行加工。木工車床加工可沙啦沙啦地順暢車削。砂紙研磨效果佳。木材色彩帶有桃紅色調，而且具有光澤感的明亮茶色系。
【通路商】 日本　28

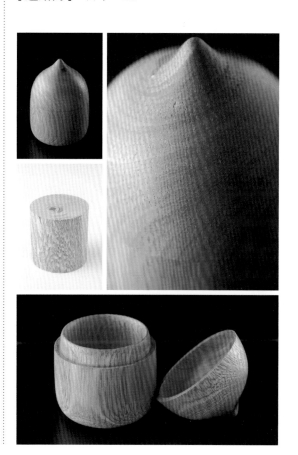

夏山茶

【別名】娑羅樹
【學名】*Stewartia pseudocamellia*
【科名】山茶科（紫莖屬）
　　　　闊葉樹（散孔材）
【產地】本州（福島縣以南）、四國、九州
【比重】0.64～0.88
【硬度】8弱 ＊＊＊＊＊＊＊＊＊☆☆

　　夏山茶的樹皮光滑，樹木外觀與髭脈橙葉樹相似。雖然無法裁切成大塊木材，但適合製成小器物，而且連帶樹皮的木材也能做為床之間的裝飾柱使用。夏山茶與山茶一樣具有緻密的木質和光滑的木肌。完成面呈美麗的光澤。木材色彩帶有紅色的灰色調。木工車床加工方面，由於纖維的存在感強烈，所以需要非常謹慎地操作車削作業。若未妥善處理完成面的話就會起毛，塗漆後也會變黑。

【通路商】 日本 10、17

合歡

【學名】*Albizia julibrissin*
【科名】豆科（合歡屬）
　　　　闊葉樹（環孔材）
【產地】本州、四國、九州、沖繩
【比重】0.50～0.60
【硬度】4 ＊＊＊＊＊＊＊＊＊☆

　　成樹可生長到樹高 10 公尺、直徑 50 公分左右的雜木。木材相較輕盈柔軟。乾燥容易且相當好加工。木工車床加工方面，絲毫沒有堅硬的感覺，雖然稍微會受到纖維抵抗而有叩哩叩哩的堅硬感，但還是容易車削的木材（近似車削日本栗的感覺）。沒有油分，砂紙研磨效果佳。完成面相當漂亮。心材帶有黃土色調的焦茶色，做為木材來看是具有珍奇色調的材種。木材本身幾乎沒有味道。常用於製作小器物或道具的柄等器具材。樹皮可做為藥材。

【通路商】 日本 12、15

黃土樹

【學名】*Prunus zippeliana*
【科名】薔薇科（櫻屬）
　　　　闊葉樹（散孔材）
【產地】本州（關東南部以南）～沖繩
【比重】0.90
【硬度】6 ＊＊＊＊＊＊＊＊＊＊

　　黃土樹和櫻花木是同科屬材種，生長在溫暖地區的海岸地帶。日本又稱為「賭博之木」，其名稱的由來據說是因為樹皮剝落的方式，與身上財物全部賭光的樣子相像（另有其他說法），所以依此命名。黃土樹不管硬度、色調或氣味，甚至加工性等各方面都是適合木工使用的良材。只是逆向木紋強勁。木工車床加工方面，即便受到纖維或逆紋抵抗，還是能沙啦沙啦地順利削切。氣味類似大葉釣樟。「具有獨特的強烈味道，製材後依舊散發撲鼻氣味」（製材業者）。心材帶有黃色調的茶色。

【通路商】　日本　15

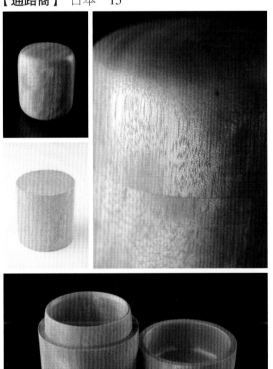

日本紫莖

【別名】猿田木
【學名】*Stewartia monadelpha*
【科名】山茶科（紫莖屬）
　　　　闊葉樹（散孔材）
【產地】本州（箱根以西）、四國、九州
【比重】0.75 ～ 0.89
【硬度】5 強 ＊＊＊＊＊＊＊＊＊＊

　　木肌光滑細緻，類似於山茶的上等質感。碎屑少且加工性優良。由於具有紅褐色的光滑樹皮，因此連帶樹皮的木材也經常做為床之間的裝飾柱。「木材很容易被昆蟲侵入，需要多加防範」（製材業者）。此外，木材也能用於印材或漆器底材。木工車床加工方面，車削手感與髭脈橙葉樹相似，大致流暢順利。沒有油分，砂紙研磨效果佳。木材色彩是帶有粉白色調的奶油色。沒有特別感覺到有氣味。

【通路商】　日本　15、16

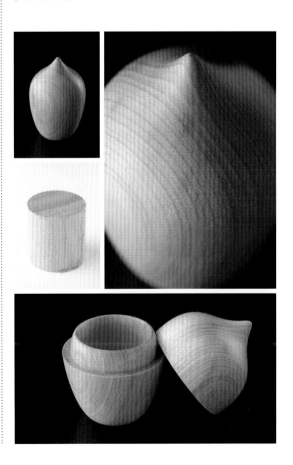

枇杷

菲島福木

【學名】 *Eriobotrya japonica*
【科名】 薔薇科（枇杷屬）
　　　　闊葉樹（散孔材）
【產地】 本州（中部地方以西）、四國、九州。
　　　　原產於中國
【比重】 0.86
【硬度】 6 ＊＊＊＊＊＊＊＊＊＊＊

　　枇杷的縱向壓縮強度或比重數值都較高，屬於沉重堅硬且強韌的木材。乾燥後硬度會增加，變成具有韌性和耐衝擊性的木材。由於這些特質，長久以來常用於製作木刀或長柄掃刀。色調高雅、木肌緻密光滑，即使用於製作小器物，也不容易磨損稜角，因此也能做為小型工藝品的材料。木工車床加工方面，雖然木質堅硬但木紋緊密，所以不影響車削的流暢度。木材色彩是帶有黃色調的奶油色。
【通路商】 日本　15

【學名】 *Garcinia subelliptica*
【科名】 藤黃科（藤黃屬）
　　　　闊葉樹（散孔材）
【產地】 沖繩、奄美大島。原產於菲律賓
【比重】 0.70
【硬度】 6 ＊＊＊＊＊＊＊＊＊＊＊

　　菲島福木在沖繩地方是做為防風林用的普遍樹木。木材具有木質堅硬、耐久性佳、以及卡士達醬般的淡黃色調和木紋細緻等特徵。乾燥困難，有開裂情況。「乾燥之後也會變形，有些箱盒的蓋子會變得很難打開」（河村）。「雖然木紋緊密美觀，但是容易被昆蟲侵入。即使充分乾燥了，還是有蟲害的情況。適合製作小器物」（沖繩在地木工家）。木工車床加工方面，沒有抵抗感能夠沙啦沙啦地順暢車削。完成面具有滑順的觸感。
【通路商】 日本　28、29

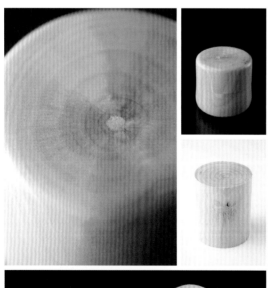

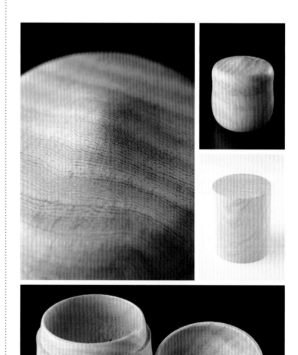

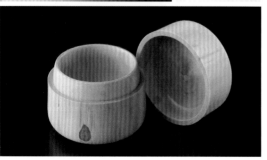

西南衛矛　　　髭脈檔葉樹

【學名】*Euonymus sieboldianus*
　　　（別名：*E. hamiltonianus*）
【科名】衛矛科（衛矛屬）
　　　闊葉樹（散孔材）
【產地】北海道～九州（包含屋久島）
【比重】0.67
【硬度】5 ＊＊＊＊＊＊＊＊＊＊

　　日本稱為「真弓」，其名稱的由來據說是從前西南衛矛的樹枝具有撓曲性，適合當做弓背的材料因此而得名。木質細緻、木肌光滑有光澤。與山茶的質感近似。此外，還具有硬度適中、些許韌性、加工容易等優點，是適合木雕的優良木材。木工車床加工方面，基本上可咻嚕咻嚕地順暢車削，但是刀刃不夠銳利的話就會稍微起毛。木材色彩是帶有黃色調的白色。沒有特別感覺到有氣味。用途包括象棋棋子、木削人偶、版木、印材等。

【通路商】　日本　8

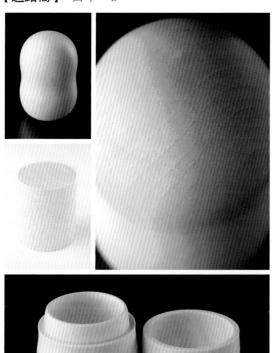

【別名】華東山柳
【學名】*Clethra barbininervis*
【科名】檔葉樹科（檔葉樹屬）
　　　闊葉樹（散孔材）
【產地】北海道（南部）～九州
【比重】0.74
【硬度】5 ＊＊＊＊＊＊＊＊＊＊

　　木肌光滑，整體近似於山茶的質感。容易加工，木工車床加工時不會受到纖維抵抗，所以能咻嚕咻嚕地順暢車削。完成面美麗且具有光澤。沒有油分，砂紙研磨效果佳。收縮率低，木材性質穩定。木材色彩是接近白色的奶油色。幾乎沒有氣味。保留焦茶色的光滑樹皮木材，可以做為床之間的裝飾柱，其他用途還有被木工藝家拿來當做椅背材料。

【通路商】　日本　1、7、15、16、18

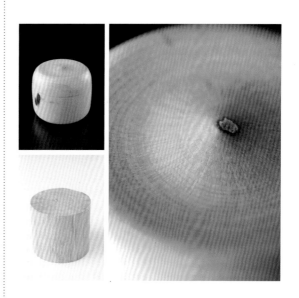

神代

神代連香樹

「神代」是指埋入土裡經年累月之下，顏色轉為黑褐色等深色調樹木的通稱。因此神代木也稱為「土埋木」。雖然有些說法認為神代得是埋沒一千年以上的樹木才能以此稱呼，但並沒有確切的定義。以材種來看，闊葉材包括櫸木或連香樹等大徑木，針葉材則有日本柳杉或日本榧樹等。市場上將神代木視為貴重材種，以神代連香樹、神代日本柳杉等名稱高價交易。

神代是在土地開發或河川改建工程之際，偶然被挖掘出來的樹木殘骸。神代位處於河川附近潮溼的地層等含有適度溼氣的地方，並且在氧氣隔絕的狀態下掩埋千年，因此在這些多重條件之下演變成長年不會腐朽的樹木。不過，雖說樹木不會腐朽但是會碳化。而且，剛被挖掘出來的神代，不僅含水量高還相當脆弱，因此乾燥時必須非常謹慎處理。根據樹種的不同，脆弱或變形程度也有差異。

神代木具有沉穩的色調，常用於裝潢或工藝品等用途上。日本人間國寶當中也有幾件是神代製的木工藝品。黑田辰秋的「神代櫸雕文飾棚」（1974 年）、冰見晃堂的「神代櫸造金銀縮線象嵌飾棚」（1964 年）等都是相當有名的作品。

連香樹具有柔軟且脆弱的傾向，神代連香樹則更加脆弱。木工車床加工方面，當刀刃接觸到木材之際，會有既彈韌又柔軟的觸感。「刀刃必須一點一點慢慢地輕柔劃過木頭」（河村）。木材色彩呈深灰色，有些呈深綠或茶色的漸層感。

【通路商】 日本　4、8、16、21

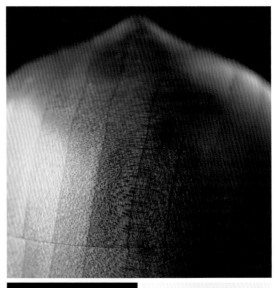

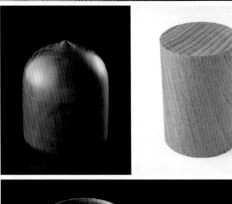

遺跡挖掘現場剛出土的神代。
推定已埋藏一千年以上

神代日本樟

神代日本樟的硬度與一般日本樟並沒有多大的改變，只是變得稍微柔軟。樟木特有的撲鼻氣味，變成神代木之後更為醇厚，散發出芳醇香氣。色調呈綠色到綠褐色的美麗漸層（近似日本厚朴的顏色）。乾燥時相當容易反翹或開裂。雖然有油分，但砂紙研磨多少有效。

【通路商】 台灣　伍
　　　　　 日本　16、18、21

神代日本栗

乾燥時會發生相當嚴重的反翹和開裂。「有些會發出劈哩啪啦的開裂聲」（木材業者）。乾燥後比一般日本栗更加堅硬。一般的硬度為 5 的話，乾燥之後的神代日本栗就是 7 以上。木工車床加工方面，即使木質變得堅硬，也絲毫不影響車削的流暢度。木材色彩比一般更深，而且近乎黑色。沒有特別感覺到有氣味。

【通路商】 日本　8、21

神代欅木

原本沉重堅硬的欅木變成神代木之後，其硬度也不會改變。但是，原本木質輕盈柔軟的欅木在變成神代木之後則會變得脆弱。神代欅木的色彩是深綠色系（參見下面照片）或焦茶色系。氣味則殘留著欅木的異味。「自然乾燥時相當容易變形，而且開裂情況相當嚴重」（木材業者）

【通路商】 日本 4、8、12、18、21、23、27

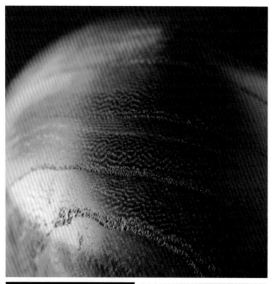

神代日本柳杉

一般的日本柳杉質地柔軟，變成神代木之後也一樣柔軟。只是「脆弱」程度可謂極致，只是用手指按壓木材就會凹陷。「年輪寬幅粗大的木材較難車削，寬幅細窄的還勉強能加工」（河村）。色彩呈美麗的灰色（沒有神代連香樹深）。沒有油分感，失去原本日本柳杉的潤澤感。

【通路商】 日本 1、7、8、12、16、20、21、23

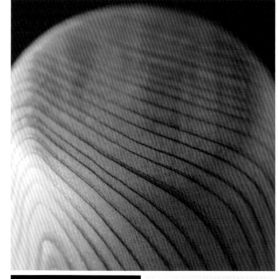

神代水曲柳

在硬度或色彩等性質上有個體差異，有堅硬的木材、也有脆弱的木材……硬度參差不齊。木工車床加工方面，車削時有叩哩叩哩的堅硬感。色彩基調為灰色，並且呈茶色到暗灰色的漸層色。氣味獨特。「氣味類似取出衣櫥內塵封已久的衣服時，空氣中會飄散一股古舊的味道」（河村）

【通路商】 日本　4、8、12、16、18、20、21、23

神代榆木

一般的榆木容易反翹或開裂，而且變成神代木之後也是如此。「比神代櫸木容易處理」（木材業者）。木材硬度與一般的榆木同等級。色彩呈灰色但有色差，從深灰色到茶色系都有。具有些微獨特氣味（近似神代水曲柳）。

【通路商】 日本　4、7、8、12、16、18、21、27

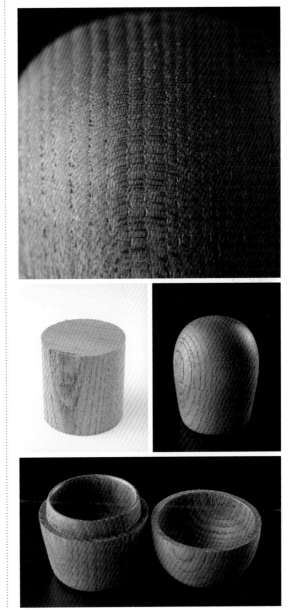

「果實可食之木」的特徵

—— 木肌光滑、氣味芬芳 ——

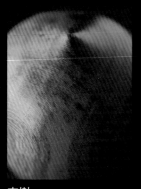

杏樹

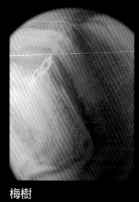

梅樹

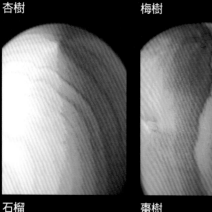

石榴

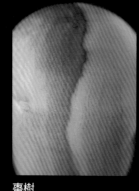

棗樹

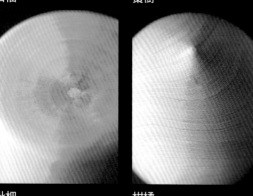

枇杷

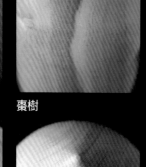

柑橘

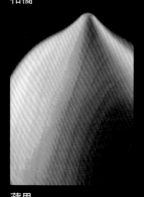

楊梅

蘋果

本書的「果實可食之木」包括杏樹、梅樹、柿、櫻花木、石榴、棗樹、枇杷、芒果樹、柑橘、楊梅、蘋果等（環孔材的日本栗除外）。

雖然下列特徵並非適用於所有的木材，但是果實可食之木大致上有幾項共通點。

1 質地緻密且木肌光滑

纖維密度高，木質具有緊實感。由於屬於散孔材，加工時不容易感覺到導管。完成面光滑。

2 木工車床加工容易

木質緻密的緣故，車床或轆轤等旋削加工均容易操作且車削作業順暢。不過，使用鑿刀或小刀進行削切或雕刻時，有些木材堅硬不容易操作（山櫻木或胡桃木容易雕刻）。此外，鋸子或鉋刀的作業時間，比處理建材類的木材稍長。

3 芬芳香氣

令人聯想到果實的香氣，這種感覺在生材狀態時最明顯。例如：杏樹、柿、楊梅、蘋果等。梅樹並非散發梅子香氣，而是櫻桃的甘甜味道。枇杷或柑橘的氣味微弱到聞不到。

在文章開頭未提及的鬼胡桃木也是散孔材，但是導管粗大。不論是木工車床車削、還是刨削或是鑿刀木雕都相當容易加工。

環孔材、散孔材、放射孔材
—— 依據導管的排列方式區分闊葉材的類別 ——

闊葉樹具有發揮水分輸送功能的導管組織。根據導管的排列方式，可分為幾種類型。掌握這些類型的特性，在處理特定材種或塗裝方面有非常大的幫助。

環孔材

口徑大的導管沿著年輪分界（年輪的分界線）排列（這個區域稱為管孔環圈，pore zone）。年輪的紋樣清晰可見。根據管孔環圈外的小導管的連結方式，可分為三種類型。

❶ 環孔波狀材

管孔環圈外的小導管沿著年輪連成波紋狀排列。例如：刺楸、欅木、榆木、朝鮮槐等。

❷ 環孔散點材

管孔環圈外的小導管呈點狀散布排列。例如：水曲柳、象蠟木等。

❸ 環孔放射材

管孔環圈外的小導管與年輪垂直交叉排列。例如：水楢木、日本栗等。

2 散孔材

導管散布於整個橫切面，大多無法清楚辨識年輪。生長在南方國家的樹木幾乎都屬於散孔材。觀察年輪清晰與否可大致區分出兩種類型。

❶ 年輪隱約可見

橫切面光滑，導管口徑小。例如：日本黃楊、椴木、連香樹、山茶、日本厚朴、肉桂樹等。

❷ 或許沒有年輪，幾乎看不到

導管口徑比❶稍微大。例如：黑檀、紫檀、印度紫檀、綠檀、輕木等。

3 放射孔材

導管以樹芯為中心呈放射狀排列。例如：錐栗、樫木等。

1 之❶刺楸
（環孔波狀材）

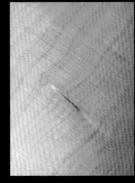
2 之❶日本黃楊
（散孔材）

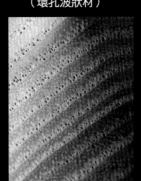
1 之❷水曲柳
（環孔散點材）

2 之❷輕木
（散孔材）

Part 3　台灣和其他國家的木材

栲葉斑紋漆木

青黑檀
Ebony tree

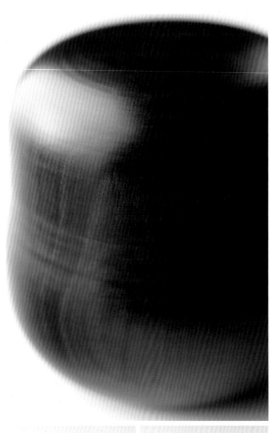

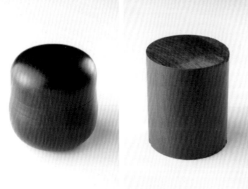

【別名】泰國稱為 Ma-klua、Ma-kleua
【學名】*Diospyros mollis*
【科名】柿樹科（柿樹屬）
　　　　闊葉樹（散孔材）
【產地】泰國
【比重】1.15
【硬度】8 ＊＊＊＊＊＊＊＊＊＊

光澤美麗的頂級青黑檀

　　青黑檀在黑檀類中與正黑檀並列為最高等級的黑檀，因此價格高昂。深綠色耀眼光澤感，是加工之際會令人不禁讚嘆「真美麗」的木材。青黑檀的色彩和氣味都讓人聯想到巧克力。

【加工】　木工車床加工方面，雖然質地堅硬但車削容易，會感受到滑溜感（含有油分的緣故）。刀刃接觸木材表面時不會嵌進木頭裡，而有在木材表面上滑行的感覺。「總之，車刀操作很順暢」（河村）。由於油分含量多，所以不容易進行砂紙研磨。切削和刨削作業都相當辛苦。

【木理】　年輪不明顯。木肌緻密，具有逆向木紋。

【色彩】　剛削切後的橫切面為深綠色，經過數日會逐漸氧化轉為純黑色。

【氣味】　甘甜焦香味（類似可可豆燒焦的氣味），屬於很多人會喜歡的氣味。

【用途】　唐木細工譯注、佛壇、木片拼花工藝、裝飾工藝品、頂級筷子（由於含有油分、耐水性強，因此適合製作筷子）

【通路商】　日本　7、8、14、18、24

譯注：唐木是紫檀、黑檀、鐵刀木等從南方進口的木材總稱。由於原本經由中國輸入到日本，因此命名為「唐木」。使用唐木製作物品需要特殊的技術，必須由稱為「指物師」的工匠處理，所以稱為「唐木細工」。

貝殼杉
Agathis

【別名】考里松（Kauri pine）

※市場通稱：南洋桂（連香樹為闊葉材，是完全相異的品種）

【學名】*Agathis* spp.

【科名】南洋杉科（貝殼杉屬）
　　　　針葉樹

【產地】東南亞、澳洲、紐西蘭、太平洋諸島（新幾內亞等）

【比重】0.36～0.66

【硬度】3 ＊＊＊＊＊＊＊＊＊＊

木肌光滑閃耀，容易加工的針葉材

　　貝殼杉是分布於東南亞到太平洋諸島地區的南洋杉科貝殼杉屬木材的總稱（約20種）。不論切削或木工車床都很容易加工。常用於製作抽屜側板等，也可當做連香樹的替代材。日本的居家建材銷售中心就有販售（只是厚板材較難買到）。

【加工】　加工容易。在柔軟的木材當中，屬於用木工車床也能沙啦沙啦地輕鬆車削的木材。前提是車刀必須鋒利（確實研磨）。無油分，砂紙研磨效果佳。

【木理】　年輪細緻，無法清晰地辨識。木肌光滑。

【色彩】　呈金褐色（稍微帶有金色調的茶色）。有纖維反射般的感覺，看起來比實際顏色明亮，類似鱉甲飴[譯注]般的色彩。

【氣味】　沒有特別感覺到有氣味。

【用途】　建材、隔間門窗材（門材等）、連香樹的替代材。

【通路商】　台灣　壹、參、玖

　　　　　　日本　7、8、11、20、21、23、26等。市場上幾乎都是以板材的形式流通，日本的居家建材銷售中心均有銷售

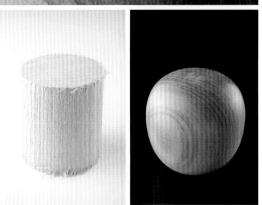

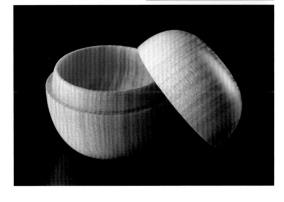

譯注：鱉甲飴是砂糖融解後製成的金黃色扁平狀糖果。由於看起來像鱉甲的形狀，所以稱為鱉甲飴。

梔子木

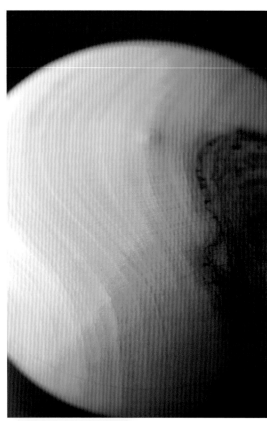

【別名】黃梔子（印度稱之為 Gardenia）
※ 市場通稱：暹羅黃楊、本黃楊。
※ 與日本黃楊為不同科屬。梔子木是刻印業的通稱。
【學名】*Gardenia* spp.
【科名】茜草科（梔子屬）
　　　　闊葉樹（散孔材）
【產地】泰國、印尼、印度
【比重】0.77
【硬度】7 ＊＊＊＊＊＊＊＊＊＊＊

市場稱為暹羅黃楊或本黃楊的泰國或印度木材

　　刻印業稱為梔子木，而木材業則稱之為暹羅黃楊和本黃楊。日本常將這種木材與日本材混在一起販售，木材價格不到日本的薩摩黃楊的一半。雖然產地為泰國或印度，但是色彩或車削後的觸感幾乎與日本黃楊相同，難以分辨。

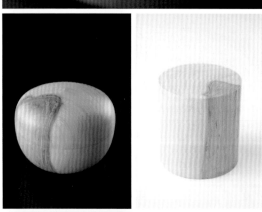

【加工】　木工車床加工方面，不僅車削作業流暢，而且能夠啾嚕啾嚕地連續削出木屑。削切時有纖維緊密的感覺，但感受不到導管存在（當下會有果然是散孔材的感覺）。可使用砂紙研磨，只是質地堅硬，稜角不易磨掉。由於不太容易開裂而且幾乎沒有逆向木紋，因此適合製作精細工藝品。
【木理】　年輪不明顯。木肌緻密。
【色彩】　呈黃色調，與日本黃楊類似。
【氣味】　幾乎沒有氣味。

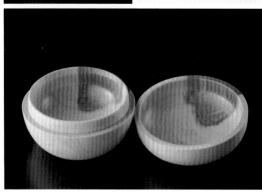

【用途】　非日本材裡頭，梔子木是難得具有韌性且磨耗少的木材，因此能夠製作細膩木雕，例如印章。還有質地沉重堅韌這項特性，則適合製作算盤珠子。但因為不屬於高大樹木無法裁切成大塊木材，所以無法用來製作版木。糕點模具、版木、按壓壽司的模具通常使用山櫻木製作。
【通路商】　日本　16、21、24、印材經銷業者

緬茄
Apa

【別名】Afzelia
※ 各地區的稱呼不盡相同，奈及利亞稱為 Apa，喀麥隆則稱之為 Doussié，日本也有以 Dousi 名稱流通。
※ 市場通稱：非洲櫸木（櫸樹為不同科的樹種）
【學名】*Afzelia* spp.（*A. bipindensis*、
　　　　A. pachyloba 等）
【科名】豆科
　　　　闊葉樹（散孔材）
【產地】赤道附近的熱帶非洲（象牙海岸、喀麥隆、
　　　　奈及利亞等）
【比重】0.62 ～ 0.95
【硬度】6 強 ＊＊＊＊＊＊＊＊＊＊

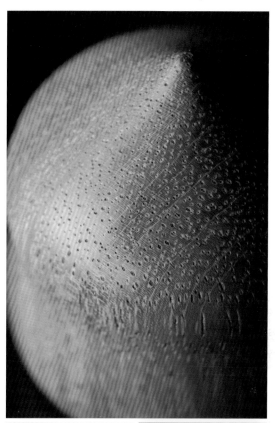

由於耐久性或防蟲性佳，
因此常被用於室外建材

　　緬茄是熱帶非洲地區生長的緬茄屬（Afzelia 屬）樹木，日本以 Apa 和 Afzelia 名稱在市場上流通。木材的耐久性和耐水性高，此外抗白蟻的性能也強。因此這些特性被善用在戶外設施上，從木平台到寺廟門柱等都可看到緬茄。木材硬度也如同比重的數值幅度，參差不齊。

【加工】 雖然具有逆向木紋但是容易加工。木工車床加工方面，即便受到纖維影響，還是能沙啦沙啦地流暢車削。感覺上相當堅硬。「以車削時的感受來看，比紫檀稍為硬」（河村）。無油分，砂紙研磨效果佳。

【木理】 一般木紋通直樸質，但有些具有交錯木紋。導管粗大。

【色彩】 橙色到赤茶色（就像紫檀變淡的顏色）。具有明亮的印象。

【氣味】 沒有特別感覺到有氣味。

【用途】 戶外用建材（結構材、門、窗框、戶外木平台、木圍欄等）

【通路商】 台灣　捌、壹拾貳
　　　　　日本　7、8、11、16、18、20、
　　　　　21、22

黑木黃檀
African blackwood

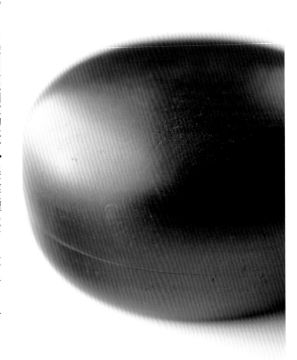

【別名】紫光檀（樂器業稱為 Grenadilla）
※ 市場通稱：非洲黑檀（與黑檀分屬不同科屬，由於外觀像黑檀，故以此命名）
【學名】*Dalbergia melanoxylon*
【科名】豆科（黃檀屬）
　　　　闊葉樹（散孔材）
【產地】東非
【比重】1.20
【硬度】9 ＊＊＊＊＊＊＊＊＊＊

外觀與黑檀一模一樣的
紫檀同科材種

　　黑木黃檀與紫檀、玫瑰木（紅木，參見 P.191）為同科的材種。然而外觀卻像種類不同的黑檀，因此木材業界以「非洲黑檀」稱呼。市場流通量相當多。木材裁切後的開裂情形少，製材良率高。

【加工】　雖然質地堅硬，但木工車床加工能夠咻嚕咻嚕地順暢車削。加工作業中會不斷感受到多處有相當堅硬的部分。切削和刨削作業較為辛苦。

【木理】　橫切面呈黑色、看不到木紋。側面則有反射材質般的深邃光澤（發自內部的光亮）。不僅木質與黑檀類似，而且外觀看起來也是完全一樣，難以分辨兩者。

【色彩】　心材有如濃縮咖啡般的黑色；邊材則呈象牙色。粉屑為深紫色。

【氣味】　「散發類似藥草的微淡氣味」（七戶）

【用途】　樂器材（鋼琴黑鍵、吉他指板、單簧管、直笛等）、唸珠。橫切面為凹凸圓形，因此橫切後可當做花台使用。

【通路商】　台灣　玖、壹拾壹
　　　　　　日本　7、8、16、18、23、24、31

大美木豆
Afrormosia

【別名】高大花檀、亞沙美拉木（Assamela）
※ 市場通稱：非洲柚木
【學名】*Pericopsis elata*
【科名】豆科
　　　　闊葉樹（散孔材）
【產地】西非
【比重】0.69
【硬度】6 ＊＊＊＊＊＊＊＊＊＊

曾經是柚木的替代材，
如今木材資源枯竭

　　由於大美木豆的色彩近似柚木，過去建築界都會從非洲進口做為柚木的替代材。即便市場上也有稱之為非洲柚木的情形，但與柚木分屬不同科屬。現今大美木豆比柚木更為稀少。成樹可生長到樹高約 45 公尺的大直徑樹木。

【加工】　即便質地堅硬，但木工車床能夠沙啦沙啦地流暢車削。棱角不易用砂紙磨掉，會感受到木材的硬度。鋸子或木工鉋刀作業較為辛苦。使用帶鋸削切時木片（chip）容易損傷。進行木工車床加工時，很容易因為到處飛散的細小粉屑而引發噴嚏。完成面呈美麗的光澤。

【木理】　具有交錯木紋。容易產生帶狀瘤紋（可說是交錯木紋的代表性瘤紋）。不論從任何方向削切都會產生逆向木紋。使用木工鉋台時，必須緩慢地淺刨木材表面。若一口氣用力刨削的話，木材纖維會逆向剝落。

【色彩】　帶有綠色調，時間愈長轉為黑褐色。

【氣味】　具有些許芳香，香氣甘甜獨特。「氣味類似陽光普照之下，乾燥土地和雜草所散發出的淡淡香氣」（七戶）

【用途】　室內裝潢材（柚木的替代材）

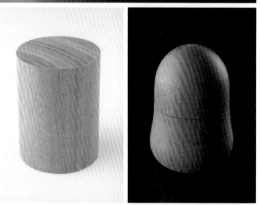

【通路商】　台灣　柒、捌、玖、壹拾壹、壹拾貳
　　　　　　日本　1、4、7、9、11、16、18、
　　　　　　19、20、22、23、24 等。常被貯
　　　　　　藏在倉庫內乏人問津

美國黑櫻桃木
American black cherry

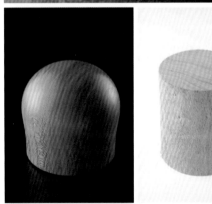

【別名】美國櫻桃木、黑櫻桃木、野黑櫻
【學名】*Prunus serotina*
【科名】薔薇科（櫻屬）
　　　　闊葉樹（散孔材）
【產地】北美
【比重】0.58
【硬度】5 ＊＊＊＊＊＊＊＊＊＊

色調或加工性都相當優良的
高人氣木材

　　美國黑櫻桃木的樹木是能結成黑色果實的櫻桃樹。質地堅硬、加工性佳等性質與日本的山櫻木類似。無論使用者或製作者都會喜歡的高人氣家具材。

【加工】　加工容易。木工車床加工方面，只要使用鋒利的車刀就能夠啾嚕啾嚕地順暢車削。完成面優美，具有光澤感。無油分，砂紙研磨效果佳。

【木理】　木紋與日本的山櫻木具有相同的紋理。年輪不明顯。木肌緻密。

【色彩】　心材為粉色系（如左側照片）和綠色系兩種類型。雖然與山櫻木類似，但是美國黑櫻桃木的顏色稍微深些。時間愈長愈接近麥芽糖色。邊材偏白色。

【氣味】　具有櫻花特有的氣味。

【用途】　家具材、室內裝潢材。美國黑櫻桃木的家具擁有超高人氣，例如深受女性喜愛的美國黑櫻桃木桌面板。「一般中年夫婦到店內挑選面板時，常發生丈夫偏愛楢木但太太卻傾向櫻桃木的情形。最終都會取決於主導權掌握在誰手上，所以大多採用櫻桃木」（訂製家具店店長）

【通路商】　台灣　壹、貳、壹拾
　　　　　　日本　購買容易

大理石豆木
Angelim rajado

【別名】大理石木（Marblewood）
【學名】Marmaroxylon racemosum
【科名】豆科（大理石豆屬）
　　　　闊葉樹（散孔材）
【產地】南美（圭亞那）
【比重】0.99～1.03
【硬度】9＊＊＊＊＊＊＊＊＊＊※

削切手感類似竹子

　　大理石豆木在美國等地是當做木工車床加工（wood turning、旋削加工、木工轆轤作業）的木材，但在日本幾乎沒有流通。大理石豆木與安達曼群島（印度洋上）產的安達曼烏木 *Diospyros marmorata*（通稱條紋烏木），在國際市場上都以大理石木稱呼。其他像是澳洲產的耳葉相思樹（*Acacia bakeri*）也會稱為大理石木。此外，日本的木材公司也有將東南亞產的瘤紋木材（參見 P.208）充當大理石木來販售，因此必須加以留意。雖然堅硬但車削時有乾巴巴的感覺。乾燥困難，容易產生細小開裂。

【加工】加工困難，具有類似切削竹子的手感。木工車床加工方面，就像是削切沒有韌性的纖維集合體般，有嘎吱嘎吱的堅硬感。切不斷時（未確實研磨的話），木材纖維會使車刀發出嘎吱聲響。

【木理】呈無規則性的蛇紋紋理。

【色彩】「時尚的米黃色基底上，富有微動態感的不規則紅豆色線條」（小島）

【氣味】「超級臭！」（河村）

【用途】在美國為木工車床木材（裝飾品、木雕）

【通路商】台灣　捌
　　　　　日本　16

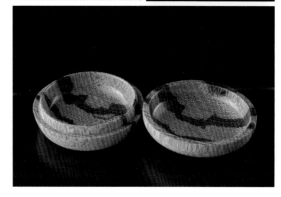

黃樺
Yellow birch

【學名】 *Betula alleghaniensis*
【科名】 樺木科
　　　　闊葉樹（散孔材）
【產地】 北美東部
【比重】 0.70
【硬度】 5強 ＊＊＊＊＊＊＊＊＊＊

木性平實的典型樺木

　　黃樺擁有樺木類的所有特徵，可說是最典型的樺木。木質緻密、硬度均勻，品質與色木槭為相同水平。逆向木紋少，砂紙研磨容易作業，也適合彎曲加工。此外，具有耐衝擊性和韌性。只要使用鋒利的刀刃進行木工車床作業的話，削切後立即會出現光澤感。完成面光滑而美觀。

【加工】 加工容易。木工車床加工方面，車削時有叩哩叩哩的堅硬感，能感受到樺木的硬度（即使如此還是容易車削）。木屑呈粉狀。無油分，砂紙研磨效果佳。

【木理】 年輪明顯。木肌細緻光滑。

【色彩】 雖然名為黃樺，但總覺得帶有紅色調。光線照射之下看起來頗有金黃色的感覺。

【氣味】 幾乎沒有氣味。

【用途】 家具材、建材、地板材、化妝單板

【通路商】 台灣　壹、貳
　　　　　日本　7、21、23、25

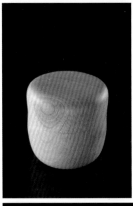

良木芸香
Yellow heart

【別名】柏拉芸香、Pau amarello

※ 葡萄牙語的 Pau 為木的意思，amarelo（木材名稱中會有兩個「l」）則是黃色的意思。巴西很多樹木都會加上 amarelo，因此必須加以留意。

【學名】*Euxylophora paraensis*

【科名】芸香科（柑橘屬）
　　　　闊葉樹（散孔材）

【產地】巴西（亞馬遜河下游地區）

【比重】0.80

【硬度】7 ＊＊＊＊＊＊＊＊＊＊

完成面光滑的「黃色木材」

　　通常國際市場是以「柏木芸香」的名稱販售，日本則大多以「良木芸香」稱呼。表面和蝴蝶翅膀一樣，都有反射材料般的閃耀光澤。完成面光亮而美觀。乾燥作業容易，開裂情形少。加工之後材質幾乎不會變動趨於穩定。

【加工】　加工容易。雖然有逆向木紋，但是木工車床加工可沙啦沙啦地順利車削。不過，纖維的強韌感明顯。作業中會產生粉末狀的木粉，進入口中時會感覺到苦味。無油分，砂紙研磨效果佳。完成面具有美麗的光澤。

【木理】　木紋細緻。橫切面的放射狀組織明顯。

【色彩】　心材為鮮明黃色；邊材為偏白色。

【氣味】　氣味微弱。

【用途】　地板材。有些國家用來製作道具（木槌等）的柄、版木等，與日本黃楊（Boxwood）的用途相同

【通路商】　日本　23、24

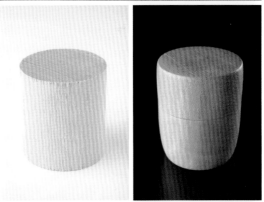

北美鵝掌楸
Yellow poplar

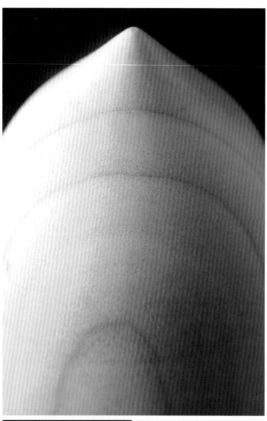

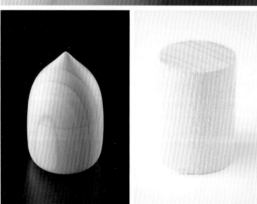

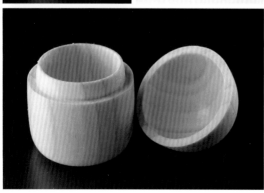

【別名】美洲白木（American whitewood）、
鬱金香木（Tulipwood）

※市場通稱：有些只用白楊（poplar）名稱進行交易。
雖與楊柳科的白楊同名，但分屬不同科屬，必須加以
注意。

【學名】*Liriodendron tulipifera*

【科名】木蘭科
阔葉樹（散孔材）

【產地】北美東部

【比重】0.45～0.51

【硬度】3 強＊＊＊＊＊＊＊＊＊＊

樹木生長快速，在闊葉材中屬於木質柔軟的木材

　　一般北美鵝掌楸在國際市場上稱為美洲
白木。樹木名稱為 Tulip tree（日本稱為百合
木、半纏木），生長快速，成樹樹高接近 40
公尺，屬於柔軟的闊葉樹。雖然耐久性差，但
因為容易切削或刨削加工，而且木材資源豐
富，所以廣泛地用於製作模型材、合板等。

【加工】　適合切削和刨削加工。木工車床加工
方面，若刀刃不夠鋒利（未確實研磨的話）就
無法順利車削。「與車削日本厚朴時的感覺類
似」（河村）。無油分，砂紙研磨效果佳。

【木理】　年輪不太明顯。木肌細緻光滑。

【色彩】　心材帶有黃色調的明亮奶油色。「因
為帶有閃閃發亮的質感，所以常用於表現嫩
葉。邊材帶有檸檬色調的白色，常使用在花萼
的部分」（木鑲嵌工藝家蓮尾）

【氣味】　沒有特別感覺到有氣味。

【用途】　模型材（試作品等）、塗裝底材、捆
包用材、合板

【通路商】　台灣　壹、貳、肆、壹拾
　　　　　　日本　7、8、11、22、23、26、27

廣葉黃檀
East indian rosewood

※市場通稱：印度玫瑰木
【學名】*Dalbergia latifolia*
【科名】豆科（黃檀屬）
　　　　闊葉樹（散孔材）
【產地】印度
【比重】0.85
【硬度】6 ✱✱✱✱✱✱✱✱✱✱

高級玫瑰木的代表木材

　　玫瑰木多少都會散發薔薇（玫瑰）的香氣，是木肌美麗的豆科黃檀屬（*Dalbergia* spp.）木材的總稱（也包含沒有薔薇香氣的木材）。玫瑰木大多被視為高級木材處理，廣葉黃檀是其中的代表性木材。質地不會太堅硬，而且不易開裂。

【加工】　木工車床加工方面，沒有逆向木紋所以容易車削。「導管中含有石灰質的緣故，會導致刀刃鈍化（變得不鋒利），所以有些木材會變成白色」（河村）。即便沒有油分感，但還是難以進行砂紙研磨。車削時產生的木屑呈乾鬆粉末狀，雖然不是細緻的粉屑但也沒有櫸木的木屑般粗糙，觸感近似日本七葉樹。切削加工稍微困難。

【木理】　導管散布於整根樹木。年輪不明顯。具有交錯木紋。

【色彩】　心材為美麗的紅紫色（深紫色）；邊材為黃白色系。

【氣味】　微微的甘甜香氣。「削切木材時，聞到的並非薔薇的香氣，而是烹煮紅豆時的氣味」（河村）

【用途】　樂器材（吉他指板、背板或側板等）、刀子或菜刀的柄（基於耐水性強、具有高級色調的原因）、化妝單板、唐木細工

【通路商】　台灣　壹
　　　　　　日本　1、7、8、21、23、24、25

欖仁
Indian laurel

【別名】大葉欖仁
【學名】*Terminalia* spp.（*T.tomentosa* 等）
【科名】使君子科（欖仁樹屬）
　　　　闊葉樹（散孔材）
【產地】印度、東南亞
【比重】0.85
【硬度】8 ＊＊＊＊＊＊＊＊＊＊

質地比黑檀堅硬，
做為黑檀的替代材使用

　　在欖仁樹屬之中為最沉重且堅硬的黑色木材總稱。不同地區有各自的稱呼習慣，例如印度等地稱為 laurel，泰國周邊則稱之為 Rok fa。常做為黑檀的替代材用於製作床之間的裝飾柱。「雖說很像黑檀，但總覺得哪裡不太一樣的就是欖仁」（河村）。作品完成之後也會出現變形的情況（與硬度 10 的皮灰木相同）。
【加工】　非常堅硬，木工車床加工時刀刃好像會隨時彈開。木屑呈粉末狀，有股令人討厭的臭味。雖然沒有油分但是質地堅硬，不適合砂紙研磨加工。而且稜角不容易磨掉，若砂紙研磨過度會產生熱度，導致木材容易開裂。使用帶鋸的話則容易損傷鋸子的齒刃。「欖仁是性質惡劣的木材，很奇怪的開裂方式」（河村）
【木理】　雖然木紋緊密，但是木肌為焦茶色的緣故，因此木紋不明顯。
【色彩】　心材為焦茶色；邊材為黃白色。
【氣味】　微臭。
【用途】　床之間的裝飾柱（市場上常有以黑檀為名流通的裝飾柱下腳料或回收品）、鑲嵌工藝品
【通路商】　日本　7、8、14

細孔綠心樟
Imbuia

【別名】巴西核桃木（胡桃科的胡桃木為不同科屬的樹種）

【學名】*Phoebe porosa*

【科名】樟科
　　　　闊葉樹（散孔材）

【產地】巴西南部

【比重】0.59～0.76

【硬度】5 ＊＊＊＊＊＊＊＊＊＊

色調與胡桃木類似的大徑木

　　由於成樹可生長到樹高40公尺、胸高直徑約2公尺，因此能夠裁切成大塊木材。木材的耐久性佳。色調或加工容易度與胡桃木相近，因此市場上也稱之為巴西核桃木，但其實並非胡桃科，而是樟科。

【加工】 雖然質地堅硬但木質樸實，所以不論是木工車床加工或機械加工都很容易。無油分，砂紙研磨效果佳。完成面的加工作業流暢。「切削時的纖維觸感與胡桃木相同，但是細孔綠心樟稍微堅硬。」

【木理】 通常木紋通直，只是有些呈波紋狀或交錯的情形，並且有瘤紋。

【色彩】 心材為暗褐色（巧克力色）；邊材為灰色系。

【氣味】 些微藥味。「有點甘甜而清爽的感覺。類似胃腸藥的味道」（七戶）

【用途】 家具材等。使用範疇與胡桃木相同。

【通路商】 日本 7、8

非洲崖豆木
Wenge

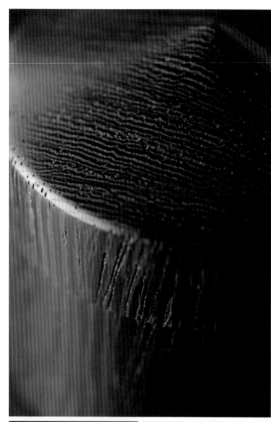

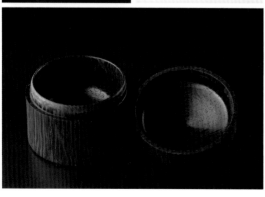

【學名】*Millettia laurentii*
【科名】豆科
　　　　闊葉樹（散孔材）
【產地】非洲中央地區（薩伊、喀麥隆等地）
【比重】0.88
【硬度】8 ＊＊＊＊＊＊＊＊＊＊

質地堅硬，車削時有嘎吱嘎吱的堅硬感

　　非洲崖豆木類似鐵刀木（東南亞產。唐木三木之一），因此也被當成鐵刀木的替代材。質地比鐵刀木稍微堅硬的感覺，常與斯圖崖豆木（Panga Panga）混在一起販售，近似皮灰木的堅硬感（硬度 10）。由於硬度高，再加上具有類似纖維集合體的性質，所以木工車床加工作業困難。木材具有耐久性、耐衝擊性。

【加工】 使用鋸子削切並不太困難。木工車床加工方面，會有類似削切纖維集合體的感覺（檳榔樹也有相同的手感），因此不容易車削。類似橫向切割堅硬成束的麥桿感覺。大概是由於木材成分中含有矽的緣故，車削過程中刀尖會變成白色且逐漸無法削切（刀刃變鈍）。

【木理】 黑色和茶色相間的木紋清晰可見。

【色彩】 像是經過消光（matte）處理的巧克力色。「鋸齒紋理就像是咖啡色的閃電，以接近 1 釐米的間隔刻入木材裡頭」（小島）

【氣味】 沒有特別感覺到有氣味。

【用途】 地板材、家具材、室內裝潢材、化妝單板、單片板櫃檯、面板

【通路商】 台灣　壹、柒、捌、玖、壹拾
　　　　　日本　購買容易。1、4、7、8、
　　　　　11、16、18、19、20、21、23、25
　　　　　等

歐斑木
Ovangkol

【學名】*Guibourtia ehie*
【科名】豆科
　　　　闊葉樹（散孔材）
【產地】非洲中央地區的西海岸周邊（象牙海岸、
　　　　迦納等地）
【比重】0.80
【硬度】7 ＊＊＊＊＊＊＊＊＊＊

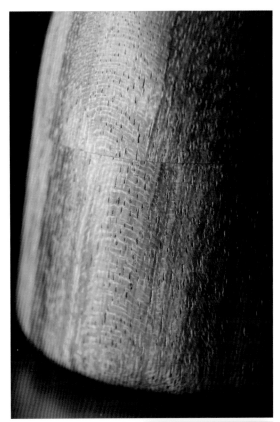

散發令人不悅的臭味，
但木肌具有瑰麗光澤

　　歐斑木與姆密卡為同科的材種，成樹可
生長到樹高 30 ～ 45 公尺的大直徑樹木，因此
能夠裁切成大塊木材。由於木紋美麗，經常做
為化妝板等的材料。只是，木材臭味實在令人
無法忍受。此外，隨著著色方法的不同，區別
歐斑木與廣葉黃檀（印度玫瑰木）也變得更加
困難。

【加工】木工車床加工方面，雖然質地稍微堅
硬，還有強烈的長纖維存在感，但相當容易車
削。具有逆向木紋，所以多少有嘎吱嘎吱的堅
硬。無油分，砂紙研磨效果佳，不過稜角或邊
緣不易磨掉。切削加工稍微辛苦。完成面相當
漂亮。

【木理】具有黑色條紋紋理。木肌呈反射效果
般的光澤。

【色彩】有如神代木的綠色或黑褐色。

【氣味】惡臭味。「氣味像是腳臭般的令人作
嘔」（河村）。「木材氣味像是擺放在溼氣重
且陰暗的地方，又像是佛堂裡的氣味」（七戶）

【用途】櫃檯面板（由於樹木粗大可裁切成厚
板）、地板材、化妝單板

【通路商】日本　建築材料經銷業者。7、
　　　　　11、16、19、21、23、26 等

油橄欖
Olive

歐洲橄欖

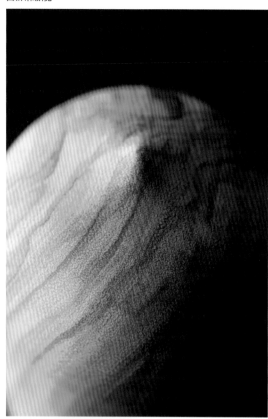

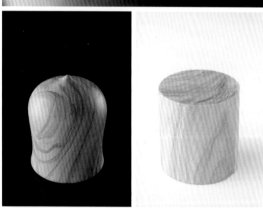

【學名】*Olea europaea*（歐洲橄欖）
　　　　O.hochstetteri（東非橄欖）
【科名】木犀科
　　　　闊葉樹（散孔材）
【產地】歐洲（地中海沿岸）、
　　　　東非（非洲中部、東非）
【比重】0.80（歐洲）、0.89（東非）
【硬度】6 ＊＊＊＊＊＊＊＊＊＊（歐洲）
　　　　7 ＊＊＊＊＊＊＊＊＊＊（東非）

不僅果實就連木材都相當油膩

　　油橄欖包括地中海產的歐洲橄欖（摘取橄欖果實做為橄欖油的原料），以及中部、東非產的東非橄欖（也通稱為野生橄欖）兩種種類。不僅果實就連木材也充滿油脂，因此乾燥相當耗費時間。「在我使用的木材之中，感覺上油橄欖最為油膩」（河村）。東非橄欖的質地稍微堅硬些，油分也較多。木肌呈深色調的鮮明紋理，頗具野性感。

【加工】　油分非常頑強的緣故，加工作業中有黏答答感。木工車床加工方面，車刀不鋒利（未確實研磨的話）會使表面起毛。沒有逆向木紋的感覺。木屑咻嚕咻嚕地順暢散落。砂紙研磨效果不彰。

【木理】　木紋紋理清晰可見。

【色彩】　淡褐色的底色中夾雜黑色條紋，頗有妖豔氛圍。東非橄欖為稍微強烈的黃色調。

【氣味】　具有橄欖特有的酸味。

【用途】　車床加工製品（盤子、小盒等）、餐具。東非橄欖也能當做地板材。

【通路商】　台灣　壹、柒
　　　　　　日本　7、16、23、24

東非（野生）橄欖

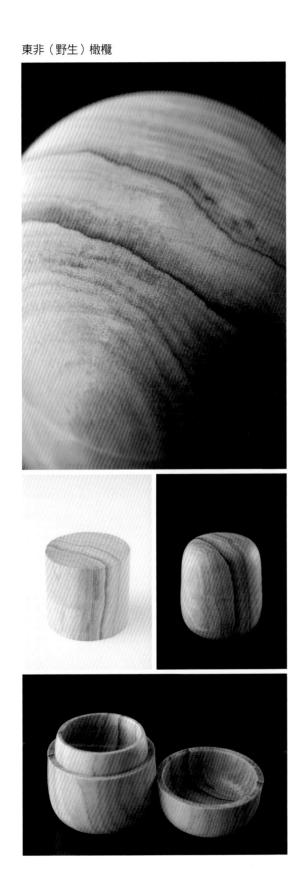

歐洲橄欖的橫切面局部放大照

東非橄欖的橫切面局部放大照

※ 導管均勻散布整個橫斷面。黑色
條紋並非年輪。

紫檀

※日語裡，紫檀與日本的木瓜海棠（花梨）為同個字，但分屬不同科。

【別名】印度紫檀（Narra）、安波那木（Amboyna）、花梨木

【學名】*Pterocarpus indicus*

【科名】豆科（紫檀屬）
　　　　闊葉樹（散孔材）

【產地】東南亞（菲律賓等）、太平洋群島（新幾內亞、所羅門群島等）

【硬度】5 ＊＊＊＊＊＊＊＊＊＊

與日本紫檀相異的高級唐木材

　　紫檀為胸高直徑超過 1 公尺的大徑木，是能裁切出大塊木材的唐木。紫檀與生長於日本常用於製作水果酒或果醬的木瓜海棠（中國原產），分屬不同科，木瓜海棠是薔薇科。由於木質會受到生長環境而變化，因此色彩或木肌紋理等具有個體差異。整體上來看加工容易。具有各式各樣瘤紋，被當做家具或裝潢材等高級裝飾材使用。紫檀的同類材種之中，還有泰國或緬甸產的緬甸紫檀（*P. macrocarpus*），但近年日本幾乎沒有進口。

【加工】　加工容易。木工車床加工方面，可沙啦沙啦地順利車削。木屑呈粉末狀。雖然多少有油分感，但砂紙研磨效果佳。

【木理】　導管散布於整根樹木。年輪不明顯。具有交錯木紋。

【色彩】　有些為黃色調的淡紅色，有些則為紅色感覺強烈的茶色（紅磚色），個體差異相當大。

【氣味】　氣味強烈。獨特的紫檀臭味，並非好聞的氣味。

【用途】　家具材、桌面板、單片板櫃檯、床之間的裝飾柱、唐木細工

【通路商】　台灣　參、伍、玖
　　　　　　日本　建築材料經銷業者。
　　　　　　購買容易

紫檀瘤
Amboyna burr

【別名】花梨瘤
【學名】*Pterocarpus indicus*
　　　　（同為紫檀的學名）
【科名】豆科
　　　　闊葉樹（散孔材）
【產地】東南亞（菲律賓等）、
　　　　太平洋群島（新幾內亞、所羅門）
【硬度】5 ✶✶✶✶✶✵✵✵✵✵

在具有樹瘤的木材之中，
屬於木工車床容易車削的種類

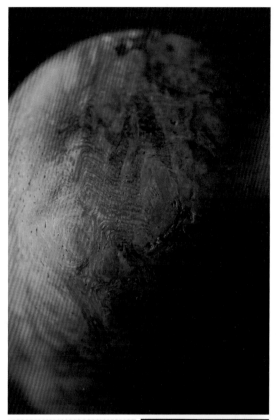

　　大徑木的紫檀都會有樹瘤。木肌上的瘤紋（burr）有如顯微鏡下的阿米巴變形蟲。樹瘤質地柔軟，木工車床加工容易。

【加工】　與其他具有樹瘤的材種相比，紫檀瘤可說是最容易加工的木材。紫檀瘤分為油分非常多（砂紙研磨效果不彰），和完全沒有油分（砂紙研磨效果佳）兩種種類。

【木理】　具有瘤紋。

【色彩】　有些為黃色調的淡紅色，有些則為紅色感覺強烈的茶色（紅磚色），個體差異相當大。

【氣味】　油分多的木材散發蜜柑般的柑橘類香氣。油分少的木材則有不太好聞的紫檀臭味。

【用途】　桌子或茶几面板

【通路商】　台灣　玖
　　　　　　日本　8、18、21、23、24

國王木
Kingwood

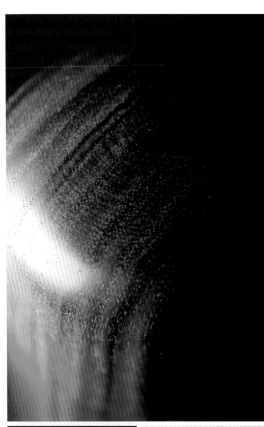

【別名】紫羅蘭木（Violet wood）
【學名】*Dalbergia cearensis*（賽州黃檀）
【科名】豆科（黃檀屬）
　　　　闊葉樹（散孔材）
【產地】巴西
【比重】1.20
【硬度】8 ＊＊＊＊＊＊＊＊＊＊

質地雖硬但容易加工且香氣芬芳，屬玫瑰木的其中一種

　　國王木生長於巴西，屬於玫瑰木的材種。由於樹木直徑小，因此無法裁切成大塊木材。雖然比重高達 1.20，但只要刀刃鋒利的話，就算木材沉重堅硬也不難加工。耐久性相當高、木肌美麗，是名實相符的優良木材。氣味的確會讓人聯想到玫瑰的香味。

【加工】雖然質地堅硬，但只要使用鋒利的車刀就容易車削。即便多少會感覺到油分，但砂紙研磨效果彰顯。木屑呈粉末狀。加工中粉屑飛揚，因此氣味更是強烈。

【木理】年輪不明顯。木肌緻密，表面非常光滑。

【色彩】正如別名紫羅蘭木，底色為紫羅蘭色或紫色調的褐色，其中夾雜著黑色條紋紋理。

【氣味】撲鼻芳香。「氣味如其名（玫瑰木），散發近似玫瑰的香氣」（河村）

【用途】樂器材（木管樂器等）、刀子的柄、木片拼花工藝、鑲嵌工藝、古董家具的修補材、高級筷子

【通路商】台灣　玖
　　　　　日本　8、16、23、24

闊變豆木
Granadillo

※ 與黑木黃檀的別名「紫光檀」（日語裡，紫光檀與闊變豆木的發音相近）是同科不同屬材種，必須加以留意。

※ 市場通稱：南美紫檀（雖然與紫檀為不同屬，但部分業者還是以此為通稱）。

【別名】南美白酸枝

【學名】 *Platymiscium yucatanum*

【科名】豆科
　　　　闊葉樹（散孔材）

【產地】墨西哥

【比重】0.79

【硬度】8 ＊＊＊＊＊＊＊＊＊＊ ＊ ＊

當做紫檀等唐木的替代材使用的中南美木材

　　闊變豆木是製作吉他或佛壇的珍貴木材。或許是油分多的緣故，在逆向木紋明顯的木材之中相較中規中矩。雖然質地堅硬但木性平實容易加工，因此是使用頻率高的木材。「近似黑檀的質感」（河村）

【加工】 質地堅硬且有逆向木紋，但是加工容易。木屑呈粉末狀，含有油分的關係粉末既潮溼又黏稠。旋削等木工車床加工方面，可沙啦沙啦地順暢旋削。砂紙研磨效果不彰。

【木理】 導管布滿整根樹木。年輪不明顯。木肌緻密。

【色彩】 心材為茶褐色系（紅豆色）。心材與邊材的區別明顯。

【氣味】 幾乎沒有氣味，但總覺得有些許甜味。

【用途】 樂器材（吉他背板、側板或指板、直笛等）、佛壇、床之間的裝飾柱、高級筷子、黑檀或紫檀的替代材

【通路商】 台灣　玖
　　　　　 日本　21、24

北美胡桃木
Claro walnut

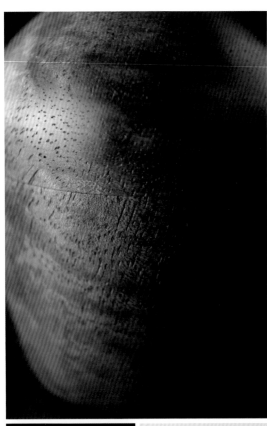

【學名】 *Juglans hindsii*（因第黑胡桃木）
　　　　 J. californica（加州胡桃木）
【科名】 胡桃科
　　　　 闊葉樹（散孔材）
【產地】 美國西海岸地區（加州、奧勒岡州等）
【比重】 0.47 *
【硬度】 5 ＊＊＊＊＊＊＊＊＊＊

擁有多樣瘤紋紋理，是木工藝家渴求的良材

　　北美胡桃木是木工藝家製作家具等器物的人氣木材。在西班牙語中「Claro」代表明亮的意思。美國加州產的加州胡桃木是黑胡桃木（*J. nigra*）的同科材種，市場上因第黑胡桃木與加州胡桃木都以「北美胡桃木」的名稱流通。加州一帶的核桃果樹園為了增加果實的收成量，大多以加州胡桃木為砧木，與英國胡桃木（*J. regia*）的接穗嫁接。嫁接後的樹木具有大理石紋理的瘤紋，因而變成特別美麗的木材，因此被使用在高級汽車的內裝材等用途上。

【加工】 木性平實，木工車床加工非常容易車削。無油分，砂紙研磨效果佳。
【木理】 木紋通直，但具有樹瘤的部位則呈各式各樣瘤紋。
【色彩】 鼠灰色的底色中夾雜著黑色、深綠色、紫色等顏色。比黑胡桃木更淡的顏色。
【氣味】 加工中有股烘烤糕點般的甘甜香氣，加工後便消失。氣味與具有酸味的黑胡桃木不同。
【用途】 家具材、高級裝潢材、化妝單板
【通路商】 台灣　貳、參、伍、捌、壹拾壹
　　　　　 日本　8、13、18、21、23、31

咖啡樹
Coffee

【學名】*Coffea* spp.（*C. arabica* 等）
【科名】茜草科（咖啡屬）
　　　　闊葉樹（散孔材）
【產地】野生種產於非洲
【比重】0.52 ～ 0.75
【硬度】7 ＊＊＊＊＊＊＊＊＊＊

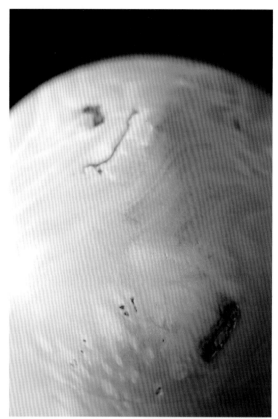

木材表面光滑，
完成面散發光澤感

　　咖啡樹與咖啡的印象截然不同，木材呈白色的普通材種（高度約 2 公尺）。由於樹木並非筆直地生長，局部形成類似樹瘤的組織，因此當做一般材料時不太容易處理，大多當做陳設商品的展示台面材。質地堅硬、木肌光滑。開裂情形相當嚴重。

【加工】　沒有逆向木紋，加工容易。雖然質地堅硬，但是能夠咻嚕咻嚕地順暢車削。不過，碰到樹瘤組織的部位時會有抵抗感。完成面呈瑰麗光澤感。無油分，砂紙研磨效果佳。

【木理】　木紋緊密。木材表面光滑，近似樺木類或蘋果等果樹類木材的光滑程度（但不到日本黃楊的光滑程度）。

【色彩】　呈淡奶油色（黃色調的象牙色系）

【氣味】　沒有特別感覺到有氣味。木材完全沒有咖啡香氣。

【用途】　陳列展示用材、裝飾用樹枝、小型工藝品（只要懂得活用表面的光滑性和獨特瘤紋，就有可能創作出具有趣味感的作品）

【通路商】　台灣　壹、壹拾
　　　　　　日本　16、24

微凹黃檀
Cocobolo

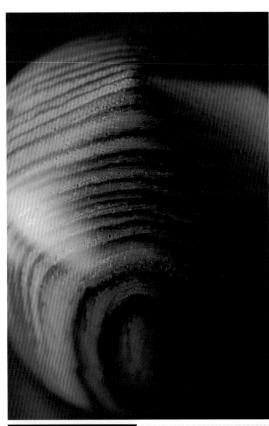

【別名】可可波羅
【學名】*Dalbergia retusa*
【科名】豆科（黃檀屬）
　　　　闊葉樹（散孔材）
【產地】中美洲太平洋沿岸（墨西哥、哥斯大黎加、
　　　　哥倫比亞等）
【比重】1.10
【硬度】8 ＊＊＊＊＊＊＊＊＊＊＊

擁有多樣特長，
油分較多的優良木材

　　微凹黃檀與中美洲產的玫瑰木為同科屬。擁有美麗的色彩和光澤、木肌呈深條紋或眼球狀紋理、油分適中、耐久性佳，以及雖然質地堅硬但容易加工等多項特色與優點。

【加工】 木材比重高達1左右，質地沉重堅硬，然而不論是木工車床、切削還是刨削加工都相當容易（前提為使用鋒利的刀刃）。油分多，木工車床加工能夠沙庫沙庫地輕鬆車削。但是也因為油分多，所以接著性不佳。木屑呈細微粉末狀，這種木粉會引起皮膚發炎甚至發癢，因此作業中必須特別注意。

【木理】 木紋緊密，整體布滿黑色條紋或斑紋。

【色彩】 剛開始加工時木肌為白色，接觸到空氣後立刻變為橙色。這個時候的顏色最為漂亮，經過數日後又會變成紅黑色，形成沉穩色調。邊材為白色，許多木工車床愛好者會善用這種白色進行作品創作。

【氣味】 刺鼻臭味。「散發令人不太舒服的強烈酸味」（河村）

【用途】 小刀等食器類的柄（基於油分多、耐久性佳、防水性高等原因）。鑲嵌工藝、樂器材、轆轤或木工車床加工製品

【通路商】 台灣　柒、玖

　　　　　日本　4、8、11、14、16、18、
　　　　　21、23、24、31

紅飽食桑
Satine

【別名】血木（Blood wood）
【學名】*Brosimum paraense*
【科名】桑科
　　　　闊葉樹（散孔材）
【產地】巴西、秘魯、委內瑞拉
【比重】1.01
【硬度】7 ＊＊＊＊＊＊＊＊＊＊

擁有如綢緞般細緻木肌
和豔麗紅色的木材

　　木肌正如名稱「Satine」具有綢緞般的紋理。此外也稱為血木（Blood wood），同樣如同字面意思，血液般鮮紅的色調著實令人印象深刻。由於心材部分狹窄無法裁切成大塊木材，但這種濃烈紅色的木材相當稀少，因此成為備受珍愛的貴重木材。

【加工】　雖然相當堅硬而且有逆向木紋，但是木工車床加工時不會感覺到纖維存在而能順暢車削。加工時會產生細小粉屑。不太有油分感，但砂紙研磨效果不彰。

【木理】　年輪不太明顯。木肌緻密光滑。

【色彩】　心材為鮮豔紅色，屬於極為醒目的紅色。邊材為黃白色，範圍寬廣。

【氣味】　氣味甘甜。「氣味好聞。我喜歡這種甘甜的香氣」（河村）

【用途】　小器物、鑲嵌工藝（堅硬的紅色木材相當稀少因而備受珍愛）、釣竿、絃樂器琴弓（巴西紅木的替代材）

【通路商】　日本　4、7、8、16、21、23、24

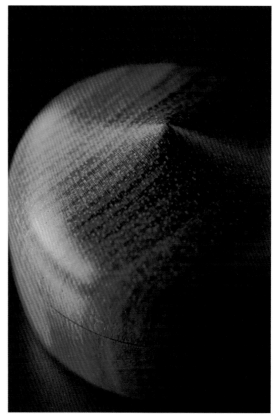

沙比力木
Sapele, Sapelli

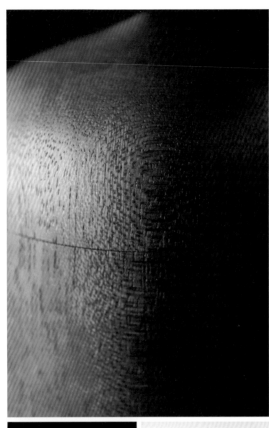

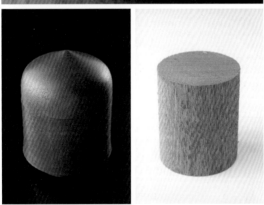

※市場通稱：沙比桃花心木（桃花心木為不同屬的材種）。

【學名】 *Entandrophragma cylindricum*

【科名】 楝科
　　　　闊葉樹（散孔材）

【產地】 非洲中部地區（象牙海岸、奈及利亞、喀麥隆、坦桑尼亞等）

【比重】 0.62

【硬度】 4 ＊＊＊＊＊＊＊＊＊＊

木肌具有各種瘤紋，
當做桃花心木的替代材

　　沙比力木的性質與桃花心木類似，因此常做為桃花心木的替代材。以熱帶雨林產的闊葉材來看，其木質相較柔軟而容易加工。此外，成樹為可生長到樹高 45 公尺以上、胸高直徑 1 公尺以上的大直徑樹木，所以能夠裁切成厚板材，因此被當做珍貴的建築材料。「曾經銷售給高級旅館當做室內裝潢材料」（木材經銷商）

【加工】 逆向木紋相當多，但木工車床加工可沙庫沙庫地輕鬆車削，很容易加工的木材。木屑呈粉末狀。「我曾經被木粉嗆到，總覺得跟我的體質不合」（河村）。刨削作業有點辛苦。

【木理】 木紋細緻。交錯木紋清楚可見。具有條紋、泡泡紋（起泡紋、車棉紋）、小提琴紋（形似小提琴）等各種瘤紋。

【色彩】 剛開始加工時為茶色，時間愈長色調愈深，逐漸轉為焦茶色。

【氣味】 幾乎沒有氣味。

【用途】 建築材、高級櫃檯的單片面板、樂器材（吉他用材等）、化妝單板、唐木細工

【通路商】 台灣　壹、伍、壹拾
　　　　　日本　7、8、11、18、19、20、21、27。日本原本就是當做建材而大量進口的木材，因此從建築材料經銷業者購入的可能性較高

南洋桐
Jelutong

【學名】*Dyera costulata*
【科名】夾竹桃科
　　　　闊葉樹（散孔材）
【產地】馬來半島、婆羅洲
【比重】0.46
【硬度】3 ＊＊＊＊＊＊＊＊＊＊

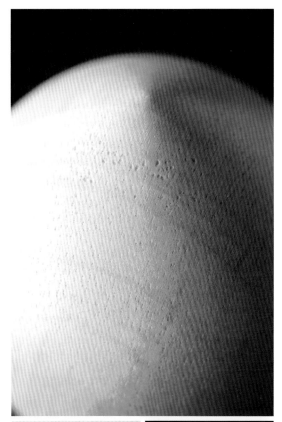

適合鳥類雕刻（**Bird carving**）的柔軟木材

　　南洋桐的木質輕盈柔軟、木肌色澤均勻且明亮、木紋不明顯，這些特性相當有利進行鳥類雕刻等雕刻加工。然而，缺點是耐久性低、抗白蟻性弱、欠缺防蟲性。此外，樹木汁液可做為口香糖的原料。

【加工】加工容易（前提為使用鋒利的刀刃）。木工車床加工時能夠極為快速地沙啦沙啦車削，因此木粉會到處飛揚。相較之下適合用於雕刻。此外，稜角不易缺損，對木工新手來說容易操作。沒有木材個體差異。

【木理】木肌紋理均勻，木紋不明顯。「木紋不明顯的較好。因為表現鳥類的羽毛時，可用研磨機慢慢修整出流暢曲線，雕琢出屬於自己的獨特意象」（鳥類雕刻家）

【色彩】接近白色的黃色或象牙色。心材與邊材的界線模糊。

【氣味】沒有特別感覺到有氣味。

【用途】雕刻、鳥類雕刻、木模、模型、合板芯材。樹液可做為口香糖的原料。

【通路商】　台灣　伍
　　　　　　日本　購買容易。
　　　　　　居家建材銷售中心

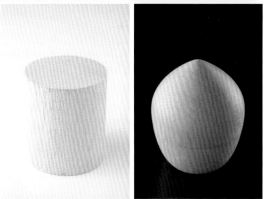

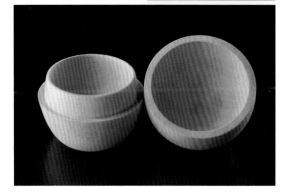

岩械
Sycamore

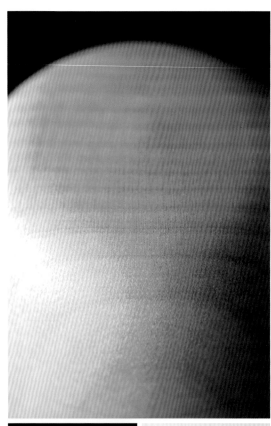

【別名】歐洲岩械、西洋岩械
【學名】*Acer pseudoplatanus*
【科名】械樹科
　　　　闊葉樹（散孔材）
【產地】中歐、南歐、英國、西亞
【比重】0.61
【硬度】5 ＊＊＊＊＊＊＊＊＊＊

擁有美麗瘤紋，
經常做為樂器材

　　由於大多相當堅硬且具有美麗瘤紋，因此一直以來被使用在樂器材等多方面的用途上。在械木類之中屬於稍微柔軟的類別（硬楓和色木械的硬度為6。軟楓（紅楓）的硬度為5）。乾燥作業不太困難，也不容易開裂。

【加工】不會感覺到逆向木紋而容易加工。木工車床加工方面，使用鋒利的車刀（確實研磨的話）車削就會呈現光澤。若非鋒利的刀刃會使加工面起毛，而且塗上漆之後便轉為黑色。無油分，砂紙研磨效果佳。比硬楓更容易加工。

【木理】年輪不明顯。具有交錯木紋，有些則有瘤紋（小提琴紋、蕾絲紋等）。

【色彩】帶有奶油色調的白色（奶油白）。「是木鑲嵌基本色彩的木材之一，具有光澤感，適合表現花卉鮮麗的美感」（木鑲嵌工藝家蓮尾）

【氣味】沒有特別感覺到有氣味。

【用途】樂器材（大提琴和維奧爾琴的背板、側板、琴頸等）、化妝單板、鑲嵌工藝、木片拼花工藝、活用瘤紋的加工品

【通路商】台灣　貳、壹拾
　　　　　日本　7、21、23、24

斑紋黑檀

【別名】望加錫烏木（Macassar ebony）、
　　　　印度黑檀
【學名】*Diospyros* spp.（D. *celebica* 等）
【科名】柿樹科（柿樹屬）
　　　　闊葉樹（散孔材）
【產地】印尼（蘇拉威西島等）
【比重】1.08 ～ 1.09
【硬度】8 ＊＊＊＊＊＊＊＊＊＊＊

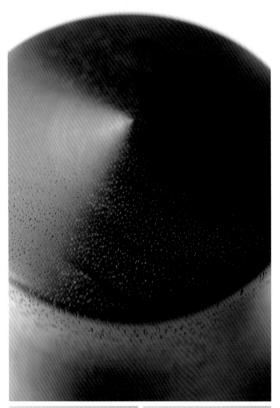

斑紋黑檀具有真黑檀沒有的
條紋紋理

　　在黑檀類當中，具有黑色和茶色條紋
紋理的木材稱為斑紋黑檀。菲律賓產的菲律
賓條紋烏木（Kamagong、菲律賓黑檀、*D.
philippensis*），在日本市場上也有以斑紋黑檀
名稱流通的情形，只是正確地說它並非包含在
斑紋黑檀之內（但也有包含在內的說法）。質
地堅硬但是加工相當容易，使用於製作佛壇或
唐木細工。

【加工】　雖然比重超過 1，質地沉重且堅硬，
但是木工車床加工很容易車削。無油分能夠使
用砂紙研磨，但木材不耐熱，不宜過度研磨。
木屑呈粉末狀。刨削作業稍微辛苦。

【木理】　具有獨特條紋木紋為其特徵。

【色彩】　呈黑色和茶色相間，黑色部分較多。
菲律賓條紋烏木的茶色面積則較大。「近似黑
色，但感覺像是紅色調的黑色，所以能表現黎
明前的氛圍。」（木鑲嵌工藝家蓮尾）

【氣味】　氣味微弱，並非令人不悅的氣味。菲
律賓條紋烏木散發稍微令人不舒服的氣味（類
似歐斑木）。這是鑒別斑紋黑壇與菲律賓條紋
烏木差異的關鍵。

【用途】　唐木細工、佛壇、床之間的裝飾柱

【通路商】　台灣　玖
　　　　　　日本　7、8、14、16、18、20、
　　　　　　21、23、24、25、27 等。容易購買
　　　　　　但價差大

十二雄蕊破布木
Ziricote

【別名】暹羅柿
※ 市場通稱：Ciricote
【學名】*Cordia dodecandra*
【科名】紫草科
　　　　闊葉樹（散孔材）
【產地】從墨西哥南部到南美北部
　　　　（瓜地馬拉附近）地區
【比重】0.65 ～ 0.85
【硬度】7 ＊＊＊＊＊＊＊＊＊＊

擁有美麗紋樣，
做為柿（黑柿）的替代材

　　塗上漆之後的十二雄蕊破布木，容易與柿（黑柿）搞混。木肌具有美麗的紋理。乾燥作業困難而且容易開裂，但乾燥後性質趨於安定。雖然也稱為暹羅柿，但並非屬於柿樹科的材種。此外，暹羅是泰國的舊國名，十二雄蕊破布木的產地為中南美地區，與泰國沒有關連性。西里科蒂（ciricote）是業界用語。「具有孔雀瘤紋的西里科蒂，木材價格會提高」（木材進口業者）

【加工】　根據木材個體差異，有些含有大量石灰成分，因此木工車床加工時會變成白色，而且刀刃會立刻變鈍。不過，不含石灰成分的木材則容易車削。完成面呈美麗的光澤。有油分感，砂紙研磨效果不彰。

【木理】　從上方俯瞰木肌可看到像菊花般的不可思議紋樣。「雖然有人說較類似胡桃木的波紋紋理，但我覺得不太像」（河村）

【色彩】　在深褐色的底色中夾雜著黑色條紋。

【氣味】　沒有特別感覺到有氣味。

【用途】　床之間的裝飾柱、佛壇、花台、樂器材、化妝單板

【通路商】　台灣　壹
　　　　　日本　4、7、8、14、16、18、
　　　　　20、23、24

銀樺
Silky oak

※ 雖然名稱裡有 oak，但與橡木（oak）是不同科屬的材種

【別名】銀橡樹、櫻槐、絹柏、絹檻、忍耐之樹
【學名】*Grevillea robusta*
【科名】山龍眼科 （銀樺屬）
　　　　闊葉樹（散孔材）
【產地】澳洲
【比重】0.62
【硬度】5 弱 ＊＊＊＊＊＊＊＊＊＊

雖然與楢木分屬不同科屬，但是性質相當類似

　　銀樺具有與楢木類似的性質（硬度或斑紋紋理等），因此被冠上「oak」一詞，實際上卻是不同的材種。木質比楢木柔軟，具有虎斑或圓點狀瘤紋。澳洲出產許多具有斑紋的木材。銀樺不管木紋或硬度都與蕾絲木（參見 P.239）類似，雖然顏色稍有差異，但茶色部分比蕾絲木明亮）。樹木具有相剋作用（allelopathy，即是對其他植物會產生阻礙發芽或生長作用）的性質。

【加工】沒有逆向木紋而容易加工。觸感很像楢木或水曲柳。木工車床加工方面，車削相當流暢。木屑呈鬆散狀。無油分，砂紙研磨效果佳。

【木理】徑切面呈虎斑紋、弦切面呈圓點瘤紋（粒狀紋理）。橫切面與楢木同樣呈放射狀紋理。「粒狀紋理適合用於表現鳥類的羽毛」（木鑲嵌工藝家蓮尾）

【色彩】呈明亮茶色。時間愈長愈接近茶色。
【氣味】沒有特別感覺到有氣味。
【用途】家具材、化妝單板、小器物
【通路商】日本　4、18、21

蛇紋木
Snakewood

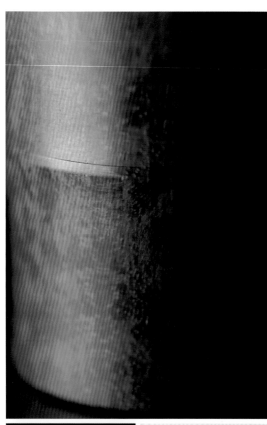

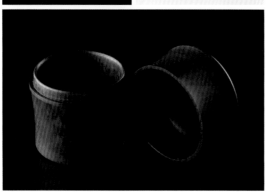

【別名】蛇桑、蛇木
※ 還有字母木（Letterwood 類似象形文字）、豹麗木
（Leopardwood 的 Leopard 為花豹的意思）等稱呼
【學名】*Piratinera guianensis*
　　　　（別名：*Brosimum guianense*）
【科名】桑科（蛇桑屬）
　　　　闊葉樹（散孔材）
【產地】南美北部（圭亞那高地周邊的圭亞那、
　　　　蘇利南等）
【比重】1.30
【硬度】9 ＊＊＊＊＊＊＊＊＊＊

蛇紋紋理為其特徵，
世界上最堅硬的木材之一

　　蛇紋木的比重高達 1.30，與癒瘡木同列入世界最沉重且最堅硬的木材。雖然油分含量多，但是沒有韌性。乾燥作業困難。具有耐久性。木肌具有類似蛇紋紋理的特徵，所以被稱為蛇紋木。這種紋理所製作的手杖等道具會以頂級品高價銷售。

【加工】　雖然質地沉重且堅硬，但適合木工轆轤或車床加工，車削容易。木屑呈粉狀。樹脂多，所以刀刃容易附著塊狀樹脂。木材本身不耐熱，有些一旦砂紙研磨就會開裂。

【木理】　蛇紋紋理為其特徵，但並非所有木材都會出現這種紋理。

【色彩】　紅色調的深褐色底色中夾雜著黑色蛇紋紋理。

【氣味】　幾乎沒有氣味。

【用途】　手杖（頂級品）、鼓棒（頂級品，但是容易折斷。可能原因為雖然具有油分但沒有韌性）、古樂器（維奧爾琴等）的弓、撞球桿

【通路商】　台灣　伍、柒、玖
　　　　　　日本　7、8、16、18、23、24

西班牙香椿
Spanish cedar

【別名】Cedro
【學名】*Cedrela odorata*
【科名】楝科（椿屬）
　　　　闊葉樹（散孔材）
【產地】中南美
【比重】0.43 ～ 0.45
【硬度】4 ＊＊＊＊＊✽✽✽✽✽✽

名字裡有 cedar 一詞的闊葉材

　　西班牙香椿並非針葉材，而是闊葉材。雖然 Spanish cedar 是指「西班牙的 cedar（香柏）」，但並非產於西班牙，而是曾經為西班牙殖民地的中南美地區。因為木材外觀和香氣類似 cedar，所以稱為西班牙香椿。日本市場上大多以 Cedro 的名稱流通。西班牙香椿的木性平實且樸質，具有類似桃花心木的氛圍。耐久性或防蟲性優異。乾燥作業不困難。由於木材香氣芬芳，所以一直以來都製成盛裝雪茄的木盒。現在的流通量日益減少。

【加工】不會感覺到逆向木紋而容易加工。木工車床加工能夠沙啦沙啦地順暢車削，而且感覺柔軟。車削後的質感近似桃花心木。無油分，砂紙研磨效果佳。

【木理】年輪明顯。木肌粗大。

【色彩】心材為橙色調的淡茶色（淺褐色）；邊材為黃白色系，範圍狹小。

【氣味】氣味清爽獨特。「散發柑橘類的香氣」（河村）

【用途】雪茄的包裝木盒、化妝單板、樂器材（吉他琴頸等）。中南美地區當做家具材等各種用途。

【通路商】台灣　貳、伍
　　　　　日本　7、8、24、31

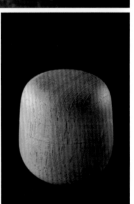

雲杉
Spruce

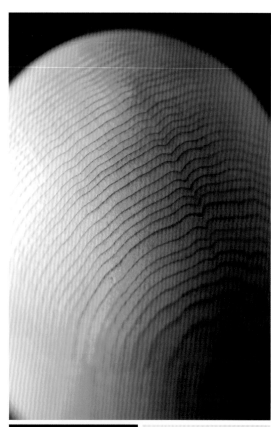

【別名】西德加雲杉（Sitka spruce）、阿拉斯加雲
杉、杉木、米唐檜
※ 歐洲產的歐洲雲杉（Picea abies）也稱為挪威雲
杉、歐洲黑楨木、白木等。日本也有造林。
【學名】*Picea sitchensis*
【科名】松科（雲杉屬）
　　　針葉樹
【產地】北美西海岸、阿拉斯加東南部（矽地卡島）
【比重】0.42 ～ 0.45
【硬度】2 ＊＊＊＊＊＊＊＊＊＊

具有木質均勻等建築良材的特徵

　　北美地區生長數種雲杉，但是提到北美
產雲杉時主要是指西德加雲杉（阿拉斯加雲
杉）。木質輕盈柔軟。由於具備木紋通直細緻、
木質均勻、個體差異少、可裁切大塊木材、加
工容易等特徵，所以相當適合做為建材使用。
此外，因為木材的楊氏模量[譯注]高，音響效果
佳，所以也當做吉他面板的製作材料。

【加工】　加工容易。木工車床加工方面，由於
木紋細緻所以在針葉材中屬於容易車削的木
材。車削感覺類似木曾日本扁柏或羅漢柏等木
紋細緻的木材。無油分，砂紙研磨效果佳。

【木理】　清晰可見細條狀的年輪。木紋通直、
木肌細緻。

【色彩】　呈紅色調的黃白色。心材和邊材幾乎
沒有區別。

【氣味】　沒有特別感覺到有氣味。

【用途】　建材、室內門窗材、樂器材（吉他等）

【通路商】　台灣　壹、貳、參、伍、陸、壹拾
　　　　　　日本　建築材料經銷商。購買容易

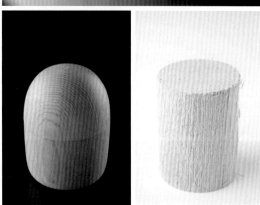

譯注：楊氏模量（Young's modulus）是材料力學的
專詞，又稱彈性模量。彈性材料在承受正向應力時會
產生正向應變，此彈性變形階段的正向應力與正向應
變成正例的關係，以比例係數表示的值就稱為楊氏模
量。

斑馬木
Zebrawood

【別名】烏金木、Zebrano、金剛納（Zingana，加彭共和國等地的稱呼）

【學名】*Microberlinia brazzavillensis*

【科名】豆科
闊葉樹（散孔材）

【產地】西非（喀麥隆、加彭、剛果等）

【比重】0.74

【硬度】7 ＊＊＊＊＊＊＊＊＊＊

擁有引人注目的斑馬紋理，但多為逆向木紋的木材

　　木紋如其名，具有斑馬紋路般的紋理。逆向木紋多，加工時必須多加注意。成樹可達樹高 45 公尺、胸高直徑 1.5 公尺左右的大直徑樹木，因此足以裁切成大塊木材。雖然容易與同個產地、性質類似的貝里木（Beli）混淆（參見 P.237），但其實屬於不同屬的樹種。從紋理上就能分辨斑馬木和貝里木，貝里木的斑馬紋理較為模糊，而斑馬木的相當清晰。

【加工】　逆向木紋情形嚴重不利於加工。不論木工車床加工或刨削作業，都必須一面注意逆向木紋一面進行作業。加工時會感覺到纖維的抵抗感。木屑呈粉末狀。

【木理】　木紋呈斑馬紋路般的細條平行走向。具有交錯木紋。

【色彩】　象牙色的底色中夾雜著焦茶色和黃白色條紋。

【氣味】　有些會散發銀杏果的氣味。「有時是嘔吐般的臭味」（河村）

【用途】　家具材、化妝單板、面板、單片面板櫃檯

【通路商】　台灣　參、伍、柒、捌、壹拾
　　　　　日本　1、8、16、18、19、20、21、23、24、26

廣葉黃檀
Sonokeling

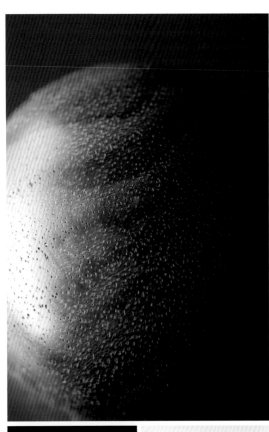

※市場通稱：印尼黑酸枝
【學名】*Dalbergia latifolia*
【科名】豆科（黃檀屬）
　　　　闊葉樹（散孔材）
【產地】印尼
【比重】0.85
【硬度】6 ＊＊＊＊＊＊＊＊＊＊＊

在玫瑰木材種中，
屬於容易購買的木材

　　廣葉黃檀（印尼黑酸枝）是印度原產的玫瑰木，引進到印尼栽培造林的樹木。印尼高溫多雨，有助樹木快速生長。由於屬於造林材種，木材能夠安定供應，所以比其他玫瑰木的價格低廉。與其說是廣葉黃檀（印度玫瑰木）的替代材，不如說包含廣葉黃檀在內為數眾多的木材，都是以玫瑰木為名流通。木材色調佳，加工容易。氣味也相當有特色。

【加工】　在玫瑰木系列的木材中，屬於柔軟的類別。沒有逆向木紋而容易加工。雖然含有油分，但加工作業中不太會感覺到油質。

【木理】　由於生長快速，所以木紋粗大。

【色彩】　基本色為赤茶色，但有些為淡紫色或綠色調。色彩比印度玫瑰木（均勻的紅紫色）淡，色斑明顯。因為紋理呈漸層色，所以有些會產生有趣的視覺效果。

【氣味】　氣味比印度玫瑰木濃。「氣味就像製作紅豆餡時，放入砂糖烹煮紅豆的香氣。有些微的肉桂香氣」（河村）

【用途】　用途完全與玫瑰木、胡桃木相同。高級家具材、化妝板、地板材、樂器材（吉他背板或側板等）、工藝品等

【通路商】　台灣　伍
　　　　　　日本　購買容易（不過有時標示為
　　　　　　印度玫瑰木或玫瑰木）。1、7、8、
　　　　　　21、23、24、25 等

軟楓
Soft maple

【學名】*Acer rubrum*（北美紅楓、美國紅楓）
　　　　A. saccharinum（銀楓、糖槭）
【科名】槭樹科（槭屬）
　　　　闊葉樹（散孔材）
【產地】北美中部～東部
【比重】0.61 ～ 0.63（美國紅楓）、
　　　　0.53 ～ 0.55（銀楓）
【硬度】5 ＊＊＊＊＊＊＊＊＊＊

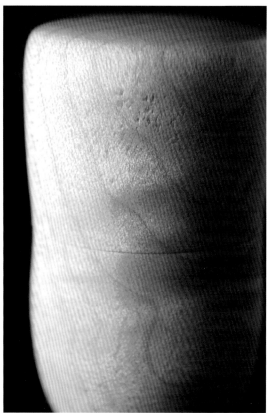

軟楓是北美產的稍微輕盈柔軟的楓木類木材總稱

　　實際上並沒有稱為軟楓的樹木，軟楓是指北美產的楓木類當中，稍微輕盈柔軟的北美紅楓和銀楓等木材。瘤紋紋理的走向與硬楓相同。

【加工】　加工容易。不過，由於比硬楓柔軟會感受到纖維存在，因此需要檢查刀刃是否鋒利。木工車床加工方面，必須一面掌握刀刃接觸木材的時機，一面進行車削作業。無油分，砂紙研磨效果佳。進行帶鋸切削作業時，木材會出現稍微起毛的現象。

【木理】　年輪不明顯。木肌緻密，具有波紋等各種瘤紋，尤其以水泡狀瘤紋（車棉紋 quilted）居多。具有水泡狀瘤紋的楓木類大多屬於軟楓。

【色彩】　橙色調。感覺像是色木槭經過多年變化後轉為麥芽糖色。有如鎢絲燈泡的暖色系（硬楓為白光色系）

【氣味】　削切時有股淡淡的楓糖漿味。

【用途】　家具材、化妝單板

【通路商】　台灣　貳、伍、壹拾壹
　　　　　　日本　7、8、21、22、27

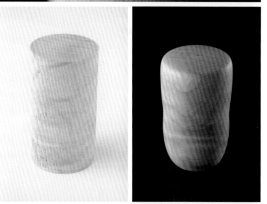

梣葉斑紋漆木
Goncalo Alves

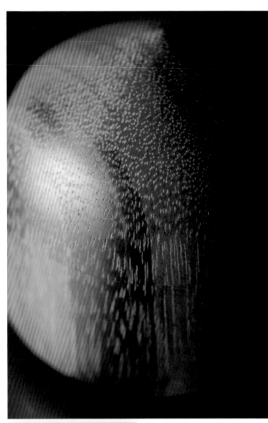

【別名】虎木（Tiger wood）、斑木
【學名】*Astronium fraxinifolium*
【科名】漆樹科（斑紋漆屬）
　　　　闊葉樹（散孔材）
【產地】巴西
【比重】0.95
【硬度】7 ＊＊＊＊＊＊＊＊＊＊

擁有令人印象深刻的
不規則虎紋紋理

　　焦茶色底色中的黑色條紋（不規則條紋）呈不規則走向。因為木紋獨特，所以在美國又稱為虎木（Tiger wood）。木質比黑檀柔軟，纖維也比黑檀多。乾燥作業困難，而且乾燥時容易產生扭曲。有蓋子的容器在完成之後仍有變動的可能，有時會發生蓋子難以闔上的情況。

【加工】雖然比重高，但卻沒有反應到硬度上。木工車床加工時的車削感並不沉重，纖維也與紫檀或黑檀不同，類似沙比力木和柳桉變硬的感覺。進行木工車床加工以頂針固定木材時，有時會發生頂針脫落的情形。「木材表面有類似蠟膜的觸感，雲南石梓也有相同的觸感」（河村）。沒有油分感，但砂紙研磨效果不彰。完成面呈亮麗的光滑感。

【木理】木紋緻密，比桃花心木或沙比力木都細緻，類似楝科（桃花心木等）木紋變細的印象。

【色彩】焦茶色底色中有黑色條紋。顏色並不像老虎的黃色。

【氣味】沒有特別感覺到有氣味。

【用途】化妝單板、刀子的柄、撞球桿

【通路商】日本　21

台灣樟

【學名】*Cinnamomum* sp.
【科名】樟科（樟屬）
　　　　闊葉樹（散孔材）
【產地】台灣
【比重】0.54 *
【硬度】4 ＊＊＊＊＊＊＊＊＊＊

擁有不同於日本的樟的獨特香味

　　台灣樟樹是台灣的大直徑樹木，有些樹高可達 50 公尺。木材不會散發樟般的樟腦氣味，而是類似檸檬糕點般的香氣。整體沒有色斑，個體差異少，能夠裁切均質的木材。乾燥容易且不易開裂。瘤紋不明顯，因此小器物看不出瘤紋。

【加工】　加工容易。旋削等木工車床加工能夠沙啦沙啦地順暢旋削，是相當容易車削的木材。雖然有油分感，但砂紙研磨多少有點效果。

【木理】　年輪不明顯。木肌粗大，但是表面並非粗糙。有些木材具有一點點漩渦狀瘤紋。

【色彩】　黃色調強烈的奶油色。無色斑。樟則混雜著紅、黃、綠等複雜的色調。

【氣味】　氣味相當強烈，散發類似檸檬的香氣。「讓我聯想到彈珠汽水糖的檸檬香氣」（河村）

【用途】　木雕、化妝單板、神社寺廟的建材

【通路商】　台灣　壹、伍
　　　　　　日本　16、21

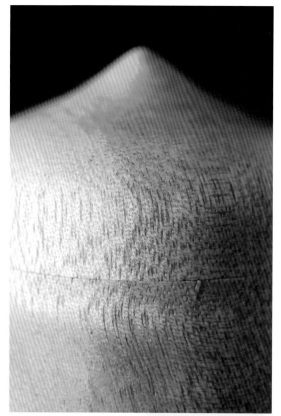

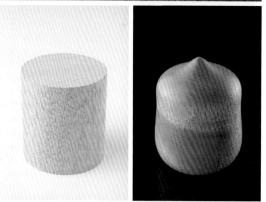

台灣扁柏

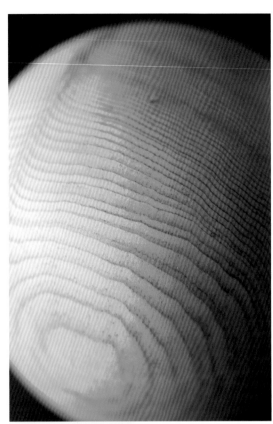

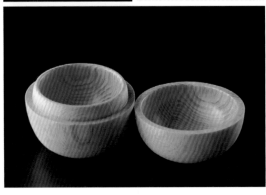

【別名】黃檜、厚殼、松梧、台檜
【學名】*Chamaecyparis taiwanensis*
※ 有時也指日本扁柏的變種
（C.obtusa var. formosana）
【科名】柏科（扁柏屬）
　　　　針葉樹
【產地】台灣
【比重】0.48
【硬度】3 ＊＊＊＊＊＊＊＊＊＊

強烈的芳香為其特徵，
能夠裁切成寬幅尺寸的良材

　　台灣扁柏為大直徑樹木，能夠裁切成大塊板材。日本明治時期從台灣輸入日本，大多使用在神社寺廟等建築上。年輪的細緻度攸關完成面的美觀程度。油分含量多（檜木醇），耐久性高。檜木醇是日本學者於 1930 年代從台灣扁柏中發現的物質。日本扁柏只含有非常稀少的檜木醇。

【加工】　切削或刨削都容易加工。木工車床加工方面，在針葉材當中屬於容易車削的木材。不過，前提為車刀必須鋒利（也就是確實研磨刀刃）。由於油分多，因此砂紙研磨效果不彰。
【木理】　木紋通直細緻（與木曾日本扁柏相同）。木肌具有光澤感。
【色彩】　黃色調的奶油色，比日本扁柏更深。
【氣味】　散發水果般的強烈香氣。檜木醇的氣味濃厚。「切削木材時香氣極為濃郁，香氣瀰漫整個空間。」
【用途】　建材、木雕、泡澡桶
【通路商】　台灣　壹、伍、捌
　　　　　　日本　建築材料經銷業者。1、7、
　　　　　　16、18、20、21 等

鐵刀木

【學名】 *Cassia siamea*
【科名】豆科
　　　　闊葉樹（散孔材）
【產地】東南亞、印度西岸地區
【比重】0.69 ～ 0.83
【硬度】8 ＊＊＊＊＊＊＊＊＊＊

質地堅硬強韌、完成面優異，屬於唐木三木之一

　　鐵刀木有與其他種類的紫鐵刀木（黑崖豆木 *Millettia pendula*）或非洲崖豆木（*Millettia laurentii*）混在一起銷售的情形。性質與非洲崖豆木尤其類似。與黑檀、紫檀合稱唐木三木。木材的個體差異少，木質均質。乾燥困難，但耐久性佳。

【加工】雖然質地堅硬但木工車床車削容易。不過，切削加工困難。有些導管裡含有石灰，因此車刀一旦接觸到就會變鈍。完成面呈漂亮的光澤。木材充滿纖維觸感。無油分感。由於年輪細緻，所以邊緣鮮少缺損。木屑相當細碎。

【木理】除了年輪以外，還有呈交叉狀的朦朧紋理（獨特的細緻木紋）。

【色彩】焦茶色底色中散布著黑色條紋。「遠距離觀看時，顏色較像純巧克力的咖啡色」（小島）

【氣味】幾乎沒有氣味。在木紋紋理相同的木材中，氣味明顯的大多是黑崖豆木。

【用途】床之間的裝飾柱、木工藝品、高級家具材、鑲嵌工藝

【通路商】台灣　參、伍、捌、玖、壹拾貳
　　　　　日本　多數木材業者均有銷售。
　　　　　1、4、8、11、18、21、23、24、27 等

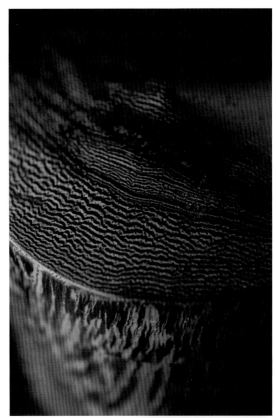

柚木
Teak

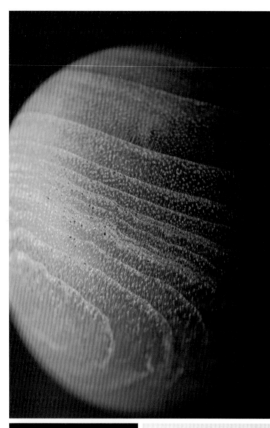

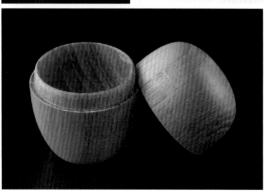

【學名】 *Tectona grandis*
【科名】 馬鞭草科（柚木屬）
　　　　闊葉樹（環孔材）
【產地】 緬甸（頂級材）、越南、泰國、印尼等
【比重】 0.65
【硬度】 4 ＊＊＊＊＊＊＊＊＊＊

世界普及，容易加工的良材

　　柚木是世界三大名木之一，硬度適中而容易加工。油分含量多，耐水性或耐磨性佳。現今市場流通的木材大多為人工造林材，透過大規模單一樹種造林的方式，木材的供應比較安定。

【加工】 加工容易。沒有逆向木紋的感覺。雖然含有油分，但砂紙研磨多少有點效果。木屑潮溼但呈粉末狀。樹脂的油分不具黏稠感。有些極少的天然林材含有二氧化矽（二氧化矽的不定形塊狀物），因此必須加以注意。

【木理】 天然林材的木紋緊密、油分多。人工林材則較粗，而且乾巴巴的感覺。具有較大的導管，年輪明顯。

【色彩】 呈黃土色。經年變化後轉為沉穩的色調（油分氧化的緣故）。看起來像金褐色，但並非真正的金色。「在槐木柱子上，加上柚木的木作裝潢，色調非常和諧」（珍奇木材店員）

【氣味】 有油酸味的獨特氣味。

【用途】 家具材、裝潢材、高級地板材、船的甲板

【通路商】 台灣　壹、貳、參、肆、伍、捌、玖、壹拾
　　　　　日本　購買容易。1、4、7、8、9、11、16、18、19、20、21、23、25等

絨毛黃檀
Tulipwood

【別名】巴西鬱金香木（Brazillan tulipwood）、
　　　　Pinkwood
【學名】*Dalbergia frutescens*
【科名】豆科（黃檀屬）
　　　　闊葉樹（散孔材）
【產地】巴西東北部
【比重】0.96
【硬度】9 ＊＊＊＊＊＊＊＊＊＊

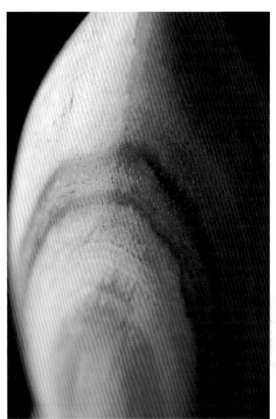

紅色的漸層色調與
玫瑰香氣為其特徵

　　絨毛黃檀屬於玫瑰木的其中一種，屬於黃檀屬（*Dalbergia* 屬），與紫檀為同科的材種。硬度或導管觸感等都與黑檀類似。氣味是酸甜的濃郁芳香。質地相當堅硬沉重。原木不僅容易開裂，也難以自然乾燥。由於屬於小直徑樹木，所以無法裁切成大塊木材。在歐洲具有「木材寶石」的美名。

【加工】　即便質地堅硬，木工車床加工仍可沙啦沙拉地順暢車削。木屑呈粉末狀。完成面呈漂亮的光澤。

【木理】　具有交錯木紋和不規則紋理。

【色彩】　整體為紅色調，還具有深紅、淡紅、桃紅等幾種不同的紅色系，形成漸層色調。

【氣味】　酸甜香氣。「我覺得是所有木材中最好聞，就像嗅聞玫瑰香氣般令人愛不釋手，不過只有在削切時才有香氣，完成後就沒有氣味了」（河村）

【用途】　樂器材（馬林巴木琴的鍵盤等）、唸珠、鑲嵌工藝、飾品、寶石盒（貴族常用的裝飾工藝品）、十八世紀法國洛可可風格的家具材、以及英國喬治亞風格的家具材

【通路商】　台灣　壹
　　　　　　日本　8、23、24

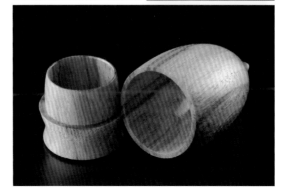

奧氏黃檀
Ching-chan

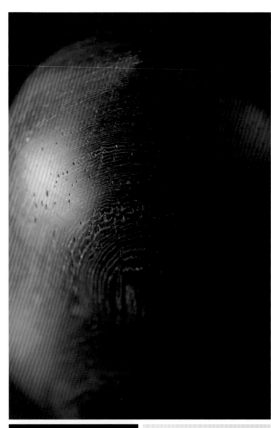

※市場通稱：緬甸酸枝、日本稱為手違紫檀

【學名】*Dalbergia oliveri*

【科名】豆科（黃檀屬）
　　　　闊葉樹（散孔材）

【產地】泰國、緬甸、柬埔寨

【比重】0.94 ～ 1.04

【硬度】9 ＊＊＊＊＊＊＊＊＊＊

即使在唐木之中
也是優點特別多的良材

　　奧氏黃檀屬於玫瑰木的其中一種，與紫檀為同科材種。由於具有美麗的紅紫色調、木紋緊密、個體差異少等特性，因此是用途廣泛的良材。不管是瘤紋紋理或硬度等性質都與鐵刀木相似（像是鐵刀木變成紅紫色的感覺）。市場上有些會與紫檀混在一起流通販售，價格也比紫檀低。

【加工】雖然質地堅硬，但是木工車床加工容易。切削加工困難。使用升降圓鋸機切割時，橫切面會變焦黃。木屑呈粉末狀。油分微量，所以砂紙研磨效果彰顯，只是質地堅硬，稜角不易削除。

【木理】木紋緊密細緻，與屋久杉的細緻程度相同。具有竹筍狀瘤紋（類似斜切後的千層蛋糕紋路）。逆向木紋少，而且木紋交錯情形不嚴重（與紫檀的差異點所在）

【色彩】呈紅紫色。偶而有類似廣葉黃檀色調的情形，但是只要看重量就能辨別兩者（奧氏黃檀較重）的差異。

【氣味】微弱的香氣，類似肉桂味。「完成品也有些微的香氣。味道非常好聞，我很喜愛」（河村）

【用途】用途幾乎與紫檀相同。床之間的裝飾柱、佛壇、鑲嵌工藝、唐木細工等

【通路商】日本　1、7、8、11、16、18、
　　　　　23、24

沙漠鐵木
Desert ironwood

【別名】沙漠油次黑豆
【學名】*Olneya tesota*
【科名】豆科
　　　　闊葉樹（散孔材）
【產地】索諾拉沙漠（美國亞利桑那州到
　　　　墨西哥北部一帶）
【比重】0.86 ～ 1.20
【硬度】10 ＊＊＊＊＊＊＊＊＊

埋沒在沙漠裡如化石般的木材

　　沙漠鐵木是埋沒在沙漠裡經長久歲月之下，逐漸變成化石般堅硬的木材。雖然是類似「神代」的木材，但是木材性質並不相同，可說是幾乎被石化的木材。由於以原木的狀態被掩埋，所以還保留邊材的部分。質地比癭瘤木堅硬。不用經過研磨，觸感就相當滑順。此外，開裂情形嚴重，無法裁切成大塊木材。整體性質與東南亞產的婆羅洲鐵木等鐵木不太一樣。

【加工】　雖然感覺上近似石材或金屬硬度，但還是能夠使用木工車床等旋切加工。使用仔細研磨過的刀刃車削會有嘎吱嘎吱的堅硬感。木屑呈粉末狀。沒有油分。完成面具有如石材研磨後的光滑光澤。上蠟後則看不出是木材。

【木理】　粗獷年輪清晰可見。

【色彩】　在茶色到焦茶色的底色中夾雜著黑色年輪或紋理。

【氣味】　氣味不佳。「類似半乾抹布的臭味」（河村）

【用途】　頂級刀子或菜刀的柄

【通路商】　日本　8、23、24、刀具相關業者

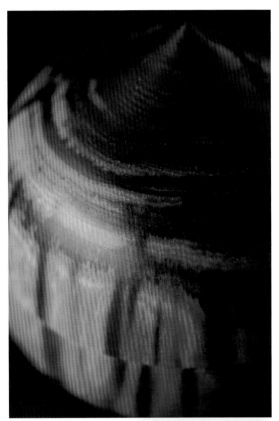

尼亞杜山欖
Nyatoh

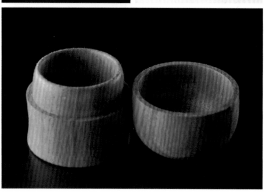

【別名】春茶

※市場通稱：洋櫻的木材之一（但並不太像櫻花木，或許是因為顏色偏紅的緣故。櫻花木為別科材種）

【學名】*Palaquium* spp.

【科名】山欖科（大葉山欖屬）
　　　　闊葉樹（散孔材）

【產地】東南亞、巴布亞新幾內亞等太平洋地區

【比重】0.47 ～ 0.89

【硬度】4 ＊＊＊＊＊＊＊＊＊＊＊

加工性佳且無氣味，相當適合做為一般建材使用

生長於東南亞到太平洋地區一帶的大葉山欖屬（*Palaquium* 屬）木材的總稱。尼亞杜山欖的材種多達數十種，因此尼亞杜山欖類的木材具有相當大的個體差異，尤以比重的數值差距最明顯，硬度也是參差不齊。整體來看木性平實、容易加工這兩點特徵適合當做建材使用，而且木材散發出的紅色調，在眾多建材裡是具有高級感的良材。乾燥作業並不困難。質感近似日本的胡桃。

【加工】 不會感覺到逆向木紋而容易加工。木工車床加工方面，可不受纖維影響沙啦沙啦地順暢車削。「即使刀刃不夠鋒利，因為沒有油分的關係，所以砂紙研磨的效果不錯。而且完成後不會感到粗糙，很適合初學者操作」（河村）

【木理】 木肌稍微粗糙。木紋緊密。具有大面積波紋瘤紋。

【色彩】 些微紅色調的明亮茶色，但具有個體差異。「利用紅色調的茶色來表現樹幹或磚塊質感」（木鑲嵌工藝家蓮尾）

【氣味】 沒有特別感覺到有氣味。

【用途】 建材（裝潢材）、家具材、樂器材

【通路商】 台灣　壹拾

　　　　　日本　建築材料經銷業者。7、
　　　　　16、20、21、23 等

鳥眼楓木
Bird's eye maple

【學名】 *Acer* spp.
【科名】 槭樹科（槭屬）
　　　　闊葉樹（散孔材）
【產地】 北美
【比重】 0.70（硬楓）
【硬度】 5～6 ＊＊＊＊＊＊＊＊＊＊＊

活用鳥眼瘤紋的特徵，
經常用於製作木皮板

　　鳥眼楓木是對具有鳥眼瘤紋的楓木稱呼，因此實際上並沒有稱為鳥眼楓木的樹木。由於表面散布鳥眼般的小圓斑點，因此大多製成能夠凸顯瘤紋特質的木皮板。木材收縮率大。「木材性質相當不穩定。即便將木皮板的組件貼上之後再進行壓合加工，也會因為受到膠合劑水分的影響，仍然會凸起」（木鑲嵌工藝家蓮尾）

【加工】 鳥眼瘤紋的纖維方向會改變，而且加工時有類似逆向木紋的堅硬感覺。車削時會有嘎吱嘎吱的硬實感，因此作業前必須確實研磨車刀。木工車床加工方面，車刀切入木材有其技巧，感覺上與削切逆向木紋時一樣，必須掌握下刀時機。沒有油分。

【木理】 散布著圓斑點的鳥眼瘤紋，瘤紋出現在弦切面。

【色彩】 時間愈長奶油色愈像麥芽糖色。

【氣味】 散發淡淡的楓糖漿香甜氣味（楓木共通特性）。

【用途】 化妝單板。由於會被優先加工成木皮板，因此較難買到塊狀木材

【通路商】 台灣　壹、貳、壹拾
　　　　　日本　7、8、14、20、21、23、
　　　　　24、26、27

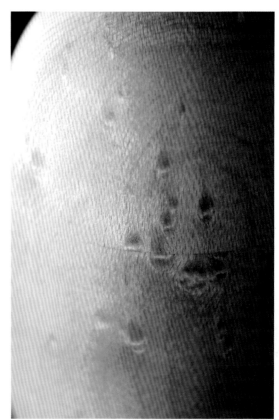

硬楓
Hard maple

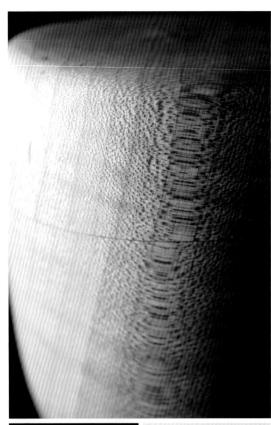

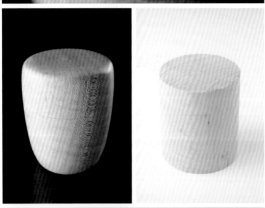

【學名】 *Acer saccharum*（糖楓，Sugar maple）
　　　　A. nigrum（黑楓，Black maple）
【科名】 槭樹科（槭屬）
　　　　闊葉樹（散孔材）
【產地】 北美中部～東部
【比重】 0.70
【硬度】 6 ＊＊＊＊＊＊＊＊＊＊

具有硬度、耐衝擊性佳、
多彩瘤紋等特徵

　　硬楓是楓木類中質地厚重堅硬的糖楓和黑楓等木材的總稱，因此實際上並沒有稱為硬楓的樹木。硬楓具有耐衝擊或耐磨損的特性。具有鳥眼瘤紋（bird's eye figure）或小提琴瘤紋等各種紋理。收縮率高、乾燥稍微困難些。近年來，用於取代小葉梣當做球棒的情況增多。「小葉梣具有韌性和撓曲性，所以折斷方式是以逐漸彎曲至斷掉為止。然而硬楓雖具有強度，但卻有突然彎折的感覺」（棒球運動員）

【加工】 質地堅硬但加工相較容易。比軟楓堅硬，沒有纖維感。完成面光滑。

【木理】 木紋緊密，一般紋理通直但具有各種瘤紋。

【色彩】 感覺上像是色木槭經過多年變化轉為麥芽糖色。若說軟楓是鎢絲燈泡的暖色系，那麼硬楓則是日光燈的白光色系。

【氣味】 削切時飄散些微楓糖漿的甘甜香氣。

【用途】 家具材、化妝板、樂器材、地板材、球棒材

【通路商】 台灣　壹、貳、肆、伍、壹拾
　　　　　日本　7、8、11、21、22、23、
　　　　　25、27 等，購買容易

紫心木
Purpleheart

【學名】*Peltogyne* spp.（*P.pubescens* 等）
【科名】豆科（紫心蘇木屬）
　　　　闊葉樹（散孔材）
【產地】中美～南美中部（墨西哥～巴西）
【比重】0.80 ～ 1.00
【硬度】6 ～ 7 ＊＊＊＊＊＊＊＊＊＊

為二十多種木材的總稱，共通特點是紫色

　　紫心木是生長在中美洲到巴西地區一帶的材種，色彩呈紫色系列的紫心蘇木屬（*Peltogyne* 屬）木材總稱，實際上並沒有稱為紫心木的樹木。由於紫心木有二十餘種，不同種類的色彩或硬度等性質也有差異。因此若要購買紫心木的話，最好了解清楚。木材的耐久性或防蟲性高。

【加工】　具有個體差異。紫色系列的共通特徵是在木工車床加工時，可在感受到纖維的情形下沙啦沙啦地順暢車削。樹脂少，容易研磨。另外，深紫色系的木材在木工車床加工時，會有嘎吱嘎吱的硬實感。而且樹脂多，較難研磨。

【木理】　年輪不明顯。針對稱為紫心木的多種木材來看，可利用手的觸感分辨木紋差異。觸感若是粗糙就是屬於導管粗大的木材，光滑的則屬於導管小的木材。

【色彩】　大略分成三種類型，分別是正紫色或略帶桃色的牡丹色、稍微深的紫色（右邊照片）、以及深紫色。

【氣味】　「木工車床車削時，有股類似塵土的氣味。乾燥後就沒有特別的感受」（河村）

【用途】　結構材、戶外木平台、鑲嵌工藝、撞球桿、裝飾材

【通路商】　台灣　參、柒
　　　　　　日本　4、7、8、11、14、16、
　　　　　　　　　18、21、23、24、26，相較
　　　　　　　　　容易購買

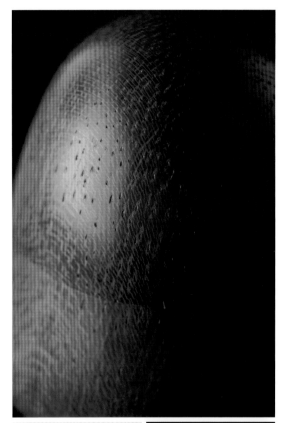

紅鐵木豆
Pau rosa

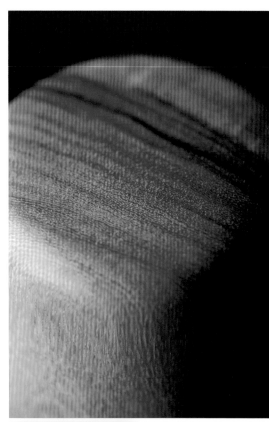

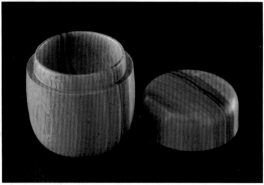

※ 在市場上常被當做小葉紅檀的同種木材銷售。

【學名】 *Swartzia fistuloides*

【科名】 豆科（鐵豆木屬）
　　　　闊葉樹（散孔材）

【產地】 赤道附近的非洲中西部（喀麥隆、剛果、
　　　　象牙海岸、迦納等）

【比重】 0.74

【硬度】 7 ＊＊＊＊＊＊＊＊＊＊

擁有桃色系色調的紫檀替代材

　　紅鐵木豆是紫檀的替代材，用於製作佛壇等器物。由於與小葉紅檀同屬而且性質相似，所以市場上常有兩者混在一起銷售的情況。雖然無光澤感，但美麗的桃褐色木肌相當漂亮。屬於大直徑樹木所以能夠裁切成大塊木材（比沙比力木大）。乾燥困難，而且乾燥作業時容易開裂，乾燥後則趨於安定。

【加工】 加工時的抵抗少。沒有油分，木工車床加工可沙啦沙啦地順暢車削。木屑呈粉末狀。作業中有時會被嗆到，喉嚨有刺激的感覺。雖然質地堅硬，但是砂紙研磨效果佳，只是稜角不易削平。

【木理】 木紋極為細小，與紫檀類似。具有波浪狀的交錯木紋（波紋條紋）。

【色彩】 混雜多種桃色。「印象上不是粉紅色，而是桃色」（河村）。整體看起來帶有一點點的消光（matt）效果，赤褐色中夾雜著紅色、橙色、桃色、茶色、焦茶色等多種色彩。

【氣味】 氣味微弱但相當獨特。「類似豆子乾燥後的味道，不是炒過的香味」（河村）

【用途】 紫檀的替代材（床之間的裝飾柱、佛壇、唸珠等）

【通路商】 台灣　伍、柒
　　　　　日本　21、24

小葉紅檀
Pao rosa

【別名】馬達加斯加鐵木豆
【學名】*Swartzia madagascariensis*
【科名】豆科（鐵豆木屬）
　　　　闊葉樹（散孔材）
【產地】非洲東南部（坦桑尼亞等）
【比重】0.94
【硬度】7 ＊＊＊＊＊＊＊＊＊＊

含有油分，呈鮮豔紅橙色系的色調

　　由於硬度等性質與紅鐵木豆相似，所以經常被混淆，但是小葉紅檀的油分含量較多，這點特徵就是兩者的差異處（另外還有顏色印象或氣味等）。雖然容易產生或多或少的乾裂情形，但比紅鐵木豆的油分多，所以不容易開裂。常做為紫檀的替代材。

【加工】　相當容易加工。「車床加工時由於質地稍微堅硬，車削時會有『嘎』或『喳』的硬實感，但不難車削」（河村）。木屑呈粉末狀，但是含有油分的緣故，因此不容易飛散，也不會被木粉嗆到。

【木理】　徑切面的木紋呈平行排列。具有波浪木紋（波紋紋理）。

【色彩】　接近紅色的褐色，感覺上比紅鐵木豆明亮。紅色和橙色為基調色，油分含量多使得紅色看起來更加鮮豔（看起來有潤澤感，紅鐵木豆則是消光感）。

【氣味】　像是油分氧化之後的嗆鼻氣味。或許是受到油分多的影響，感覺上類似橄欖木的氣味。

【用途】紫檀的替代材（床之間的裝飾柱等）、化妝單板

【通路商】　台灣　伍、玖
　　　　　　日本　7、8、11、18、24

非洲紫檀
Padauk

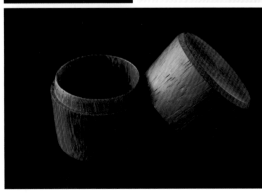

【別名】非洲花梨、紅花梨
【學名】*Pterocarpus soyauxii*
【科名】豆科（紫檀屬）
　　　　闊葉樹（散孔材）
【產地】中非、西非（喀麥隆、奈及利亞等
　　　　熱帶雨林地區）
【比重】0.65 〜 0.85
【硬度】5 ＊＊＊＊＊＊＊＊＊＊

擁有令人印象深刻的鮮豔紅色，屬於容易加工的木材

　　非洲紫檀與紫檀為同科同屬的材種。在非日本產的大徑木中屬於質地較柔軟，容易加工的樸實木材。耐久性高。非洲紫檀與紫檀的性質幾乎相同，僅有顏色差異。具有濃烈的紅色為其特徵。

【加工】　不論木工車床或切削都容易加工。「使用車床加工時能感到柔軟的質地。雖然沒有抵抗感而容易車削，但細小的紅色木粉到處飛散，常把作業服染成一片紅色」（河村）。無油分，砂紙研磨效果佳。

【木理】　整體散布著導管。具有交錯木紋。徑切面呈織帶狀瘤紋。

【色彩】　心材為鮮豔紅色。紅色部分也有色斑，並混合磚紅色或深紅色，整體相當勻稱美麗。時間愈長紅色愈偏向焦茶色。

【氣味】　甘甜香氣。「感覺上比紫檀更為甘甜」（河村）

【用途】　茶几、自然邊原木面板材（紅白搭配是由邊材的白色和心材的紅色組成。自然邊的部分為白色）、馬林巴木琴等打擊樂器、刀子等的柄

【通路商】　台灣　參、伍、柒、捌、玖
　　　　　　日本　7、8、11、16、18、21、23、25

輕木
Balsa

【別名】白塞木
【學名】*Ochroma lagopus*
　　　　O.pyramidale
　　　　O.bicolor
【科名】木棉科（輕木屬）
　　　　闊葉樹（散孔材）
【產地】中美～南美北部（墨西哥南部、
　　　　厄瓜多爾、巴西等地）、
　　　　加勒比海地區（古巴等）、
　　　　人工造林在印度和印尼等地
【比重】0.08 ～ 0.25
【硬度】1 ＊＊＊＊＊＊＊＊＊＊

加工意外困難的
輕量材代表

　　輕木是世界上最輕盈的木材。生長快速、
年輪不明顯。質地過於柔軟，不利機械加工。
由於木材輕盈，所以用途相當廣泛。實際上生
長在中美洲到南美洲的輕木屬的材種有好幾
種，但市場將之統稱為輕木。

【加工】　加工困難。木工車床加工方面，只要
車刀夠銳利就能減少抵抗感，使用遲鈍的刀刃
會使木材變得破爛不堪。刀子等的手道具加工
較容易操作。「最難車削的木材之一，其他也
很難操作的有日本冷杉和日本花柏」（河村）

【木理】　年輪不明顯。木肌具有點狀斑點。

【色彩】　接近奶油色的白色系。心材和邊材的
界線模糊。

【氣味】　沒有特別感覺到有氣味。

【用途】　木工材、模型、聲音和振動的絕緣材

【通路商】　台灣　貳
　　　　　　日本　居家建材銷售中心、模型專
　　　　　　賣店等。購買容易

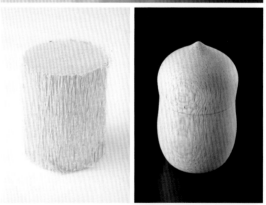

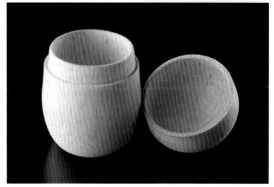

綠檀
Palo santo

【別名】玉檀香、綠檀香
【學名】*Bulnesia sarmientoi*
【科名】蒺藜科（維臘木屬）
　　　　闊葉樹（散孔材）
【產地】巴拉圭、阿根廷
【比重】0.99 ～ 1.10
【硬度】9 ＊＊＊＊＊＊＊＊＊＊

擁有鮮豔綠色的最重量級木材

　　綠檀是世界木材中最為沉重的木材之一。近年市場上以癒瘡木名稱流通的木材裡頭，很多其實都是綠檀。兩者的共通點為逆向木紋情形嚴重、油分含量多，但是色彩或氣味稍有不同。木材的耐久性或防蟲性優異。

【加工】由於具有交錯木紋，所以木工車床加工時有嘎吱嘎吱的堅韌抵抗感。雖然並非容易加工，但在交錯木紋多的木材之中，仍屬於最好加工的木材。儘管逆向木紋情形嚴重，但是含有油分的緣故，削切過程中纖維也不會崩裂。順帶一提，綠檀與屬於香木可採集精油的橄欖科祕魯聖木（*Bursera garaveolens* 別名：Holy wood）為不同科屬樹種。

【木理】具有山形紋樣的木紋（癒瘡木的較為清晰）。逆向木紋強勁（交錯木紋）。

【色彩】呈鮮豔綠色（黃綠褐色），其他木材沒有這樣鮮豔的綠色。時間愈長顏色漸轉為黃綠色。山形紋樣的部分油分多，因此這個部分受到氧化後會變成更深的綠色。癒瘡木為深綠色，雖然同屬於綠色系列，但色調稍微有差異。

【氣味】類似醋昆布的甘甜獨特氣味。

【用途】高級家具材、唸珠

【通路商】台灣　伍、柒、玖
　　　　　日本　8、16、24

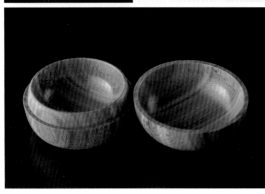

寇阿相思樹
Hawaiian koa

【別名】冠阿（koa）
【學名】*Acacia koa*
【科名】豆科（相思木屬）
　　　　闊葉樹（散孔材）
【產地】夏威夷
【比重】0.67
【硬度】6 ＊＊＊＊＊＊＊＊＊＊＊

具有波狀瘤紋，容易加工的
夏威夷特有材種

　　寇阿相思樹擁有美麗的色調和波狀瘤紋等特徵。容易加工，但也容易產生開裂情形。木材比重大，而且質地堅硬緻密。硬度有個體差異，堅硬的木材大致呈強烈的黑色光澤；柔軟的木材則像褪色般呈微弱光澤。此外，屬於夏威夷特有的材種，一直以來都是烏克麗麗的材料。由於樹木資源枯竭，現在只能使用風倒木。

【加工】 觸感樸質，不論切削或木工車床都容易加工。沒有油分，木屑呈粉末狀。雖然砂紙研磨效果佳，但質地堅硬，稜角不容易削平。

【木理】 在茶色底色中夾雜著黑色條紋。（相思木屬的共通特徵）具有波狀瘤紋。木材等級是根據瘤紋的呈現方式。

【色彩】 明亮的赤茶色。

【氣味】 幾乎沒有氣味。

【用途】 烏克麗麗材料、高級家具材、工藝品

【通路商】 日本 8、21、31

山毛櫸
Beech

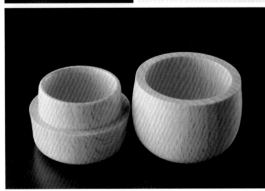

【學名】*Fagus grandifolia*（美國山毛櫸）
　　　　F. sylvatica（歐洲山毛櫸）
【科名】殼斗科（山毛櫸屬）
　　　　闊葉樹（散孔材）
【產地】美國山毛櫸：北美東部
　　　　歐洲山毛櫸：歐洲
【比重】0.74（美國）、0.72（歐洲）
【硬度】5 ＊＊＊＊＊ ＊＊＊＊＊

特徵與日本山毛櫸
大致相同的實用性木材

　　具有與日本山毛櫸相同質感的印象（車削手感、硬度等）。收縮率高，容易反翹開裂。適合採取蒸氣曲木工法，一直以來都是溫莎椅彎曲木部分的材料。木材也適合製成車床加工物品，或是使用轆轤進行椅腳或橫檔加工。此外還經常被做為木製玩具的材料。

【加工】　木性平實，加工容易。木工車床加工方面，車刀觸感滑順而容易車削。只是，車刀不夠鋒利（未確實研磨的話）會起毛。無油分，砂紙研磨效果佳。

【木理】　具有芝麻般的斑點（殼斗科的共通特徵）。木紋均勻，橫切面呈放射狀紋理。

【色彩】　帶有紅色調的奶油色。心材與邊材的界線模糊。

【氣味】　類似蠟燭的氣味，氣味與日本山毛櫸差不多。

【用途】　家具材、地板材、木製玩具

【通路商】　台灣　壹、貳、肆、伍、壹拾、
　　　　　　壹拾壹
　　　　　　日本　1、7、8、20、21、22、
　　　　　　23、25、26、27

木麻黃銀華
Beef wood

【學名】 *Grevillea striata*
【科名】 山龍眼科
　　　　 闊葉樹（散孔材）
【產地】 澳洲
【比重】 0.62
【硬度】 6 ＊＊＊＊＊＊＊＊＊＊

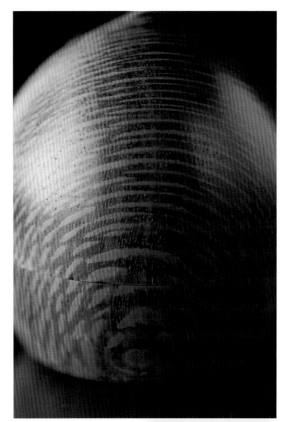

正如英文名稱，
具有類似霜降牛肉的木肌為其特徵

　　由於木材呈類似霜降牛肉的紋理，因此稱為 Beef wood。性質與蕾絲木相似，但是木麻黃銀華的顏色較深且油分多。「在我使用的木材之中，油分含量是僅次於油橄欖。我覺得也比柚木的油分多」（河村）。日本市場上不太流通這種木材。

【加工】 加工容易。油分很多的緣故，砂紙研磨效果不彰。使用木工車床車削時會削出薄塊狀的木屑（類似牛肉乾變薄的感覺）。「油分會使刀刃滑脫，所以纖維不容易損傷。即使刀刃不夠鋒利也能將就進行」（河村）

【木理】 焦茶色的底色中夾雜霜降般紋理（類似蕾絲木）。放射狀紋理清晰可見。

【色彩】 呈焦茶色。含有油分的緣故，外觀看起來頗為溼潤。

【氣味】 帶有酸味的微弱氣味。「近似車削油橄欖時的氣味」（河村）

【用途】 鑲嵌工藝、唸珠。在澳洲當做家具材和建材使用

【通路商】 日本　11、23、24

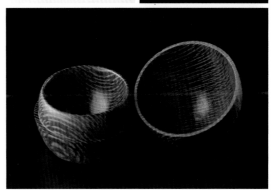

山核桃
Hickory

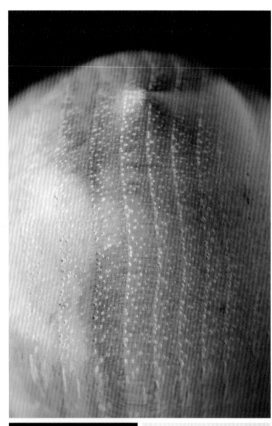

【學名】 *Carya* spp.
【科名】 胡桃科
　　　　 闊葉樹（散孔材）
【產地】 北美（西部除外）
【比重】 0.72 ～ 0.90
【硬度】 6強 ＊＊＊＊＊＊＊＊＊＊

質地堅硬、具韌性和耐彎曲
為其特徵

　　生長於北美中部到東部地區的山核桃有十多種，日本市場上主要流通的有四種。硬度或韌性近似美國白蠟木和日本的小葉梣。由於質地堅韌且耐衝擊，因此常用於製作運動用品和鼓棒等器材。此外也適合彎曲加工。木材的蓄積量豐富。

【加工】 加工容易。質地堅硬且有韌性。無油分，砂紙研磨效果佳。

【木理】 粗大導管布滿年輪周圍，年輪清晰可見。導管大小或木紋紋理與梣木、水曲柳、小葉梣、象蠟木類似。

【色彩】 心材為米黃色，近似於象蠟木，小葉梣則再偏白色些。邊材為白色系。

【氣味】 沒有特別感覺到有氣味。

【用途】 球棒材料或槌球桿頭等運動用品、美國溫莎椅的彎曲木組件、道具的柄、打鼓鼓棒

【通路商】 台灣　壹、貳、壹拾
　　　　　 日本　北美材經銷業者。7、8、
　　　　　 20、26 等

大果澳洲檀香

【別名】檀香木（Sandalwood）
【學名】*Santalum spicatum*
【科名】檀香科（檀香屬）
　　　　闊葉樹（散孔材）
【產地】澳洲
【比重】0.80～0.90
【硬度】4 ＊＊＊＊＊＊＊＊＊＊

具有獨特香氣且容易加工的木材

　　由於原產地的印度實施白檀（*S.album*）的出口限制，因此日本市場大多流通澳洲產的大果澳洲檀香。木材具有獨樹一格的香氣，這也是為何自古以來備受喜愛的原因。容易加工，所以飛鳥時代輸入日本的佛像，許多都使用白檀做為素材。屬於類似爬牆虎的半寄生植物，因此大多木材都呈彎曲狀。

【加工】　以硬度來說屬於容易加工的木材。油分多，砂紙研磨效果不彰。不會感覺到逆向木紋。

【木理】　木紋緊密。有油分感。木肌滑潤。

【色彩】　呈黃色調。印度產的檀香木使用愈長顏色愈深；澳洲產的則幾乎不會變化。

【氣味】　水果香氣。「加工過程中會散發檸檬般的芬芳香氣」（河村）。香氣也會隨著產地而有所不同，印度產的檀香木散發線香味。

【用途】　茶室地爐的頂級框材、佛像、唸珠、小盒等工藝品，或線香等利用香氣特質的器物。

【通路商】　日本　1、7、8、11、16、21、
　　　　　　24（包括印度產）

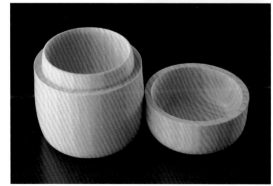

粉紅象牙木
Pink ivory

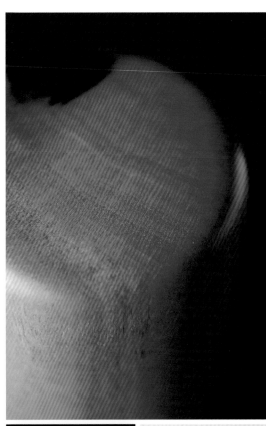

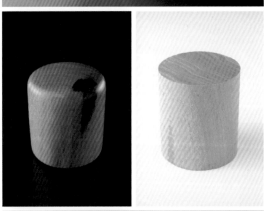

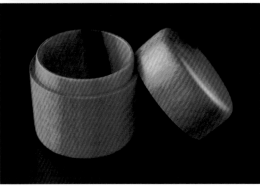

【別名】紅象牙木（Red ivorywood）、
蔡赫氏溝兒茶
【學名】*Berchemia zeyheri*
【科名】鼠李科（勾兒茶屬）
闊葉樹（散孔材）
【產地】非洲南部（莫三鼻克、南非等地）
【比重】0.90 ～ 1.06
【硬度】9 ＊＊＊＊＊＊＊＊＊＊※

木肌呈漂亮的粉紅色，但加工困難不適合使用帶鋸機

　　粉紅色和獨特的堅硬度是粉紅象牙木的特徵。這種硬度與黑檀的硬度不同，屬於處理起來相當麻煩的硬度。色彩具有個體差異，也有不是粉色的木材。

【加工】　加工困難。質地堅硬且有韌性，纖維呈交錯狀。木工車床加工時有嘎吱嘎吱的堅硬感。沒有油分。使用升降式圓鋸機進行加工時，有些橫切面會出現燒焦的情形。「有時帶鋸機的鋸片會被折斷。加工過程中會突然感覺到堅硬的部分，但是目測並不容易辨識出來。這種木材可說是帶鋸機的敵人。使用砂帶機加工也有其訣竅。操作龍門刨床時，木材會砰砰地彈跳」（河村）

【木理】　具有逆向木紋。木材呈反射材般（蝴蝶羽毛般的印象）從內部隱隱發光。木肌緻密。

【色彩】　呈粉色。沒有比粉紅象牙木更粉紅色的木材。具有愈接近樹芯愈粉紅的印象。接近邊材的部分則呈微微的櫻花色（不到粉紅色程度）。色彩從邊材朝向樹芯形成漸層色。

【氣味】　香氣微弱。

【用途】　撞球桿、高級車內裝材、高級筷子

【通路商】　日本　8、16、23、24

檳榔樹

【別名】賓門
【學名】*Areca catechu*
【科名】棕櫚科（檳榔屬）
　　　　單子葉植物
【產地】印尼、馬來西亞
【比重】0.68
【硬度】8 ＊＊＊＊＊＊＊＊＊＊
※ 木工車床加工時的感覺較比重數值更為堅硬。

纖維多不利加工，
與椰子樹同科的樹種

　　檳榔樹與椰子樹為同科的植物，成長迅速。乾燥前容易開裂。由於木材有如纖維集合體，因此質地固然堅硬，但相當會吸收塗料。塗裝後所吸收的塗料分量，會使木材變得沉甸甸。「原木布滿空洞」（木材業者）。「空洞周圍既脆弱又乾巴巴，木質類似成束的刺蝟針。在加工作業中常會被刺到。針又粗又硬，刺到當下非常疼痛」（河村）

【加工】　由於必須切除纖維，所以削切時有相當強烈嘎吱嘎吱的堅韌感。木工車床加工方面，若不謹慎地輕削木材的話會使纖維剝落。另外邊緣容易缺損也必須加以注意。無油分，砂紙研磨效果佳，但是纖維堅硬的緣故，稜角不容易削平。木屑呈粉末狀。

【木理】　有如纖維集合體，因此沒有年輪。呈現獨特而饒富趣味的紋理。

【色彩】　呈巧克力色。橫切面具有奶油色和黑色纖維。「完成品就好像巧克力糕點，看起來非常好吃」（河村）

【氣味】　沒有特別感覺到有氣味。

【用途】　亞洲風雜貨等小器物（盤子、碗等）

【通路商】　日本　8、12、16、21、24

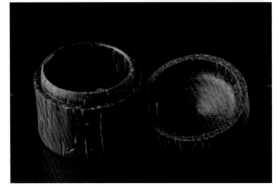

姆密卡
Bubinga

【別名】非洲玫瑰木（但並非玫瑰木類材種）
【學名】*Guibourtia* spp.（*G.demeusei* 等）
【科名】豆科
　　　　闊葉樹（散孔材）
【產地】中非、西非
【比重】0.80～0.96
【硬度】8 ＊＊＊＊＊＊＊＊＊＊

擁有各種瘤紋，顏色美麗的非洲大直徑樹木

　　姆密卡是硬質木材中胸徑最大的大徑木（有些直徑超過2公尺），因此能夠裁切成大塊木材。具有質地堅硬、紅色調和獨特瘤紋等特徵。以往非洲產的木材都能夠以較為低廉的價格交易，但近年來日本進口數量日益減少。

【加工】　木材樸實。雖然質地堅硬但木工車床加工容易。木屑呈粉末狀。切削加工或龍門刨床則稍微辛苦。「操作龍門刨床時，木材會砰砰地彈跳起來」（河村）

【木理】　木紋大略通直，但會有漩渦紋、泡泡紋等各式各樣的瘤紋。

【色彩】　稍微明亮的紅豆色。雖然木材偏紅色，但色彩個體差異相當大。時間愈長，多少會出現褪色的情況。「外觀看起來是偏紅的茶色，適合表現女性的頭髮」（木鑲嵌工藝家蓮尾）

【氣味】　生材狀態有點異味，但乾燥後幾乎沒有氣味。

【用途】　單片櫃檯面板、面板、大鼓鼓身（由於欅木少有大徑木，所以可做為替代材使用）、化妝單板、地板材

【通路商】　台灣　壹、壹拾、壹拾壹
　　　　　日本　購買容易。1、7、8、11、16、18、19、20、23、24、25、27等

白歐石楠
Briar, Brier

【別名】石楠（Heath）、歐石楠
【學名】*Erica arborea*
【科名】杜鵑花科（歐石楠屬）
　　　　闊葉樹（散孔材）
【產地】地中海沿岸
【比重】0.74 *
【硬度】8 ＊＊＊＊＊＊＊＊＊＊＊

擁有堅硬質地和美麗瘤紋，做為頂級煙斗的木材使用

　　樹木根部（Briar root、白歐石楠根）是最高級的煙斗材料，交易價格昂貴。質地相當堅硬且具有耐久性，是難以燃燒的木材。瘤紋富有魅力，而且在樹瘤之中屬於開裂少的木材。據說白歐石楠根是玫瑰的根，但這是錯誤的說法。

【加工】　木工車床加工時會有整體都相當堅硬的感覺，而且儘管有樹瘤，也不太出現抵抗感。車削時沒有嘎吱嘎吱的堅韌纖維感。無油分，砂紙研磨效果佳。（質地堅硬的緣故，可達到基本的完成度）完成面形成光亮而滑溜的表面，光澤相當漂亮。

【木理】　樹木根部的木紋組成複雜。

【色彩】　帶有紅色調的明亮茶色。

【氣味】　沒有特別感覺到有氣味。

【用途】　頂級煙斗。十九世紀左右便有使用記錄

【通路商】　日本　7、8、16、24

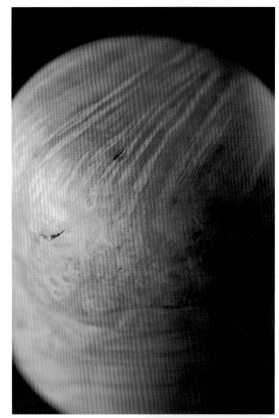

巴西黑黃檀
Brazilian rosewood

【別名】巴西玫瑰木、Jacaranda
　　　　（樂器界的一般稱呼）
【學名】*Dalbergia nigra*
【科名】豆科（黃檀屬）
　　　　闊葉樹（散孔材）
【產地】巴西
【比重】0.85
【硬度】6 ＊＊＊＊＊＊＊☆☆☆☆

色彩或紋理美麗而多采多姿，屬於瀕臨絕種的優良木材

　　巴西黑黃檀可說是正宗玫瑰木本家的木材。由於具有優異的色調和加工性，一直以來都是被當做最優良的木材，使用於高級家具或樂器等用途上。然而，木材資源因此瀕臨枯竭，於是巴西在 1960 年後期禁止砍伐這種樹木，導致難以取得。木材呈現並非瘤紋紋理的豐富紋樣，顏色也繽紛多彩。耐久性或防蟲性優異。

【加工】　木性平實，木工車床加工非常容易操作。含有相當多的油分，據說是玫瑰木中油分最多的木材，因此砂紙研磨效果不彰。

【木理】　導管散布整根樹林。具有複雜的條紋。木紋細緻。

【色彩】　由紅、黑、紫等顏色形成多彩組合。到處可見不規則的黑色或金褐色條紋。「像是微凹黃檀變成紫色的感覺」（河村）

【氣味】　些微的煙燻味。「很像打開老人家家中的五斗櫃抽屜時的氣味。雖然屬於玫瑰木，但不太能聯想到玫瑰香氣」（河村）

【用途】　家具材、樂器、化妝單板

【通路商】　台灣　壹、伍、玖
　　　　　　日本　31 等。購買困難

何謂「玫瑰木」？

― 有些沒有玫瑰香氣 ―

　　玫瑰木很難加以定義。一般而言，是指多少具有玫瑰香氣和鮮麗色調（茶色、紅色、紫色等底色中夾雜著黑色條紋）的木材總稱。玫瑰木原本是指豆科 *Dalbergia* 屬的巴西黑黃檀或廣葉黃檀（印度玫瑰木）等木材，此外也包含同屬的十幾種木材。本書收錄的玫瑰木包括非洲黑檀、國王木、微凹黃檀、廣葉黃檀（印尼黑酸枝）、鬱金香木、奧氏黃檀、交趾黃檀、宏都拉斯玫瑰木等。

　　廣義的玫瑰木也包含豆科 Pterocarpus 屬的非洲紫檀或紫檀，以及豆科 Swartzia 屬的小葉黃檀或紅鐵木豆等。

　　從上述的木材中都能感受到某種香氣，但是並不侷限於玫瑰的香氣。國外文獻對於 Rosewood 的說明中有著「rose-like fragrance」（玫瑰般芬芳的香氣）的記載，但是以河村先生的感覺卻有「廣葉黃檀（印度玫瑰木）是烹煮紅豆時的香氣。巴西黑黃檀則是打開長時間沒有使用的櫥櫃時的氣味」的差異。削切時最能夠聞到玫瑰香氣的是鬱金香木。國王木也會散發玫瑰香氣。

　　硬度方面也各有差異（硬度 6 ～ 9），大致共通點是優美的色調和高級的質感。現在的流通量普遍減少，只有人造林的廣葉黃檀（印尼黑酸枝）較購買容易。

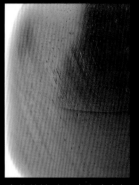

廣葉黃檀（印度玫瑰木）

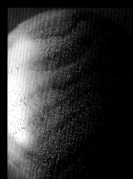

廣葉黃檀（印尼黑酸枝）

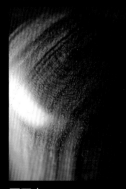

國王木

微凹黃檀

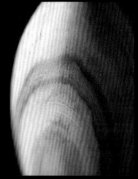

鬱金香木

奧氏黃檀

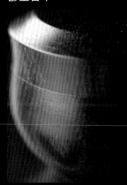

交趾黃檀

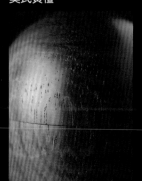

宏都拉斯玫瑰木

巴西紅木
Brazilwood

【別名】巴西蘇木
※Perunambuco（樂器業常用名稱）
【學名】*Caesalpinia echinata*
【科名】豆科（蘇木屬或雲實屬）
　　　　闊葉樹（散孔材）
【產地】巴西
【比重】0.98 ～ 1.28
【硬度】9 ＊＊＊＊＊＊＊＊＊＊

巴西紅木是巴西國名的由來

　　據說這種木材可採集到被葡萄牙人稱為「巴西（Brasil）」的紅色染料，因此便命名為巴西紅木。順帶一提，巴西國名即是取自該樹種名稱。木材比重超過 1，既沉重又堅硬，但是木工車床加工容易。利用具有彈性的特徵，可當做小提琴琴弓的材料。

【加工】雖然硬度偏高，但使用木工車床卻意外地容易車削。切削加工或龍門刨床則較辛苦。「龍門刨床時木材會砰砰地彈跳」（河村）。木屑呈蓬鬆的粉末狀，無油分感。

【木理】木紋大致通直，只是有些微的不規則紋理。木材整體樸實，幾乎沒有瘤紋。觸感滑潤（並非光澤）。

【色彩】呈橙色。時間愈長紅色愈深。

【氣味】沒有特別感覺到有氣味。

【用途】絃樂器的琴弓（頂級品）、鑲嵌工藝

【通路商】台灣　伍、壹拾
　　　　　日本　7、8、16、24

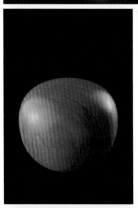

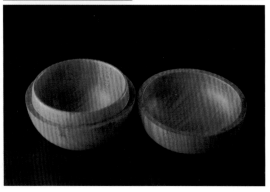

黑胡桃木
Black walnut

【別名】美國黑胡桃
【學名】*Juglans nigra*
【科名】胡桃科
　　　　闊葉樹（散孔材）
【產地】北美（中部～東部）
【比重】0.64
【硬度】4 ＊＊＊＊＊＊＊＊＊＊

深受製作者和使用者喜愛的良材

　　黑胡桃木是世界三大名木之一（其他兩種為柚木、桃花心木）。不論切、削、雕等加工，都相當容易操作而且鮮少失誤的優良木材。木材不僅具有韌性，耐衝擊性和耐久性也相當優異，屬於全能型的木材，大多用來製作家具。對於使用者而言，深色調頗受喜愛，因此擁有高人氣。

【加工】　木材樸實，具有柔和感，不論任何加工都容易操作。木工車床加工時可沙啦沙啦地順暢車削。幾乎沒有逆向木紋。邊緣不易缺損，完成面相當漂亮。乾燥加工容易，極少變形情況，只是根部的樹瘤堅硬，加工較為困難（這些部分可用來製作槍托）。

【木理】　木紋大致通直，偶有不規則紋理。具有偏紫色的條紋。

【色彩】　帶有紫色調的焦茶色，具有個體差異。

【氣味】　散發些微的甘甜香氣，有些木材帶有酸味。

【用途】　家具材、化妝單板、小工藝品

【通路商】　台灣　壹、貳、肆、伍、壹拾
　　　　　　日本　購買容易

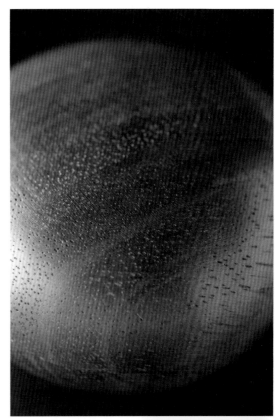

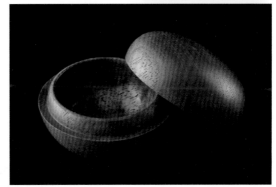

西洋梨木
Pearwood

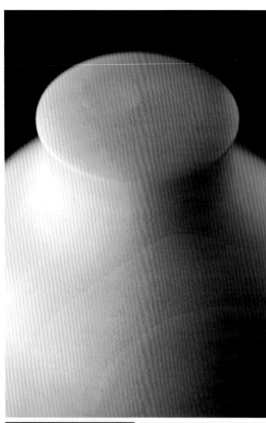

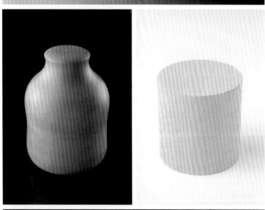

【別名】秋洋梨木、葫蘆梨木
【學名】*Pyrus communis*
【科名】薔薇科（梨屬）
　　　　闊葉樹（散孔材）
【產地】歐洲
【比重】0.70
【硬度】5 ＊＊＊＊＊＊＊＊＊＊

適合當做家具材的代表性果樹類木材

　　西洋梨的樹木也常做成家具。擁有「果實可食之木」的共通點──木肌光滑的特徵。無個體差異。硬度適中、加工容易，而且不易開裂，適合做為家具材和化妝板，屬於木紋緊密細緻的木材。

【加工】不論切削或車床都容易加工。木屑具有彈性。無油分，砂紙研磨效果佳。

【木理】木紋緊密。年輪相當不明顯。導管細小，表面光滑而美麗。

【色彩】帶有粉色的沉穩顏色。「品味高雅的粉色調，適合表現櫻花或波斯菊的花瓣」（木鑲嵌工藝家蓮尾）。「帶有一點點的橙色感覺」（河村）

【氣味】氣味微弱，氣味無法與梨子果實聯想在一起。

【用途】家具材（溫莎椅的組件）、化妝單板、鑲嵌工藝、木片拼花工藝、雕刻、樂器材。「由於木材不會變形而且表面光滑，所以自古以來就是製作大鍵琴抓桿的材料（撥彈琴弦的組件）」（古樂器製琴師）

【通路商】日本　7、8、23、24

美西側柏
Western red cedar

【別名】北美紅檜
【學名】*Thuja plicata*
【科名】柏科（側柏屬）
　　　　針葉樹
【產地】北美太平洋沿岸
【比重】0.32 ～ 0.42
【硬度】2 ＊＊＊＊＊＊＊＊＊＊

常做為隔間門窗材，
日本大量進口的建築良材

　　日本稱為「米杉」，但美西側柏並非杉
木，而是側柏的同屬材種。木紋均勻通直而
容易加工，適合做為建材的木材。明治初期
（十九世紀中晚期）進口到日本，當做秋田杉
的替代材，至今進口量仍然相當大。木材的耐
久性或耐水性高，在美國大多做為屋頂材，也
使用在戶外木平台或圍欄的鋪材。

【加工】　木工車床加工方面，如果車刀鋒利
（確實研磨的話），比起其他針葉材都容易車
削。雖然車削時不會有嘎吱嘎吱的堅硬感，但
是過程中會有些許纖維抵抗感。「木屑像針一
樣的尖銳，所以跑進口鼻時會令人在意」（河
村）。無油分，砂紙研磨效果佳。切削或刨削
加工容易。

【木理】　年輪明顯，年輪寬幅狹窄（木紋緊
密）。木紋均勻通直，無個體差異。

【色彩】　帶有紅色調的淡黃土色。

【氣味】　散發些微日本柳杉的氣味。

【用途】　建築材、隔間門窗材、天花板材、戶
外木平台

【通路商】　台灣　壹、貳、參、伍、柒、捌、
　　　　　　　　　壹拾、壹拾壹
　　　　　　日本　建材經銷業者。購買容易

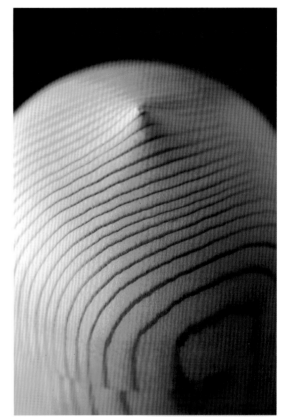

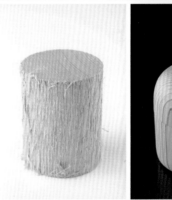

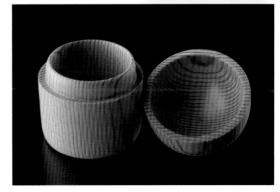

美國西部鐵杉
Western hemlock

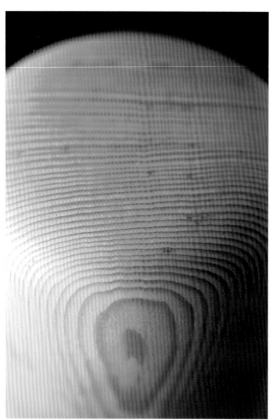

【別名】西部鐵杉
【學名】*Tsuga heterophylla*
【科名】松科（鐵杉屬）
　　　　針葉樹
【產地】北美太平洋沿岸
【比重】0.50
【硬度】3 ＊＊＊＊＊＊＊＊＊＊

在針葉材中，屬於質地堅硬且容易加工的建築材料

　　比起其他針葉材，美國西部鐵杉較為堅硬（與阿拉斯加扁柏同等級），而且容易加工。做為建築材料的使用量與花旗松一般多，是住宅的木地檻不可或缺的用材。耐久性低。

【加工】　雖然容易加工，但屬於針葉材的緣故，操作時必須慎重。木工車床加工時可沙啦沙啦地順暢車削。木屑呈粉末狀。砂紙研磨效果佳。

【木理】　年輪寬幅細。木紋通直緊密。

【色彩】　呈奶油色。心材與邊材的顏色幾乎沒有差異。

【氣味】　比日本鐵杉更微弱的氣味。

【用途】　建築材（特別是經過防腐處理的木地檻材）、日本柳杉的替代材

【通路商】　台灣　貳、參、伍、壹拾
　　　　　　日本　建材經銷業者。購買容易

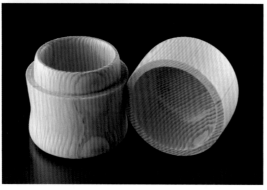

美國扁柏
Port orford cedar

【別名】美洲花柏、羅森檜（Lawson cypress）
【學名】*Chamaecyparis lawsoniana*
【科名】柏科（扁柏屬）
　　　　針葉樹
【產地】美國奧勒岡州～加州
【比重】0.46 ～ 0.48
【硬度】2 ＊＊＊＊＊＊＊＊＊＊

可裁切成大尺寸，
類似日本扁柏的良材

　　整體上與日本扁柏非常相似的木材，經常被當做日本扁柏的替代材。在針葉材中屬於木肌光滑的木材。耐久性優異，而且極少出現個體差異。由於是樹高可達 60 公尺的大直徑樹木，因此能夠裁切出長尺寸的大塊木材。

【加工】　加工容易。木工車床加工方面，抵抗感少，可沙啦沙啦地順暢車削。不過硬度只有 2 的緣故，車刀必須相當鋒利（確實研磨）。多少有油分感，但砂紙研磨效果還是不錯。

【木理】　木紋通直，紋理緊密。

【色彩】　帶有黃色調的奶油色。心材與邊材的界線模糊。

【氣味】　類似日本扁柏的氣味，但再強烈些。

【用途】　單片櫃檯面板、建築材、隔間門窗材、日本扁柏的替代材

【通路商】　台灣　貳、伍
　　　　　　日本　建材經銷業者。購買容易

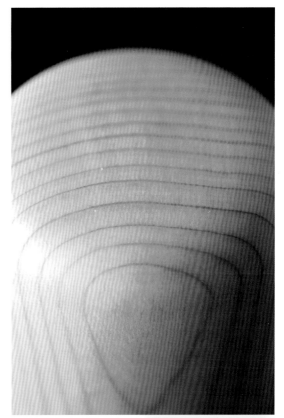

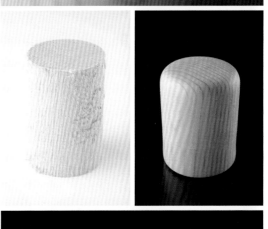

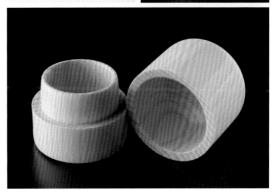

阿拉斯加扁柏
Alaska cedar

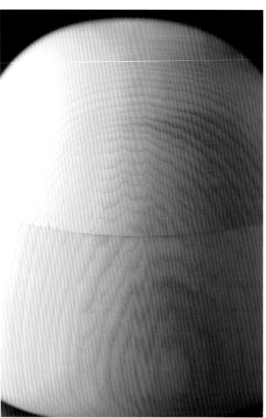

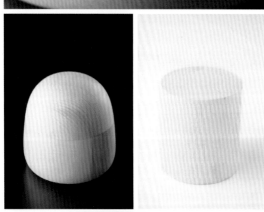

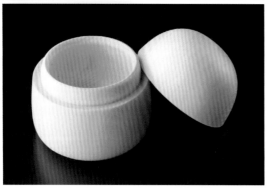

【別名】黃雪松（Yellow cedar）、米檜葉
【學名】*Chamaecyparis nootkatensis*
【科名】柏科（扁柏屬）
　　　　針葉樹
【產地】從阿拉斯加南部到加拿大太平洋沿岸
【比重】0.50
【硬度】3 ＊＊＊＊＊＊＊＊＊＊
※ 比日本柳杉堅硬，觸感接近連香樹。

容易加工且質地偏硬的針葉材

　　日本稱為「米檜葉」，「檜」是指羅漢柏但這種木材其實是扁柏的同屬材種。由於色彩與氣味相似於日本的羅漢柏，因此日本稱之為米檜葉。在針葉材中屬於相較堅硬、具有韌性、耐衝擊性較強的木材。此外耐久性佳、加工容易。適合初學者操作的針葉材。

【加工】加工容易。只是刀刃不夠鋒利的話，會使木材表面劈裂翹曲。無油分感，砂紙研磨效果佳。「光滑的完成面不像是針葉材。在作業過程中能夠忘記這是針葉材般順暢車削。容易修整稜角。」

【木理】木紋細緻緊密，紋理規整。

【色彩】偏黃色調的明亮奶油色。

【氣味】氣味相當強烈。「打開從超市買來的豆芽菜的包裝袋時就會聞到這種氣味」（河村）

【用途】建築材（也用於神社佛寺的木地檻和柱子等）、隔間門窗材

【通路商】台灣　貳、參、伍、柒、捌
　　　　　日本　建材經銷業者。購買容易

花旗松
Douglas fir

【別名】北美黃杉、奧勒岡松（Oregon pine）
【學名】*Pseudotsuga menziesii*
【科名】松科（黃杉屬或帝杉屬）
　　　　針葉樹
【產地】北美西海岸地區。人造林有英國、紐西蘭、
　　　　澳洲等地
【比重】0.53～0.55
【硬度】3 ＊＊＊＊＊＊＊＊＊＊
※ 比日本柳杉和日本冷杉堅硬。

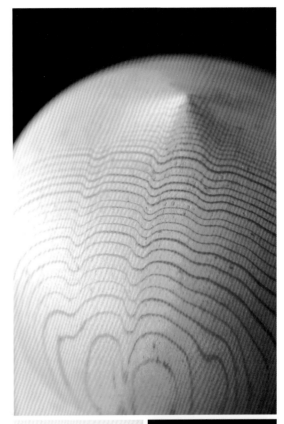

橫切面呈現波浪年輪狀的
北美產建築材

　　雖然日本通稱為松木（米松），但並非
是松屬的木材。此外名稱中有 Fir，卻也並非
是指日本冷杉（Abies firma），而是松科黃杉
屬的木材。現在花旗松的天然木（樹高可達
90～100 公尺）已被禁止砍伐，市場流通的
木材是人造林木，沒辦法長到天然木那般高
大。木材具有強度、木紋細緻、加工容易等適
合做為建材的優點，因此廣泛地使用於住宅的
樑柱等用途上。乾燥加工並不困難。感覺上強
度較比重數值高。

【加工】　加工容易。不太有油分或樹脂等的感
覺，因此木工車床加工時可沙庫沙庫地輕鬆車
削。木屑呈粉末狀，但有溼潤感。
【木理】　木紋緊密。橫切面可見波浪狀的年
輪。
【色彩】　帶有黃色調的奶油色。
【氣味】　微微的針葉材獨特氣味。
【用途】　建築材料（樑等）、隔間門窗材、集
成材
【通路商】　台灣　壹、貳、參、伍、陸、壹拾、
　　　　　　壹拾壹
　　　　　　日本　建材經銷業者。購買容易

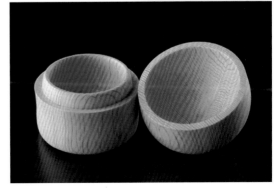

紅盾籽木
Peroba rosa

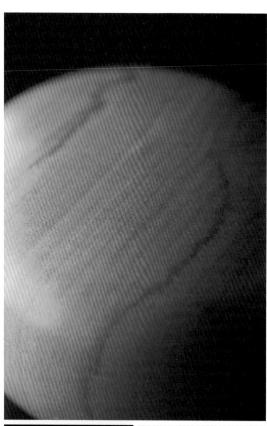

【別名】金紅檀
【學名】Aspidosperma polyneuron
【科名】夾竹桃科（盾籽木屬）
　　　　闊葉樹（散孔材）
【產地】巴西
【比重】0.75
【硬度】6 ＊＊＊＊＊＊＊＊＊＊

擁有光滑木肌和
容易加工特徵的木材

　　雖然質地堅硬，但是沒有逆向木紋而容易加工。導管不多的緣故，木肌相當滑順。完成面漂亮而有滑溜感。與同科的盾籽木（參見P.230）在色彩或苦味上有明顯的差異。盾籽木呈黃色系，車削時產生的木屑不會有苦味。

【加工】　雖然質地堅硬，但有利木工車床加工，操作相當輕鬆（與日本黃楊或山茶的感覺相似）。沒有纖維存在感，邊緣不易缺損。完成面光滑而美麗。木屑呈粉末狀，進入口中會有苦味（藥材的苦味，類似苦木氣味）。

【木理】　木紋大致通直，但由於有個體差異，所以有些具有不規則紋理。導管不多的緣故，表面肌理光滑。

【色彩】　橙色的底色中夾雜綠黑色條紋。

【氣味】「剛開始車削時，會立即感覺到苦味」（河村）作品完成後則幾乎沒有氣味。

【用途】　巴西廣泛做為建築材、家具材、化妝板等

【通路商】　日本　24

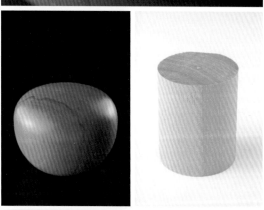

墨西哥黃金檀
Bocote

※ 市場通稱：在日本，佛壇或唸珠相關業界也會寫成黃金檀或黃王檀。

【學名】 *Cordia* spp.
    C. gerascanthus、*C. elaeagnoides* 等
【科名】厚殼樹科（破布木屬）
    闊葉樹（散孔材）
【產地】中美（墨西哥）
【比重】0.80
【硬度】7 ＊＊＊＊＊＊＊＊＊＊

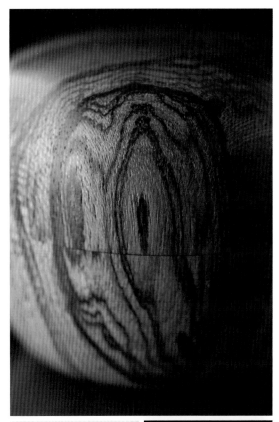

黃色底色中夾雜黑色條紋，
令人印象深刻

　　墨西哥黃金檀是具有鮮麗色彩、加工容易、耐水性佳、有韌性等特徵的良材。從建材的化妝板到唸珠，其用途範圍極為廣泛。雖然樹脂含量多，但沒有油膩感。

【加工】 容易加工，尤其是木工車床加工。車削過程中會飄散松脂般的氣味。沒有逆向木紋的感覺。砂紙研磨效果不彰（松脂塞滿砂紙空隙的緣故）。

【木理】 美麗的條紋紋理。邊材和心材的界線清楚。

【色彩】 黃色底色中夾雜黑色條紋，到處都有小圓點紋樣（類似虎眼 tiger's eye）

【氣味】 松脂氣味。「車床加工時散發松脂般的強烈氣味，經過數日後氣味變得相當微弱」（河村）

【用途】 佛壇、唸珠、高級刀的柄、高級筷子、原木橫切做成花台、樂器組件、裝潢材

【通路商】 台灣　柒
        日本　7、8、16、18、20、21、23

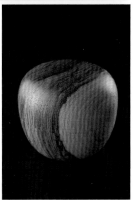

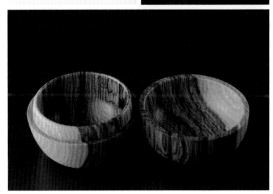

美國白蠟木
White ash

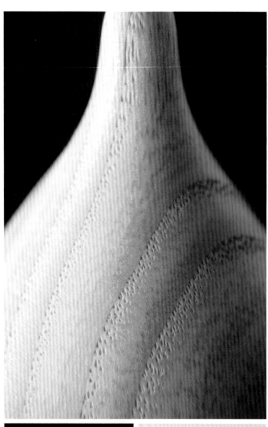

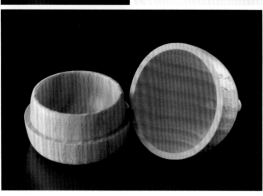

【別名】美國梣木、美國光蠟木
【學名】*Fraxinus americana*
【科名】木犀科（梣屬）
　　　　闊葉樹（環孔材）
【產地】北美
【比重】0.67 ～ 0.69
【硬度】6 強 ＊＊＊＊＊＊＊＊＊＊

質地堅硬且具有韌性，
與水曲柳同科同屬的材種

　　美國白蠟木整體上與白橡木或日本的水曲柳非常類似，不僅質地堅硬、具有韌性，而且耐衝擊性強。由於具有這些性質，所以經常用於製作球棒和曲棍球桿等運動用品。幾乎沒有個體差異。

【加工】　沒有逆向木紋而容易加工（前提是必須使用鋒利的刀刃）。沒有油分或逆向木紋的感覺。木材厚重且具有韌性的緣故，木工車床加工時會有叩哩叩哩的堅韌感。「車削的感覺與日本的水曲柳相同，也近似日本栗。刀尖與前刃可感覺到導管的強韌性」（河村）

【木理】　木紋通直樸實。導管粗大。

【色彩】　心材帶有紅色調的白色。邊材大致呈白色。

【氣味】　幾乎沒有氣味。

【用途】　建築材、家具材、運動用品材、道具的柄

【通路商】　台灣　壹、貳、肆、伍、壹拾、
　　　　　　壹拾壹
　　　　　　日本　購買容易

白橡木
White oak

【別名】美國白橡木、白櫟木
【學名】Quercus alba
【科名】殼斗科（櫟屬）
　　　　闊葉樹（環孔材）
【產地】北美東部
【比重】0.75 ～ 0.77
【硬度】8 ＊＊＊＊＊＊＊＊＊＊＊

質地堅硬但容易加工的
北美產代表性闊葉材

　　近年，日本使用美國產的白橡木數量逐漸增加，已取代日本產的楢木。質地比水楢木堅硬沉重，硬度則與稱為石楢的枹櫟大致相同。但是水楢木的橫切面放射狀組織較細緻。乾燥時橫切面容易迸裂剝離（紅橡木也有相同的性質）。整體幾乎沒有性質上的個體差異。與紅橡木的差異來看，除了顏色不同之外，最大的差異點是阻塞導管的阻塞胞（tylose）組織相當發達。由於液體不容易滲入木材，適合做為威士忌酒桶等用途。此外，以白橡木為名在市場流通的木材，正確地說並不侷限於 *Q. alba* 的木材，而是包含其他數種木材。

【加工】　由於質地具有硬度，因此木工車床加工時會有抵抗感。「車削時會感覺到嘎吱嘎吱的堅硬感。加工作業並不輕鬆」（河村）無油分，砂紙研磨效果佳。無特別感受到有逆向木紋。

【木理】　徑切面呈銀色紋理（虎斑。光線照射下閃耀著銀色紋理，因此也稱為銀瘤紋）。木紋通直。

【色彩】　心材為米黃色到接近茶色系。邊材為寬幅窄的白色。

【氣味】　類似水楢木的氣味。

【用途】　家具材、化妝單板、威士忌酒桶

【通路商】　台灣　壹、貳、參、肆、伍、壹拾、
　　　　　　　　　壹拾壹
　　　　　　日本　闊葉材經銷業者。購買容易

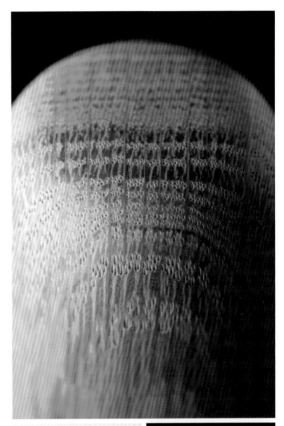

錫蘭烏木
Ceylon ebony

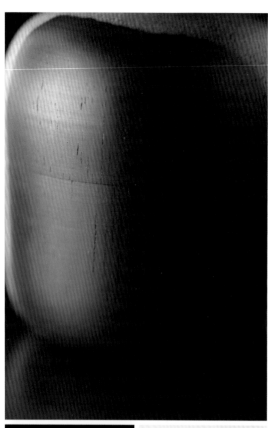

【別名】東印度烏木（East indian ebony）、本黑檀
【學名】*Diospyros ebenum*
【科名】柿樹科（柿樹屬）
　　　　闊葉樹（散孔材）
【產地】印度、斯里蘭卡、緬甸、泰國、
　　　　馬來西亞等
【比重】0.80 ～ 1.20
【硬度】9 ＊＊＊＊＊＊＊＊＊＊

在黑檀之中也屬於最高級的木材

　　一般稱為黑檀的木材包括青黑檀、斑紋黑檀、非洲烏木、菲律賓條紋烏木（菲律賓黑檀）等數種木材。其中以東印度地區出產的錫蘭烏木最為堅硬，在黑檀之中也屬於等級高的木材，現在已禁止砍伐，所以取得不易。

【加工】　加工困難。除了本身質地堅硬之外，再加上含有二氧化矽（二氧化矽的不定形塊狀物）的緣故，木工車床加工時會感覺到更為堅硬，但並非嘎吱嘎吱的純粹硬實感。刀刃經常變鈍（無法使用的狀態）。木屑呈粉末狀，操作時沒戴上口罩的話，鼻孔內會變成烏黑。

【木理】　由於黑成一片，因此幾乎看不到木紋。

【色彩】　心材幾乎為純黑色，偶有少量的茶色斑點。邊材為淡焦茶色。非洲烏木也是純黑色，但是黑的質感不同。「錫蘭烏木的黑是從內部散發出的光澤，又像是用硯台磨墨書寫。非洲烏木的黑則像是用墨汁書寫」（河村）

【氣味】　氣味微弱。氣味與斑紋黑檀不同，帶有少許澀味。

【用途】　工藝品、床之間的裝飾柱、樂器材（吉他和小提琴的指板與弦軸、鋼琴、三味線等）、高級筷子、鑲嵌工藝

【通路商】　日本　8、16、18、19、24、27

交趾黃檀
本紫檀

【別名】大紅酸枝
【學名】*Dalbergia cochinchinensis*
【科名】豆科（黃檀屬）
　　　　闊葉樹（散孔材）
【產地】泰國、緬甸、柬埔寨、馬來西亞、越南等
【比重】1.09
【硬度】9 ＊＊＊＊＊＊＊＊＊＊

以前就一直使用的
堅硬沉重的高級木材

　　交趾黃檀（本紫檀）是唐木三木之一（其他兩者為黑檀、鐵刀木），屬於玫瑰木木材。質地比黑檀稍微堅硬，與皮灰木的強度幾乎相同。日本木材經銷業者根據色調和古舊程度，將交趾黃檀分為三種類型。

・古渡：從內部散發出的光芒、具有高級感的深紫色（比紫心木更深，近似國王木），正是名符其實的紫檀。正倉院御物（位於東大寺內，用於收藏古代或皇室重要物品的倉庫）等使用的材料。

・中渡：具有深邃感的深茶色。（右邊照片）

・新渡：橙色感強烈。

【加工】質地堅硬且有逆向木紋，不利加工，必須慎重操作。無油分感，砂紙研磨多少有點效果，而且效果一點也不馬虎。完成面光滑。

【木理】木紋呈條狀，具有交錯木紋且逆向木紋多。同種類的廣葉黃檀（印度玫瑰木）則幾乎沒有逆向木紋。

【色彩】接近橙色的茶色。大多為明亮的茶色。

【氣味】「在操作過程中會聞到交趾黃檀特有的撲鼻酸味，作品完成之後氣味也就淡掉」（河村）

【用途】佛壇、床之間的裝飾柱、唐木細工、唸珠、三味線琴桿、琵琶、高級筷子

【通路商】日本　購買容易。1、7、8、11、16、19、21、23、24、25 等

大葉桃花心木
Honduras mahogany

【別名】宏都拉斯桃花心木
※ 市場通稱：桃花心木
【學名】*Swietenia macrophylla*
【科名】楝科（桃花心木屬）
　　　　闊葉樹（散孔材）
【產地】中美、南美北部
【比重】0.50 ～ 0.60
【硬度】4 ＊＊＊＊＊＊＊＊＊＊

符合所有良材條件的代表性名木

　　世界三大名木之一。現在提到桃花心木一般都是指大葉桃花心木。樹木直徑大，可裁切成大塊木材。木材平實容易處理，任何加工方式都能輕鬆操作。由於具備高耐久性、乾燥快速、反翹開裂情形少、以及色調優美等所有優良木材的條件，因此不僅自古便使用於各種用途上，而且是能夠充分發揮木工技術的木材。

【加工】　由於硬度適中且木性平實，不論木工車床加工或切削作業都能順利操作。稜角或邊緣不易缺損。沒有油分，木屑呈粉狀飛舞。

【木理】　木紋沉穩。木紋大致通直，但有些呈交錯狀。具有織帶狀瘤紋（徑切面呈深色與淡色條紋）。

【色彩】　時間愈久，帶有明亮紅色調的茶色，會逐漸變成穩重的金褐色。

【氣味】　沒有特別感覺到有氣味。

【用途】　高級家具、裝潢材、木雕、樂器材（吉他琴頸等）

【通路商】　台灣　壹拾
　　　　　　日本　7、8、21、23、24、25、31

宏都拉斯玫瑰木
Honduras rosewood

【學名】*Dalbergia stevensonii*
【科名】豆科（黃檀屬）
　　　　闊葉樹（散孔材）
【產地】宏都拉斯
【比重】0.90 ～ 1.09
【硬度】9 ＊＊＊＊＊＊＊＊＊＊

質地相當堅硬，
但意外地容易加工的玫瑰木

　　在所有玫瑰木當中，宏都拉斯玫瑰木屬於既沉重又堅硬的木材，然而加工相當容易。木材多少會產生開裂，但因為硬度高達 9 級反而不容易開裂。乾燥後性質趨於安定。車刀刃口觸感和硬度皆類似於奧氏黃檀。獨特的氣味也頗具特色。

【加工】　由於不具備任何難以加工的因素（例如逆向木紋、石灰等），只是質地較為堅硬，因此木工車床加工意外地能夠沙啦沙啦地順利車削。切削或龍門刨床作業則稍微辛苦。幾乎沒有油分感。「在玫瑰木當中，車削手感最為堅硬。操作龍門刨床時，木材會砰砰地彈跳」（河村）

【木理】　木紋通直，有些呈微波浪狀的紋理。木肌具有高雅紋樣，並且有交錯木紋。

【色彩】　在帶有紫色調的胭脂色底色中夾雜著黑色紋樣。

【氣味】　散發撲鼻的強烈獨特氣味。「類似肉桂味」（河村）

【用途】　高級家具材、樂器材、化妝單板

【通路商】日本　8、18、23、24

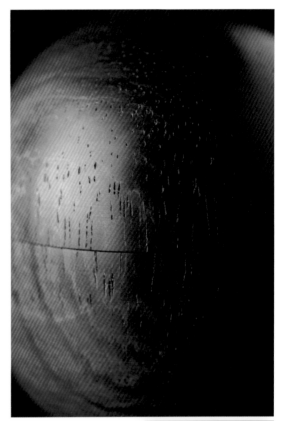

大理石木
Marblewood

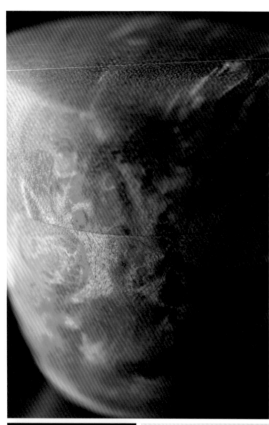

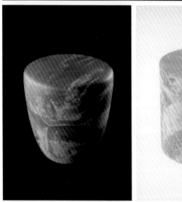

※ 很多材種都通稱為大理石木，必須加以注意。下文說明是根據本頁照片。

【學名】 *Terminalia* spp.
【科名】 使君子科（欖仁樹屬）
　　　　 闊葉樹（散孔材）
【產地】 東南亞
【比重】 0.56
【硬度】 4 ＊＊＊＊＊＊＊＊＊＊

擁有妖豔而美麗的瘤紋

在日本市場上以大理石木名稱流通的木材，幾乎都是指東南亞周邊地區生長的雜木之中，具有瘤紋的木材（使君子科或樟科等）。照片中的小盒推斷應該是欖仁樹屬（*Terminalia* 屬）的木材。這種木材幾乎都是邊材，木質脆弱。許多昆蟲會從樹皮鑽入樹木裡頭。「不過印象中樟科不會有這麼多昆蟲鑽入樹木裡頭，所以應該是欖仁樹屬的木材」（河村）。一般而言，大多數國家所指的大理石木，是安達曼群島（印度洋上）出產的安達曼烏木（*Diospyros marmorata*）、或南美產的大理石豆木（*Marmaroxylon racemosum*）。

【加工】 雖然瘤紋錯雜在木紋裡，但木材質地卻不堅硬。除了相當柔軟之外，由於都是邊材不僅纖維脆弱，而且部分木質鬆軟，因此作業時必須慎重。
【木理】 具有瘤紋。
【色彩】 在暗沉的奶油色底色中，夾雜著妖豔的紅色調紋理。
【氣味】 氣味微弱。
【用途】 化妝單板、小器物、釣魚手撈網（landing net）
【通路商】 台灣　捌
　　　　　 日本　7、16、21

非洲烏木
African ebony

【別名】西非烏木

※ 市場通稱：非洲黑檀

※ 紫檀的同科黑木黃檀，在市場上會以非洲黑檀的名稱流通

【學名】*Diospyros* spp.（*D. crassiflora* 等）

【科名】柿樹科（柿樹屬）
　　　　闊葉樹（散孔材）

【產地】非洲

【比重】1.03

【硬度】8～9＊＊＊＊＊＊＊＊＊＊＊

黑度百分之九十九的非洲產黑檀

　　非洲烏木是純黑色，因此日本稱呼這種看起來烏黑的木材為「真黑（純黑）」。它是非洲產的純黑黑檀木材的總稱，外觀與錫蘭烏木很難區別（錫蘭烏木產自東印度地區）。在非洲烏木之中，木肌具有光澤的為喀麥隆烏木（Cameroon ebony）；沒有光澤的為馬達加斯加烏木。乾燥時常出現開裂情形。

【加工】 由於沒有逆向木紋，而且幾乎不含二氧化矽（二氧化矽的不定形塊狀物質），因此即便質地堅硬，但容易進行木工車床加工。切削或刨削較為困難。無油分感。

【木理】 完全看不到木紋。具有罕見的茶色斑點。

【色彩】 幾乎為黑色（99％），偶有深黑綠色。

【氣味】 氣味微弱。與錫蘭烏木的氣味不同。

【用途】 樂器材（吉他指板等）、筷子、鑲嵌工藝

【通路商】 台灣　玖
　　　　　　日本　8、14、16、18、23、24

杜卡木
Makore

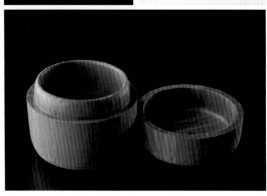

※市場通稱：非洲櫻花木、非洲櫻桃木、洋櫻（櫻花木為不同科的材種）

【學名】 *Tieghemella heckelii*
　　　　 T. africana
【科名】 山欖科
　　　　 闊葉樹（散孔材）
【產地】 西非（象牙海岸、迦納、奈及利亞等）
【比重】 0.62～0.69
【硬度】 4 ＊＊＊＊＊＊＊＊＊＊

具有光澤，做為桃花心木或櫻花木的替代材

　　杜卡木與毒籽山欖等木材統稱為「洋櫻」。日本大多從海外進口用來做為桃花心木的替代材，但也有做為櫻花木或樺木的替代材。具有容易加工、美麗完成面、耐久性高、以及抗白蟻的性能強等優點。成樹可生長到直徑約2公尺的大直徑樹木，因此可裁切成大塊木材。極少翹曲情形。

【加工】 加工容易。木工車床加工方面，沒有抵抗感能夠沙啦沙啦地順暢車削，只是車刀接觸到二氧化矽時會無法車削（變鈍）。車削手感類似沙比力木或桃花心木，但感覺上比兩者都柔軟。無油分，砂紙研磨效果佳。木屑呈粉末狀。

【木理】 導管分布平均。紋理緊密有光澤。

【色彩】 深紅磚色。近似放置一段時間後顏色變深的美國黑櫻桃木或山櫻木。

【氣味】 沒有特別感覺到有氣味。

【用途】 化妝單板、家具材、門檻、單片櫃檯面板、桃花心木和櫻花木的替代材

【通路商】 台灣　壹、壹拾
　　　　　 日本　1、7、9、18、21

馬蘇爾樺木
Masur birch

【學名】 *Betula* spp.（*B.alba* 等）
【科名】 樺木科
　　　　 闊葉樹（散孔材）
【產地】 歐洲（北歐、俄羅斯、白俄羅斯等）
【比重】 0.69 *
【硬度】 7 ＊＊＊＊＊＊＊＊＊＊

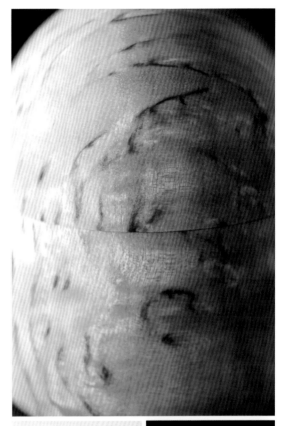

擁有獨特瘤紋的樺木類木材

　　馬蘇爾樺木是指生長在歐洲的樺木（歐洲白樺木）之中，木紋呈複雜瘤紋的木材。事實上並沒有稱為馬蘇爾樺木的樹木。據說這種樹瘤是在幼木時期，因小昆蟲侵入樹木裡頭啃食而產生的現象（亦有遺傳變異或疾病影響的說法）。質地比楓木堅硬且具有韌性。

【加工】 木工車床加工時會有嘎吱嘎吱的堅硬感。由於具有韌性，所以無法沙啦沙啦地順暢車削。無油分感。稜角或邊緣不易缺損。
【木理】 黑色斑點和昆蟲啃食痕跡在整體白奶油色底色中相當明顯，令人留下樹木生病的印象。
【色彩】 白奶油色。
【氣味】 樺木類共通的氣味。（類似牛油味）
【用途】 刀子的柄、樂器材、撞球桿、展現瘤紋特徵的工藝品
【通路商】 日本　8、24

芒果樹（野生）
Mango

芒果樹（野生）

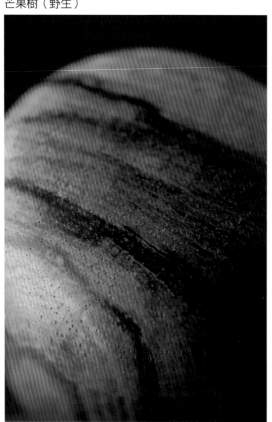

【學名】 *Mangifera* spp.
【科名】漆樹科（芒果屬）
　　　　闊葉樹（散孔材）
【產地】東南亞（菲律賓、馬來西亞、印尼等）、
　　　　新幾內亞
【比重】0.57 ～ 0.75
【硬度】4 強 ＊＊＊＊＊＊＊＊＊＊

有經濟價值的部分不僅果實而已，還有樹木本身

　　芒果樹是採摘芒果果實的樹木。芒果屬的樹木約有 40 種，生長地區以東南亞為大宗。野生芒果的木材具有裝飾性價值，因此被使用於建材或工藝品等用途。色調和氣味具有獨特特徵。

【加工】 加工容易。木工車床加工方面，雖然會感覺到纖維但是容易車削。由於木肌粗糙，因此無法形成光滑的完成面。有些微油分感，但砂紙研磨效果佳。

【木理】 導管均勻散布於整根樹木。木紋粗糙，導管也粗大。

【色彩】 接近淡米黃色的淡茶色。淡茶色底色中夾雜著黑色條紋，並有色斑。即使是同樣木材有些卻沒有黑色條紋。個體差異大。

【氣味】 類似銀杏果臭味。「車削時必須憋住呼吸」（河村）

【用途】 建築材、裝潢材、家具材、木工藝品

【通路商】 日本　7、8、31

照片解說：為了採摘果實而栽種的芒果樹（右頁），由於生長快速，所以年輪寬幅較大。質地也比野生種芒果樹柔軟（硬度4弱），可用於製作花盆或工藝品。

照片解說：生長在全年氣溫和降雨量變化少的熱帶地區的樹木，大多都無法形成年輪。即使砍下樹木察看橫切面也無法判斷樹齡（年輪數）。如同右頁，即便局部放大照片，也無法看出年輪。

芒果樹（人工栽培）

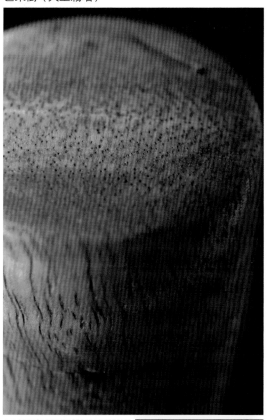

芒果樹（野生）的橫切面局部放大照

芒果樹（人工栽培）的橫切面局部放大照

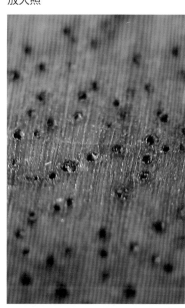

※ 導管口徑大。上方照片可見白色條狀的放射狀組織。

黑崖豆木
Millettia

※ 市場通稱：紫鐵刀木
【學名】*Millettia pendula*
【科名】豆科（崖豆藤屬）
　　　　闊葉樹（散孔材）
【產地】泰國、緬甸
【比重】0.95 ～ 1.03
【硬度】8 ＊＊＊＊＊＊＊＊＊＊

性質類似鐵刀木，
外觀呈紫色的木材

　　黑崖豆木具有美麗的紫色色澤。除了色彩差異之外，其他性質都與鐵刀木完全相同（木紋、硬度等），但是兩者並非同屬樹種（鐵刀木為決明屬（*Cassia* 屬）），而是與非洲產的非洲崖豆木或斯圖崖豆木同屬。木材樸實但乾燥時卻有開裂情形。

【加工】屬於木紋緊密且無瘤紋的樸實木材，因此木工車床加工時不會有堅硬的感覺而容易加工。木屑呈粉末狀。切削和刨削作業則稍微辛苦。由於導管少，完成面不僅漂亮而且呈閃亮光澤。

【木理】比鐵刀木更為緊密均勻的細緻木紋。很多都有類似沾染漂白劑而褪色的白斑。

【色彩】製材瞬間會從黃土色轉為褐色（此現象稱為「見光烏」，一般只有鐵刀木才有的特性），但不到五分鐘就會變成紫色。

【氣味】氣味獨特。「像是硯台磨墨時會聞到的氣味」（七戶）

【用途】床之間的裝飾柱、化妝單板

【通路商】日本　1、4、16、24

太平洋鐵木
Merbau

【別名】印茄木、波蘿格（Mirabow）
【學名】*Intsia palembanica*
　　　　I. bijuga
【科名】豆科
　　　　闊葉樹（散孔材）
【產地】東南亞、新幾內亞等太平洋地區、
　　　　馬達加斯加
【比重】0.74 ～ 0.90
【硬度】6 ＊＊＊＊＊＊＊＊＊＊

具有強度和耐久性的木材

　　雖然太平洋鐵木屬於比較厚重的木材，但是容易加工且耐久性優異。由於抗白蟻的性能佳，所以常使用於結構材或橋樑等用途。導管內充滿黃色物質，因此木材表面也呈現相當醒目的顏色。「就像是將黃色粉筆粉末搓入木材裡頭的感覺。這是有別於其他木材的最大特點」（河村）

【加工】 製材和加工都容易操作。由於含有纖維質的緣故，木工車床加工時會有叩哩叩哩的堅韌感。沒有逆向木紋也沒有油分感，因此砂紙研磨效果佳。「車床加工時要隨時留意不要讓器物的蓋子邊緣產生缺損」（河村）

【木理】 具有交錯木紋。纖維粗大，導管也大。

【色彩】 帶有紅色調的焦茶色，時間愈長顏色愈深。

【氣味】 幾乎沒有氣味。

【用途】 講求木材的耐久性和強度，例如建材、結構材、木地檻、木地板等。

【通路商】 台灣　貳、參、伍、陸、捌、玖
　　　　　日本　7

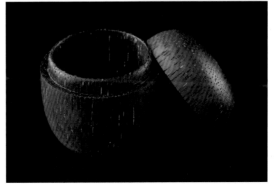

毒籽山欖
Moabi

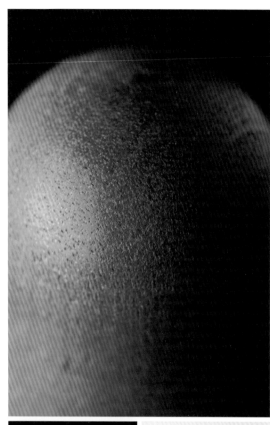

※ 市場通稱：非洲櫻花木、非洲櫻桃木、洋櫻（櫻花木為不同科的材種）

【學名】 *Baillonella toxisperma*
【科名】 山欖科（毒籽山欖屬）
　　　　 闊葉樹（散孔材）
【產地】 西非（奈及利亞、剛果等）
【比重】 0.80 ～ 0.88
【硬度】 6 ＊＊＊＊＊＊＊＊＊＊

擁有漂亮瘤紋的非洲產大徑木

　　成樹能夠生長到樹高 60 公尺、胸高直徑約 3 公尺，因此可裁切成大塊木材。由於色調類似櫻花木，所以常做櫻花木的替代材（比櫻花木沉重堅硬）。整體上的感覺與生長於同個地區的杜卡木非常類似。木質緻密，偶而有漂亮瘤紋。「木材給人的印象溫和，有種靜謐而美麗的感覺」（河村）。不僅耐久性優異，抗白蟻的性能也佳。

【加工】 木工車床加工方面，可沙啦沙啦地輕鬆車削。木屑呈針狀會刺激眼睛和鼻子，喉嚨也有針刺的感覺。車刀有可能碰到二氧化矽物質，因此必須加以注意。

【木理】 木紋相當緊密，有些具有瘤紋（漩渦紋、小圓點紋等）。

【色彩】 心材為帶有紅色調的茶褐色，邊材為灰白色系。

【氣味】 沒有特別感覺到有氣味。

【用途】 化妝板、桌子面板、地板、唐木細工

【通路商】 台灣　壹、壹拾
　　　　　日本　7、11、18、20、21、23、
　　　　　26、27

軍刀豆木
Morado

【別名】硬木軍刀豆木、桑托斯紅木
※市場通稱：紫木、拉丁玫瑰木（日本曾經以這個名稱銷售）
【學名】*Machaerium* spp.（*M. scleroxylon* 等）
【科名】豆科
　　　　闊葉樹（散孔材）
【產地】南美北部（主要為巴西和玻利維亞）
【比重】0.75 ～ 0.87
【硬度】8 ＊＊＊＊＊＊＊＊＊＊

耐久性高，
類似玫瑰木的淡紫色木材

　　氣味濃度和木紋都類似於玫瑰木，但卻是不同的材種（尤其與國王木非常類似，只是氣味不同）。軍刀豆木呈淡紫色（類似藤花色），質地堅硬且具有強度和高耐久性。

【加工】雖然質地堅硬但木工車床加工容易車削。木屑呈細小粉末狀。可使用砂紙研磨，但由於木材堅硬，所以長時間研磨的話砂紙會出現焦痕。切削和刨削作業則稍微辛苦。「使用龍門刨床作業時，木材會砰砰地彈跳」（河村）

【木理】木紋細緻清晰，具有交錯紋理。

【色彩】雖然亦稱為紫木（Purple wood）的紫色系木材，但淡紫色較近似藤花色（淡紅豆色）。

【氣味】帶有酸味的氣味，氣味濃烈。

【用途】地板材、化妝板、床之間的裝飾柱

【通路商】台灣　柒、玖
　　　　　日本　24

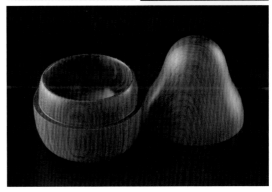

雨豆樹
Monkey pod

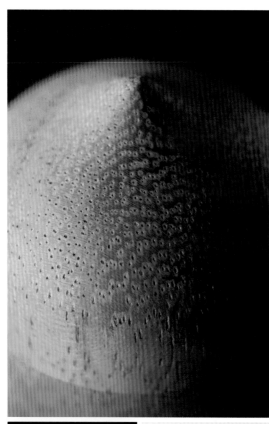

【別名】雨樹、夜合樹、羽豆樹、亞米利加合歡木
※ 各地有不同稱呼，菲律賓稱為 Monkey pod、英國稱為 Rain tree
【學名】*Albizia saman*
　　　　（別名：*Samanea saman*）
【科名】豆科（雨豆樹屬）
　　　　闊葉樹（散孔材）
【產地】中美～南美北部（原產地）、
　　　　東南亞（造林地）
【比重】0.53 ～ 0.61
【硬度】4 ＊＊＊＊＊＊＊＊＊＊

因電視廣告而廣為人知、稍微柔軟的普遍木材

　　雨豆樹曾出現在日立廣告中，台詞是這麼說的：「這棵樹是什麼樹……」。雖然是大直徑樹木而且足以裁切成大塊木材，但不會有沉重堅硬的感覺。導管非常粗大為其特徵。天然乾燥花費時間長，但是收縮率低。具有耐久性。

【加工】雖然有交錯紋理，但相較容易加工。木工車床加工方面，不到能夠沙啦沙啦地車削的程度，但並非難以車削，感覺上類似車削柔軟的櫸木。加工時容易起毛。無油分，砂紙研磨效果佳。

【木理】粗大導管散布於整根樹木。具有錯綜變化的交錯紋理。木紋粗。

【色彩】心材為焦茶色，邊材則為黃白色。心材與邊材的區別明顯。

【氣味】沒有特別感覺到有氣味。

【用途】建築材、單片櫃檯面板、橫切輪狀桌面板、手工小器物

【通路商】台灣　伍、捌
　　　　　日本　7、9、19、20、21、23、
　　　　　24、27

皮灰木
Monzo

【別名】風車木、鉛木（Leadwood）
【學名】*Combretum imberbe*
【科名】使君子科（風車藤屬）
　　　　闊葉樹（散孔材）
【產地】非洲南部～東部
【比重】1.20
【硬度】10 ＊＊＊＊＊＊＊＊＊＊

木材硬度堪稱第一，
有如金屬般的觸感

　　世界最沉重堅硬的木材之一，比癒瘡木更為堅硬，而且逆向木紋強勁。有些含有石灰質，因此加工特別困難。觸感接近金屬質感，又像是人工造物的感覺。日本市場以鉛木名稱流通，Leadwood 中的「Lead」是鉛的意思，因此直譯為「鉛木」。

【加工】 加工作業非常困難，甚至在製材階段就很辛苦。通常帶鋸機的齒刃都會立刻損毀。木工車床加工方面，車刀無法削入木材裡頭，是真正嘎吱嘎吱的超級堅硬感。木屑呈粉末狀。乾燥後多少會有些許變動。「總之質地非常堅硬。龍門刨床加工方面，木材彈跳程度最為激烈」（河村）

【木理】 逆向木紋強勁。具有大面積瘤紋。

【色彩】 呈焦茶色。白色部分為石灰質。時間愈長顏色愈深。「顏色有點像墨魚汁」（河村）

【氣味】 沒有特別感覺到有氣味。

【用途】 樂器組件、佛壇

【通路商】 台灣　伍、柒
　　　　　日本　8、24

風鈴木
Lapacho

【別名】齒葉蟻木（Ipe）
【學名】*Tabebuia* spp.（*T. serratifolia* 等）
【科名】紫葳科（風鈴木屬）
　　　　闊葉樹（散孔材）
【產地】中美、南美
【比重】0.91 ～ 1.20
【硬度】8 ＊＊＊＊＊＊＊＊＊＊

適用於戶外，耐久性為其特徵

　　風鈴木是約 20 種風鈴木屬（*Tabebuia* 屬）木材的總稱。生長於中南美洲，各地區稱呼不盡相同。Lapacho 是阿根廷等地的稱呼。質地沉重堅硬，具有耐久性和耐水性。由於抗蟻性能優異，所以大多使用在建築外裝等用途（不需要防蟲處理）。

【加工】　質地堅硬到鐵釘也無法釘入的程度，但不會是木工車床加工的阻礙（因為纖維並不複雜）。不過，由於具有細緻的交錯紋理，因此車削時會感覺到嘎吱嘎吱的堅韌感。木屑呈粉末狀。「不戴口罩的話鼻子會發癢」（河村）。因此過敏體質的人必須注意。鋸子切削和刨削作業則稍微困難。

【木理】　木紋緊密，具有交錯紋理。導管散布於整根樹木。

【色彩】　心材為黃綠色，置放一段時間後會產生氧化作用，而轉為帶有紅色調的焦茶色。「在小盒上塗刷玻璃塗層（glass coat）時，刷毛會被染成紅色」（河村）

【氣味】　沒有特別感覺到有氣味。

【用途】　建材、橋樑（碼頭棧橋等）、戶外木平台、戶外長椅。在產地地區屬於重要木材，常使用於需要耐久性或耐水性的地方

【通路商】　台灣　參、捌
　　　　　　日本　7、建築相關的戶外木平台
　　　　　　　　　經銷業者

拉敏木
Ramin

【學名】 *Gonystylus bancanus*
【科名】 瑞香科（稜柱木屬）
　　　　闊葉樹（散孔材）
【產地】 東南亞（菲律賓、印尼等）、
　　　　太平洋群島（新幾內亞等）
【比重】 0.52 ～ 0.78
【硬度】 4 弱 ＊＊＊＊＊＊＊＊＊＊

色彩或木質皆均勻無瑕疵，
主要當做裝潢材使用

　　拉敏木並非大徑木（胸高直徑約 60 公分），無法裁切太大塊的木材。具有木紋細緻利於加工，和性質個體差異少等特徵。不過，由於耐久性或防蟲性能低，所以用於樓梯扶手等內裝上較為普遍。

【加工】 加工容易。木工車床加工能夠在沒有纖維抵抗感之下，沙啦沙啦地順暢車削。木屑呈細小粉末狀，因此車削時常發生木屑滿天飛舞的情形。無油分，砂紙研磨效果佳。釘鐵釘時容易開裂，操作時務必注意。

【木理】 導管散布於整根樹木。木紋極為細緻。橫切面的放射狀組織明顯。具有美麗的斑紋。

【色彩】 呈奶油色。無色斑。心材和邊材的界線模糊。

【氣味】 沒有特別感覺到有氣味。

【用途】 裝潢材（樓梯扶手等）、畫框

【通路商】 台灣　伍
　　　　　日本　1、7 等。各地居家建材銷
　　　　　　　　售中心有銷售圓棒。不過，
　　　　　　　　婆羅洲區域將該樹木列為禁
　　　　　　　　止砍伐的稀有樹種，今後預
　　　　　　　　料市場流通量將日漸減少

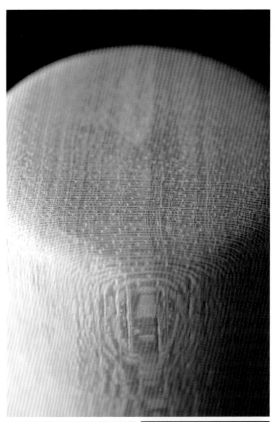

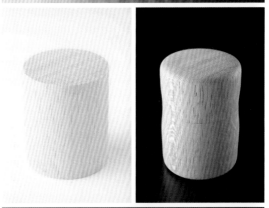

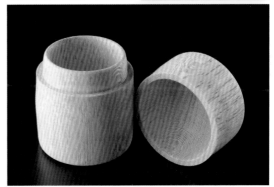

柳桉
Lauan

用於製造合板的東南亞產雜木

　　柳桉並非單指一種樹木，而是指廣泛生長於東南亞地區的龍腦香科 *Pentacme* 屬、*Parashorea* 屬、以及 *Shorea* 屬等雜木的統稱（Lauan 原本為菲律賓產的木材稱呼）。或許對木材不熟悉的人大概也知曉柳桉這個名稱。柳桉包括 Seraya、Meranti、Tangile、Lauan 等為數眾多的種類（光是 *Shorea* 屬就有將近 200 種），色彩或硬度上有個體差異。二戰後日本開始從菲律賓大量進口柳桉，此後又從婆羅洲北部的沙巴地區進口 Seraya；從砂勞越地區進口 Meranti。如今日本只進口製材品，不進口原木。由於柳桉並無特殊性質而且容易加工，因此主要用在製造合板、以及建築材、家具材等廣泛用途上。根據色彩差異，可大略區分為白柳桉和紅柳桉兩種類型。

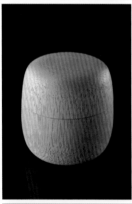

白柳桉

【別名】白柳桉（White lauan）、白美蘭地（White meranti）、白胭脂把麻（White seraya）

【學名】*Pentacme* spp.
　　　　Shorea spp.
　　　　Parashorea spp.

【科名】龍腦香科
　　　　闊葉樹（散孔材）

【產地】東南亞（菲律賓、馬來西亞、印尼等）

【比重】0.46 ～ 0.68

【硬度】4 弱 ＊＊＊＊＊＊＊＊＊＊

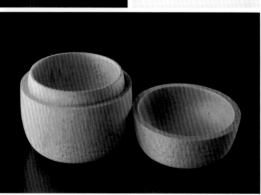

【加工】　木工車床加工方面，可沙啦沙啦地順暢車削，極為輕鬆（類似南洋桐的車削手感）。使用帶鋸機切削時，經常會刮掉邊緣的纖維，因此必須慎重操作。加工作業之際會有大量的木粉飛舞，最好戴上口罩。「木屑呈粉末狀，像是一束細針般，經常被這些細針扎到手。作

業中喉嚨有刺刺的感覺，有時會被木屑嗆到」
（河村）。有些木材含有二氧化矽物質，刀刃
碰到時會變鈍，因此必須加以注意。

【木理】　導管散布於整根樹木。年輪難以辨
識。具有交錯木紋。雖然表面看起來粗糙，但
觸感光滑。

【色彩】　暗白色，但有個體差異。

【氣味】　生木狀態有些微氣味，乾燥後則感覺
不到氣味。

【用途】　合板、建築材、內裝材、家具材

【通路商】　台灣　參、伍、陸
　　　　　　日本　建材經銷業者。7、18、20 等

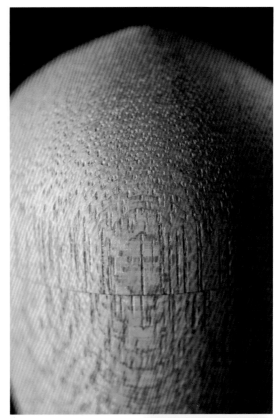

紅柳桉

【別名】紅柳桉（Red lauan）、紅米蘭地（Red
　　　　meranti）、紅胭脂把麻（Red seraya）

【學名】 *Shorea* spp.

【科名】龍腦香科
　　　　闊葉樹（散孔材）

【產地】東南亞（菲律賓、馬來西亞、印尼等）

【比重】0.45 ～ 0.70

【硬度】4 弱 ＊＊＊＊＊＊＊＊＊＊

【加工】　加工時產生的細小木粉，並不像白柳
桉的木屑呈飛揚飄散情形。

【木理】　與白柳桉相同。

【色彩】　帶有紅色調的奶油色，有個體差異。

【氣味】　沒有特別感覺到有氣味。

【用途】　合板、建築材

【通路商】　台灣　參、伍、陸、捌、壹拾貳
　　　　　　日本　建材經銷業者

癒瘡木
Lignum vitae

【別名】鐵梨木
【學名】*Guaiacum offcianle*
【科名】疾藜科
　　　　闊葉樹（散孔材）
【產地】中美、加勒比海沿岸地區、南美北部
【比重】1.20 ～ 1.35
【硬度】9 ＊＊＊＊＊＊＊＊＊＊＊

以超級堅固、比重最高的木材之一著名於世

　　癒瘡木是世界上最沉重且最堅硬的木材之一（與蛇紋木等齊名）。由於耐久性高和油分多，因此一直以來就被做為船舶軸承等各種用途上。質感與綠檀相當類似，硬度介於綠檀和皮灰木之間。

【加工】　質地堅硬且有逆向木紋，因此加工困難。木工車床加工方面，車刀必須一面輕觸木材，一面視反饋觸感慎重地調整刀刃接觸木材的時機。切削加工可使用金屬加工機械。

【木理】　木紋緻密均勻。具有交錯木紋，木紋呈山形人字紋（曲面則沒有）。心材與邊材的區別明顯。木材具有沿著徑切紋剝離的罕見特徵（綠檀不會產生剝離）。

【色彩】　心材為深綠色（橄欖綠）；邊材則呈黃色到白色。

【氣味】　氣味甘甜。綠檀的氣味更加強烈。

【用途】　以前常使用於船舶艉軸的軸承、滑輪等。在日本以「綠檀」之名用於製作唸珠或綠檀細工。樹木汁液可做為藥材（癒瘡木名稱的由來）。

【通路商】　日本　7、8、14、16、18、23、24

加州紅木
Redwood

【別名】紅杉（Sequoia）
【學名】 *Sequoia sempervirens*
【科名】杉科（紅杉屬）
　　　　針葉樹
【產地】美國加州～奧勒岡州周邊
【比重】0.42
【硬度】3 ＊＊＊＊＊＊＊＊＊＊＊

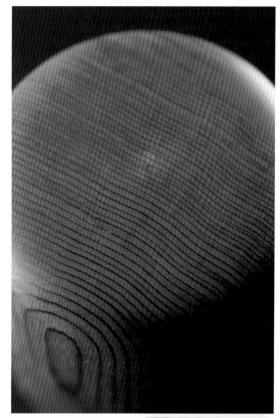

加工性和耐久性優異的高大針葉材

　　成樹可生長到樹高 100 公尺、直徑 4 公尺以上，是世界樹高最高的大直徑樹木之一。以巨木聞名於世的巨杉（*Sequoiadendron giganteum*）則為不同屬的樹種。木材的耐水性或抗白蟻性強，耐久性也高。此外，年輪間隙小、木紋通直則有利加工。由於能夠裁切成大塊木材，因此被當做珍貴的木材。

【加工】 加工容易。在針葉材中屬於即使用木工車床加工也容易車削的木材。感受不到逆向木紋。幾乎沒有油分，因此砂紙研磨效果佳，但會形成夏季木紋被磨掉，只剩下冬季木紋的「浮雕拉紋」現象。木屑會扎手。

【木理】 木紋筆直清晰。「我曾經用這種木材處理樹木繁茂的遠景和飛翔中的貓頭鷹背部，強烈展現動態和流暢的印象」（木鑲嵌工藝家蓮尾）

【色彩】 心材為帶有紅色調的茶色，邊材則接近奶油色的白色。

【氣味】 氣味微弱。

【用途】 建築材、戶外用建材、化妝單板、工藝品（利用瘤紋特徵）

【通路商】 台灣　伍
　　　　　日本　7、8、18、23

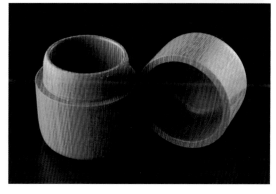

紅橡木
Red oak

【別名】美國紅橡木
【學名】*Quercus rubra*
【科名】殼斗科（櫟屬）
　　　　闊葉樹（環孔材）
【產地】北美東部
【比重】0.70～0.77
【硬度】8 ＊＊＊＊＊＊＊＊＊☆☆

木材收縮率大、
性質相當不穩定的木材

　　木材顏色帶有紅色調的橡木。反翹開裂
情形嚴重，尤以乾燥時的開裂最劇，即使乾燥
後有些還會產生收縮。「在我使用過的木材裡
頭，這種最容易變形，不適合做成有蓋子的器
物」（河村）

【加工】　雖然加工作業不到困難程度，但也不
能說是容易加工。木工車床加工方面，車削時
不到嘎吱嘎吱的超硬程度，而是叩哩叩哩的硬
實感。產生的木屑與栖木一樣呈連續狀。以加
工作業來看白橡木最為容易。

【木理】　木紋較為通直，但有個體差異。橫切
面的放射狀組織明顯。導管粗大。

【色彩】　帶有美麗紅色調的明亮褐色，心材與
邊材的界線模糊。

【氣味】　氣味帶有酸味。

【用途】　建築材、家具材。由於阻塞導管的阻
塞胞並不發達，因此無法做為威士忌酒桶的材
料（因為相較於適合製作威士忌酒桶的白橡木
來說，液體較容易滲進木材裡頭）

【通路商】　台灣　壹、貳、伍、壹拾
　　　　　　日本　7、8、18、21、23、25、
　　　　　　26、27

小葉紫檀
Red sanders

【別名】檀香紫檀
【學名】*Pterocarpus santalinus*
【科名】豆科（紫檀屬）
　　　　闊葉樹（散孔材）
【產地】印度、斯里蘭卡
【比重】1.05 ～ 1.26
【硬度】9 ＊＊＊＊＊＊＊＊＊＊＊

外觀呈深紅印象，
重硬而氣味甘甜的高級名木

　　小葉紫檀具有質地堅硬、香氣甘甜、鮮豔紅色等特徵。以前經常提煉成染料再出口到歐洲，因此大量被砍伐而導致資源枯竭，現在已禁止砍伐。

【加工】　木材相當沉重堅硬，但木質大致樸實，因此容易進行木工車床加工。切削作業則稍微困難。具有逆向木紋。雖然有些微油分，但砂紙研磨不到完全無效果的程度。只是使用帶式研磨機時會出現燒焦情形。

【木理】　顏色呈均一紅色。木紋不明顯但紋理緊密。橫切面與鐵刀木同樣具有如靄般的肌理。具有交錯木紋和波浪瘤紋。

【色彩】　深紅色（濃厚的紅色）

【氣味】　氣味並非強烈，但是相當甘甜。「與鬱金香木同樣好聞。作業中散發芬芳的氣味，但是經過一段時間後就會消失。氣味會殘留在完成的作品上」（河村）

【用途】　三味線琴桿（頂級品）、唐木細工、鑲嵌工藝、唸珠

【通路商】　台灣　伍
　　　　　　日本　8、18

紅心木
Redheart

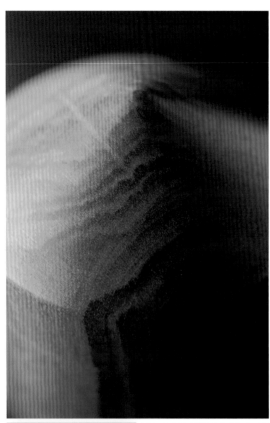

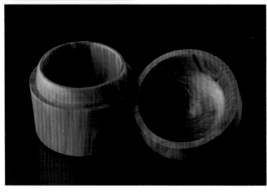

【別名】墨西哥紅木
　　　　（chakte kok、 Chakte coc）
【學名】*Sickingia salvadorensis*
【科名】茜草科
　　　　闊葉樹（散孔材）
【產地】中美（墨西哥等）
【比重】0.64
【硬度】6 ＊＊＊＊＊＊＊＊＊＊

擁有令人印象深刻的鮮紅色

　　紅心木既不堅硬也不柔軟。完成面相當美麗，呈沉穩的光澤感，只是並非像樺木般的滑溜光澤。木材的強烈紅色為其特徵，不僅是木鑲嵌工藝用於表現重點的木材，也是樂器的材料。耐久性高。

【加工】幾乎沒有逆向木紋，因此容易加工。木工車床加工可咻嚕咻嚕地流暢車削，但是有些完成面會有起毛情形。雖然砂紙研磨有效果，但研磨作業並非十分順暢。「以400號（砂紙號數[原注]）的砂紙研磨的話，雖然可磨平表面，但實質上卻無研磨過的感覺，是一種很難形容的感受」（河村）

【木理】木紋緊密。在紅色底色中夾雜深紅條紋。

【色彩】呈鮮豔紅色。時間愈長顏色愈劣化而轉為暗沉（有個體差異）。具有色斑。「稍帶冷色調的鮮紅色。用來表現花卉的話，會是紅玫瑰而不是鬱金香」（木鑲嵌工藝家蓮尾）

【氣味】沒有特別感覺到有氣味。

【用途】化妝單板、樂器材、鑲嵌工藝

【通路商】日本　24

原注：號數代表砂紙粗細。數字愈大表面顆粒愈細。400號砂紙的打磨顆粒相當細小。

Part 4
其他國家的木材

查科蒂硬木

盾籽木
Amarello

【學名】*Aspidosperma* spp.
【科名】夾竹桃科（盾籽木屬）
　　　　闊葉樹（散孔材）
【產地】巴西、阿根廷
【比重】0.70 ～ 0.85
【硬度】6 ＊＊＊＊＊＊＊＊＊＊

　　生長在巴西周邊地區的 *Aspidosperma* 屬的樹木，當地因顏色差異等原因而有不同名稱。以盾籽木名稱在日本市場上流通的屬於黃色系木材（橙色系為紅盾籽木，參見 P.200）。盾籽木的收縮率高，有些作品完成後會出現開裂情形。即便難以處理，但具有香蕉般的沉穩黃色調，常做為鑲嵌工藝和樂器材料。木肌比紅盾籽木稍微粗糙。木工車床加工可啾嚕啾嚕地流暢車削。
【通路商】日本　7、24

非洲梧桐
Ayous

【別名】Obeche（奈及利亞的稱呼）、
　　　　Ayous（喀麥隆周邊的稱呼）
【學名】*Triplochiton scleroxylon*
【科名】梧桐科
　　　　闊葉樹（散孔材）
【產地】西非（象牙海岸等）
【比重】0.32 ～ 0.49
【硬度】3 ＊＊＊＊＊＊＊＊＊＊

　　成樹可長到樹高約 50 公尺的大直徑樹木，也能裁切成大尺寸的大塊木材。由於具有木材輕盈、加工容易、感覺上沒有個體差異等特徵，因此不僅適合做為建材，也適合雕刻。木工車床能夠沙庫沙庫地順暢車削。雖然質地柔軟，但木紋緊密而使纖維不易損壞，因此橫切面不會破爛不堪。加工時產生的木粉會到處飛揚，最好佩戴口罩。
【通路商】日本　7、8、16、20、27

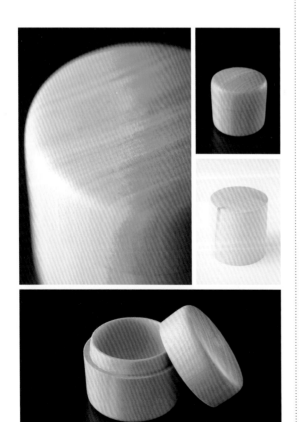

美國赤楊
Alder

【別名】紅榿木（Red alder）、美國榿木
【學名】*Alnus rubra*
【科名】樺木科（榿木屬）
　　　　闊葉樹（散孔材）
【產地】美國西海岸
【比重】0.45～0.53
【硬度】4 強 ＊＊＊＊＊＊＊＊＊＊

　　美國赤楊是日本榿木的同科屬材種，常做為建材或合板芯材等用途。不管是木紋或是車床加工製品的氛圍都與連香樹相似。木材的耐衝擊性弱，耐久性也低。質地硬度普通，沒有逆向木紋的感覺。切削和刨削加工容易。木工車床加工方面，若刀刃不夠鋒利就會殘留汙痕。「車削時必須小心操作。木質纖維容易飛散，不適合木工車床加工」（河村）

【通路商】台灣　貳、伍、壹拾
　　　　　日本　7、8、25

婆羅洲鐵木
Ulin

【別名】坤甸鐵木、Belian、Borneo ironwood
【學名】*Eusideroxylon zwageri*
【科名】樟科
　　　　闊葉樹（散孔材）
【產地】東南亞（印尼等）
【比重】0.83～1.14
【硬度】8 ＊＊＊＊＊＊＊＊＊＊

　　婆羅洲鐵木不僅具有高耐水性和高耐久性，抗白蟻等防蟲性能也相當優良。基於以上特性因此常用於戶外設施。加工並不困難。在重硬木材當中，屬於木工車床容易加工的木材。使用帶鋸機加工時能明顯感受到硬度 8 的堅硬質感。沒有油分，雖然質地堅硬但砂紙研磨可達到一定程度的效果。木肌粗糙但沒有凹凸不平的感覺。沒有特別感覺到有氣味。

【通路商】台灣　參、伍、陸、捌
　　　　　日本　7、21

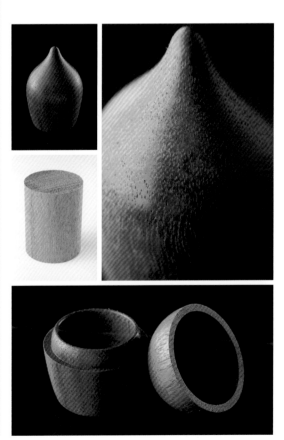

刺片豆木
Canarywood

【別名】金絲木、Putumuju、Arariba amarelo
【學名】*Centrolobium* spp.
【科名】豆科
　　　　闊葉樹（散孔材）
【產地】南美洲（巴西）
【比重】0.73 ～ 0.84
【硬度】6 ✳✳✳✳✳✳☆☆☆☆

　　刺片豆木具有高耐久性、以及黃色和橙色的美麗色彩等特徵。生長於中南美洲的 *Centrolobium* 屬樹木種類相當多，各地稱呼也不盡相同。橄欖科橄欖屬（*Canarium* 屬）的橄欖木與刺片豆木是不同科屬的材種。木工車床加工方面，雖然能感受到細小纖維的抵抗感，但能夠沙啦沙啦地輕鬆車削。多少有油分感，不過砂紙研磨效果佳。木肌具有光澤。散發些微甘甜的氣味。

【通路商】 日本 24

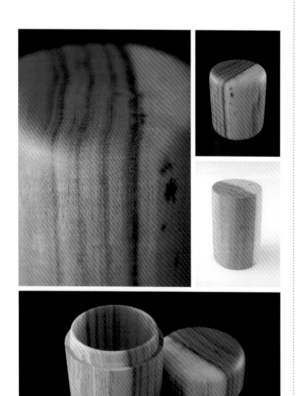

雲南石梓
Gmelina

【別名】滇石梓、老可嫂（Yamane）
【學名】*Gmelina arborea*
【科名】馬鞭草科
　　　　闊葉樹（散孔材）
【產地】印度、緬甸、印尼等。
　　　　熱帶地區為人工栽植（紙漿原料用）
【比重】0.40 ～ 0.58
【硬度】3 強 ✳✳✳☆☆☆☆☆☆☆

　　雲南石梓是木性平實而適合雕刻的木材。木雕方面，雖然質地偏硬但完成面相當漂亮。性質類似南洋桐。耐久性低。「好像容易加工又好像不容易加工，著實令人摸不清楚特性的木材。木材表面具有類似蠟膜般的物質」（河村）。木工車床加工方面，沒有逆向木紋的感覺能夠沙啦沙啦地順暢車削。切削加工容易，但最後的微修整有點困難。

【通路商】 日本 16

月桂

【別名】月桂樹（Laurel）
【學名】*Laurus nobilis*
【科名】樟科（月桂屬）
　　　　闊葉樹（散孔材）
【產地】原產地為地中海沿岸。
　　　　日本各地都有栽植
【比重】0.60 *
【硬度】5 強 ＊＊＊＊＊＊＊＊＊＊

　　雖然使君子科的印度月桂（欖仁樹屬）也被稱為月桂，但卻是不同科屬的材種。月桂的葉子乾燥後，可做為辛香料或調味料使用。木材緻密，觸感光滑。加工容易，木工車床加工能夠咻嚕咻嚕地流暢車削（手感與髭脈橡葉樹相同）。幾乎沒有油分感，砂紙研磨效果佳。年輪不易辨識。色彩呈淡綠色。木材本身也能聞到些微的樹葉香氣。

【通路商】　日本　18、21

黑椰豆木
Cocuswood

【別名】牙買加烏木
【學名】*Brya ebenus*
【科名】豆科
　　　　闊葉樹（散孔材）
【產地】古巴、牙買加
【比重】0.90
【硬度】8 ＊＊＊＊＊＊＊＊＊＊

　　黑椰豆木與黑檀分屬不同科的材種，但從別名牙買加烏木來看卻有類似黑檀的特徵。比重將近 1，是既重且堅硬的木材。十九世紀的長笛經常使用這種木材（因為發出的音色美妙）。雖然質地堅硬，但容易木工車床車削。有些微的油分感。木屑既不是粉末狀，也不是連續狀。色彩呈深綠色，經過一段時間逐漸轉為焦茶色。沒有特別感覺到有氣味。

【通路商】　日本　16

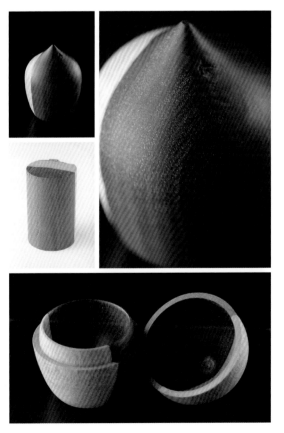

大果翅蘋婆木
Koto

【學名】 *Pterygota macrocarpa*、*P. bequaertii*
【科名】 梧桐科
　　　　闊葉樹（散孔材）
【產地】 西非（象牙海岸等）
【比重】 0.56 ～ 0.65
【硬度】 4 強 ＊＊＊＊＊＊＊＊＊＊

　　木肌像是鐵刀木變白的樣子。加工時不會有抵抗感、以及材質沒有瑕疵等特性皆與拉敏木相似。完成面具有光澤。加工容易，木工車床加工可沙啦沙啦地順暢車削。「加工時產生的細微木粉，讓我想到使用吸塵器時灰塵飛揚的情景」（河村）。具有非常細緻的竹筒狀瘤紋，有些則有波紋或銀色瘤紋。色彩為白奶油色。沒有特別感覺到有氣味。

【通路商】 台灣　壹、壹拾

螺穗木
Tamboti

【學名】 *Spirostachys africana*
【科名】 大戟科
　　　　闊葉樹（散孔材）
【產地】 非洲東南部
【比重】 0.96 ～ 1.04
【硬度】 8 ＊＊＊＊＊＊＊＊＊＊

　　螺穗木具有豐富油分、質地沉重堅硬、以及甘苦氣味等特徵。「氣味像是孩童時代聞過的古舊氣味，是老人家家中的化妝品和香水的氣味」（七戶）。與白檀同樣為唸珠或木雕等的材料，在日本市場上有以苦楝名稱流通的情形。雖然質地堅硬，但沒有逆向木紋或纖維的感覺，因此木工車床容易車削。木屑呈油膩的粉末狀。砂紙研磨效果不彰。切削加工困難。製材作業方面，刀刃經常立刻變鈍而無法使用。色彩具有高級感的深色調。

【通路商】 日本　24

查科蒂硬木
Chakte Viga

【別名】橙心木
【學名】*Caesalpinia platyloba*
【科名】豆科
　　　　闊葉樹（散孔材）
【產地】墨西哥
【比重】0.9～1.25
【硬度】9 ＊＊＊＊＊＊＊＊＊＊

　　查科蒂硬木與製作小提琴琴弓的巴西紅木性質相近，因此常做為替代材使用。雖然質地堅硬，但木材樸實（例如幾乎沒有逆向木紋、木紋通直）。木工車床容易車削，但不利切削加工。「龍門刨床加工時，木材會不停砰砰地彈跳」（河村）。無油分，砂紙研磨效果佳。木材表面呈閃耀光澤。木紋和色彩的個體差異少。整體呈橙色，經年累月變化下顏色逐漸接近赤茶色。

【通路商】日本　16、24

北美紫樹
Tupelo

【別名】黑紫樹（Blackgum）、水紫樹
【學名】*Nyssa sylvatica*
【科名】藍果樹科（紫樹屬）
　　　　闊葉樹（散孔材）
【產地】美國東部
【比重】0.50～0.56
【硬度】4 強 ＊＊＊＊＊＊＊＊＊＊

　　木材就像是日本黃楊變成白色的樣子，整體上近似黃樺。「沒有山茶般的緻密度或硬度」（河村）。質地既不堅硬也不柔軟，具有韌性且耐衝擊性強。只是耐久性低。乾燥時會產生扭曲情形，必須加以注意。具有交錯木紋。容易加工，完成面光滑而美麗。稜角或邊緣不易缺損。油分少，砂紙研磨效果佳。

【通路商】　台灣　伍
　　　　　　日本　7、8

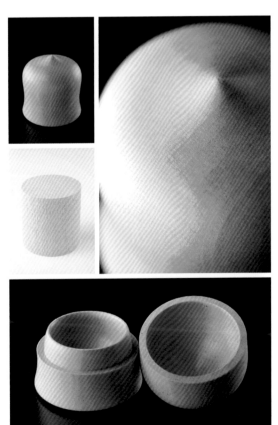

肉桂樹

【別名】玉桂
【學名】*Cinnamomum sieboldi*
【科名】樟科（樟屬）
　　　　闊葉樹（散孔材）
【產地】原產地為中南半島
【比重】0.61*
【硬度】4 弱 ＊＊＊＊＊＊＊＊＊＊

　　肉桂樹並非以製材為主，而是以園藝或食用目的為人們所熟悉的樹木，樹皮可用於飲食用途上（錫蘭肉桂）。木材比天竺桂稍微堅硬，只要使用鋒利刀刃，加工作業就大致沒有問題。由於纖維容易破碎起毛，因此必須仔細地研磨車刀。木材塗漆後會變成純黑色。砂紙研磨效果佳。顏色帶有黃色調的白色。樹皮附近有肉桂氣味，接近樹芯部分則聞不到氣味。
【通路商】 日本　21

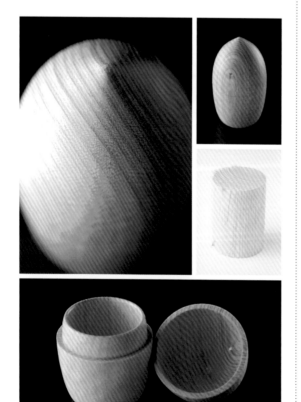

美洲椴木
Basswood

【學名】*Tilia americana*
【科名】椴樹科
　　　　闊葉樹（散孔材）
【產地】遍布北美中部到東部
【比重】0.41
【硬度】3 ＊＊＊＊＊＊＊＊＊＊

　　在闊葉材中美洲椴木是屬於輕盈柔軟的木材。適合木雕。不管是硬度、或是木材帶有紅色調、還是木質平實等特徵皆類似椴木。乾燥容易，乾燥後性質趨於安定。耐久性低。由於質地柔軟，所以木工車床加工時必須用鋒利刀刃車削。具有與針葉材類似的車削感，不過同為闊葉材的南洋桐較容易車削。沒有特別感覺到有氣味。常使用在需要輕盈柔軟等特質的用途上（例如百葉窗簾、包裝材等）。
【通路商】 台灣　貳
　　　　　日本　7、20、23

斯圖崖豆木
Panga panga

※ 市場通稱：多以非洲崖豆木和鐵刀木名稱流通。
【別名】黃雞翅木
【學名】*Millettia stuhlmannii*
【科名】豆科
　　　　闊葉樹（散孔材）
【產地】非洲東南部（坦桑尼亞等）
【比重】0.80
【硬度】7 ＊＊＊＊＊＊＊＊ ＊

　　相較於非洲崖豆木，斯圖崖豆木的顏色較淡且柔軟。觸感光滑。各方面皆與鐵刀木類似（例如硬度、色彩、車削手感、無氣味），即使並排在一起也不容易分辨。雖然加工不太困難，但是纖維容易剝離，以致邊緣有容易缺損的傾向。「在製材過程中，容易被稜角木刺刺傷手指」（河村）。具有黑色與茶色鮮明對比的木紋。
【通路商】台灣　參、壹拾貳
　　　　　日本　24

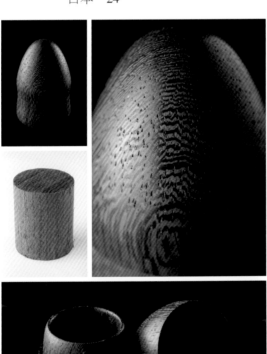

貝里木
Beli

【學名】*Paraberlinia bifoliolata*
【科名】豆科
　　　　闊葉樹（散孔材）
【產地】赤道附近的西非（加彭等）
【比重】0.75 ～ 0.85
【硬度】7 ＊＊＊＊＊＊＊ ＊＊＊

　　在日本市場上常被當做斑馬木交易，即便硬度或木紋相近，但卻是不同屬的木材。木材表面呈閃電般的斑馬紋樣。具有逆向木紋，加工困難。木工車床加工方面，沒有纖維抵抗感，但必須一面輕觸木材一面視反饋觸感，慎重地調整車刀刃接觸木材的時機。使用龍門刨床加工時務必慎重。帶有黃色調的底色中夾雜茶色條紋，條紋分界模糊（斑馬木則相當明顯）。沒有特別感覺到有氣味。用途為化妝單板等。
【通路商】日本　7、13、18、24

水杉
Metasequoia

【別名】曙杉
【學名】*Metasequoia glyptostroboides*
【科名】杉科（水杉屬）
　　　　針葉樹
【產地】野生種產於中國（四川省、湖北省）。
　　　　世界各國皆有栽植
【比重】0.31～0.36
【硬度】2 ＊＊＊＊＊＊＊＊＊＊

　　水杉在 1940 年代中期被發現為特有種的自生樹木之前，僅僅在化石中確認其存在，因此被稱為「樹木的活化石」。水杉生長極為快速，年輪寬度大。質地的柔軟程度介於日本柳杉與毛泡桐之間，具有用手指按壓會下陷的柔軟觸感。加工困難，木工車床加工時若未仔細研磨刀刃就無法車削。在木材市場上幾乎沒有流通和銷售。

【通路商】 日本　11

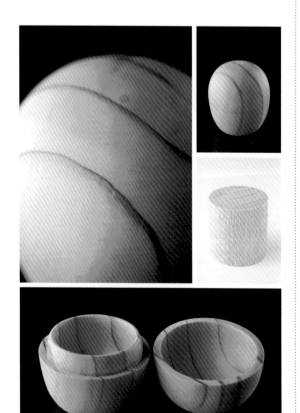

桂蘭
Mersawa

【學名】*Anisoptera* spp.
【科名】龍腦香科（香安納土屬）
　　　　闊葉樹（散孔材）
【產地】東南亞、太平洋群島
【比重】0.53～0.74
【硬度】5 ＊＊＊＊＊＊＊＊＊＊

　　桂蘭是生長於東南亞等地十種以上的 *Anisoptera* 屬木材的總稱，各地區的稱呼不盡相同。Mersawa 是指生長於印尼周邊地區的樹木。木肌呈現美麗的銀色瘤紋，常做為具有裝飾價值的建材。由於含有二氧化矽物質，所以必須特別注意刀刃，除此之外加工尚稱容易。木工車床加工可沙啦沙啦地順暢車削，但會產生細刺的木屑，有時候會刺激喉嚨。

【通路商】 台灣　參
　　　　　日本　22、26

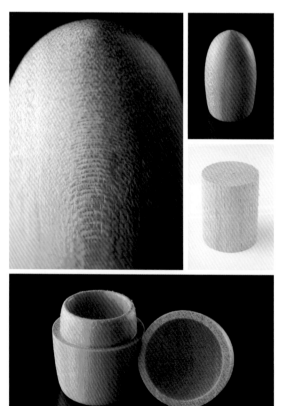

可樂豆木
Mopane wood

【別名】非洲酸枝
【學名】*Colophospermum mopane*
【科名】豆科
　　　　闊葉樹（散孔材）
【產地】非洲南部（莫三鼻克等）
【比重】1.08
【硬度】9 ＊＊＊＊＊＊＊＊＊＊

　　可樂豆木是木紋緊密且堅硬的木材。具有逆向木紋，加工困難。木工車床加工時有叩哩叩哩的堅硬感。完成面光溜而滑順。氣味獨特。「聞起來像是正露丸。在日本也叫正露丸木」（河村）。茶色底色中夾雜著黑色條紋，近似棗樹的色調。日本市場幾乎沒有流通，但一直是樂器製作者使用的木材（直笛等木管樂器）。

【通路商】　日本　24

蕾絲木
Lacewood

【學名】*Euplassa pinnata*
【科名】山龍眼科
　　　　闊葉樹（散孔材）
【產地】巴西
【比重】0.82 ＊
【硬度】6 ＊＊＊＊＊＊＊＊＊＊

　　雖然稱為蕾絲木的木材有好幾種，但是在歐洲通常是指懸鈴木科的英桐（*Platanus hybrida* 等）。巴西產的 *Panopsis* spp. 也稱為蕾絲木。澳洲產的山龍眼科的木麻黃銀華和銀樺等木材，都有類似蕾絲木的細緻美麗斑紋。沒有逆向木紋，木工車床加工可沙啦沙啦地順暢車削。木屑呈粉末狀。「常被木粉粉塵嗆到」（河村）

【通路商】　台灣　壹、壹拾
　　　　　　日本　16、24

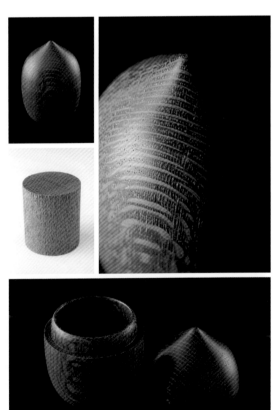

木材色彩索引

富有多樣變化的木材顏色

　　從被樹皮包覆的樹木外觀，並無法得知木材的顏色。但是經過木工車床旋削之後，就能看到不同材種的色調。木片拼花工藝（寄木細工）和鑲嵌工藝等工藝品，就是活用紅、黃、綠、黑、紫等繽紛多彩的色彩製作作品。本書將屬於同色系的作品排列在一起，分成幾種類別展示。

【桃色系】

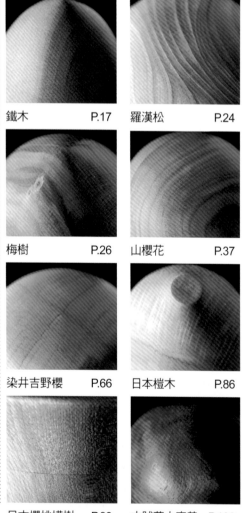

鐵木　　　　　P.17

羅漢松　　　　P.24

梅樹　　　　　P.26

山櫻花　　　　P.37

染井吉野櫻　　P.66

日本檔木　　　P.86

日本櫻桃樺樹　P.99

木賊葉木麻黃　P.100

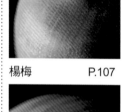

楊梅　　　　　P.107

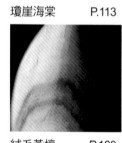

瓊崖海棠　　　P.113

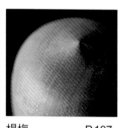

美國黑櫻桃木　P.132

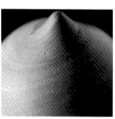

絨毛黃檀　　　P.169

紅鐵木豆　　　P.176

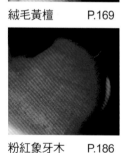

粉紅象牙木　　P.186

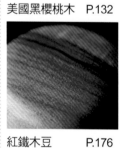

西洋梨木　　　P.194

【橙色系】

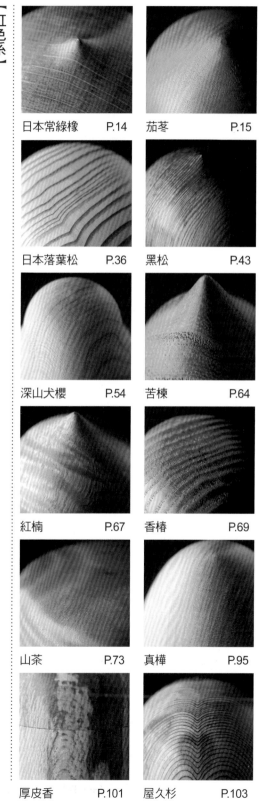

杏樹　　　　P.18　　欅木　　　　P.45

枳椇　　　　P.46　　天竺桂　　　P.104

緬茄　　　　P.129　　軟楓　　　　P.163

巴西紅木　　P.192　　紅盾籽木　　P.200

刺片豆木　　P.232　　查科蒂硬木　P.235

【紅色系】

日本常綠橡　P.14　　茄苳　　　　P.15

日本落葉松　P.36　　黑松　　　　P.43

深山犬櫻　　P.54　　苦楝　　　　P.64

紅楠　　　　P.67　　香椿　　　　P.69

山茶　　　　P.73　　真樺　　　　P.95

厚皮香　　　P.101　　屋久杉　　　P.103

【木材色彩索引】

【木材色彩索引】

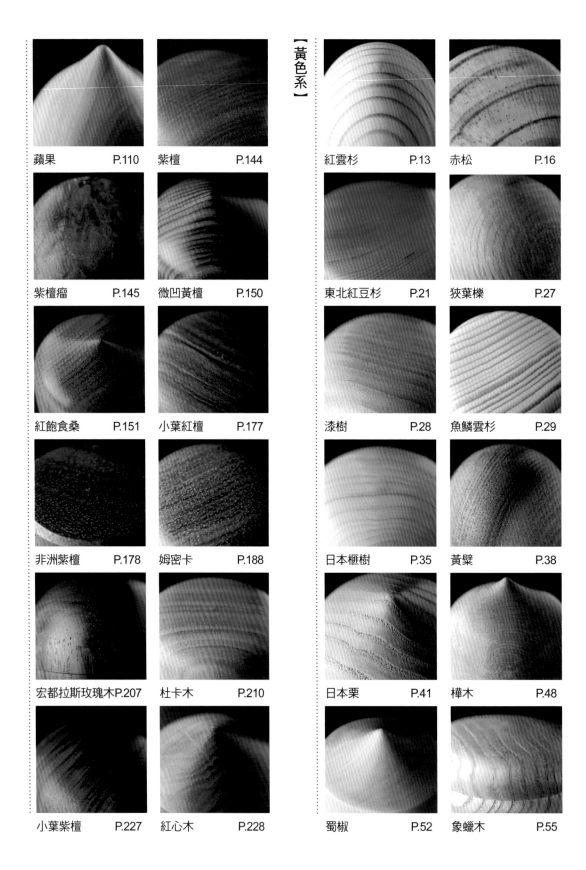

蘋果　　　　　　P.110　　紫檀　　　　　　P.144

紫檀瘤　　　　　P.145　　微凹黃檀　　　　P.150

紅飽食桑　　　　P.151　　小葉紅檀　　　　P.177

非洲紫檀　　　　P.178　　姆密卡　　　　　P.188

宏都拉斯玫瑰木P.207　　杜卡木　　　　　P.210

小葉紫檀　　　　P.227　　紅心木　　　　　P.228

【黃色系】

紅雲杉　　　　　P.13　　　赤松　　　　　　P.16

東北紅豆杉　　　P.21　　　狹葉櫟　　　　　P.27

漆樹　　　　　　P.28　　　魚鱗雲杉　　　　P.29

日本櫸樹　　　　P.35　　　黃檗　　　　　　P.38

日本栗　　　　　P.41　　　樺木　　　　　　P.48

蜀椒　　　　　　P.52　　　象蠟木　　　　　P.55

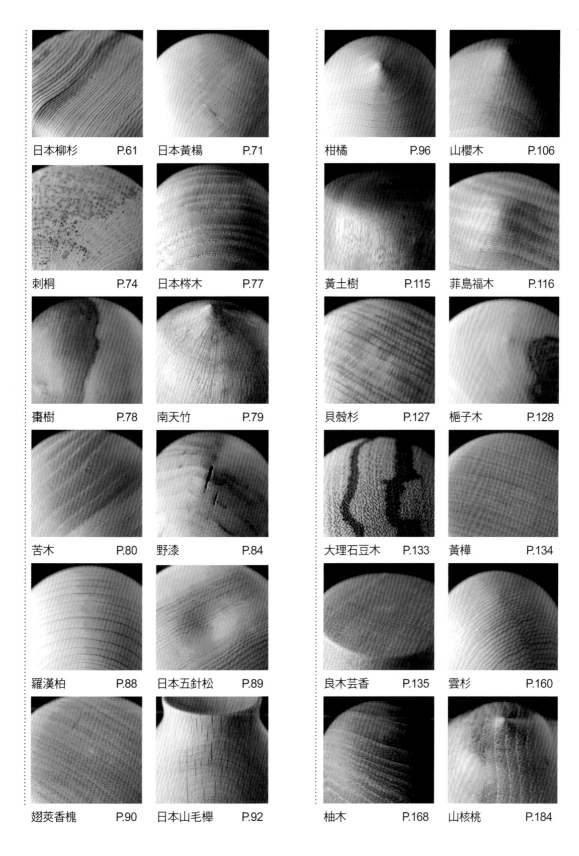

日本柳杉 P.61	日本黃楊 P.71	柑橘 P.96	山櫻木 P.106
刺桐 P.74	日本梣木 P.77	黃土樹 P.115	菲島福木 P.116
棗樹 P.78	南天竹 P.79	貝殼杉 P.127	梔子木 P.128
苦木 P.80	野漆 P.84	大理石豆木 P.133	黃樺 P.134
羅漢柏 P.88	日本五針松 P.89	良木芸香 P.135	雲杉 P.160
翅莢香槐 P.90	日本山毛櫸 P.92	柚木 P.168	山核桃 P.184

【木材色彩索引】

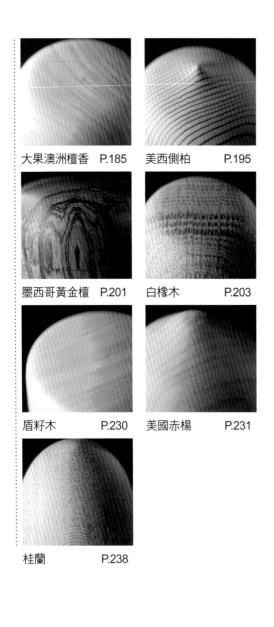

大果澳洲檀香　P.185　　美西側柏　P.195

墨西哥黃金檀　P.201　　白橡木　P.203

盾籽木　P.230　　美國赤楊　P.231

桂蘭　P.238

【褐色系】

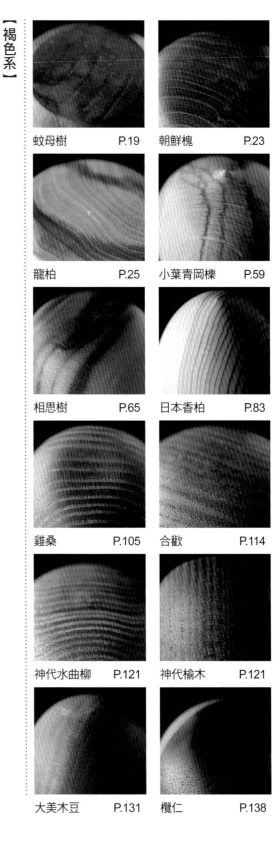

蚊母樹　P.19　　朝鮮槐　P.23

龍柏　P.25　　小葉青岡櫟　P.59

相思樹　P.65　　日本香柏　P.83

雞桑　P.105　　合歡　P.114

神代水曲柳　P.121　　神代榆木　P.121

大美木豆　P.131　　欖仁　P.138

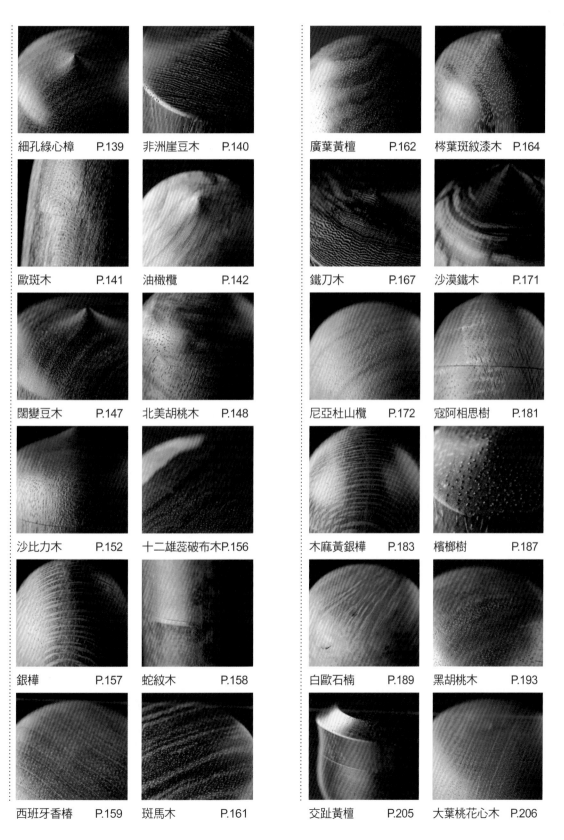

細孔綠心樟　　P.139　　非洲崖豆木　　P.140　　廣葉黃檀　　P.162　　梣葉斑紋漆木　P.164

歐斑木　　P.141　　油橄欖　　P.142　　鐵刀木　　P.167　　沙漠鐵木　　P.171

闊變豆木　　P.147　　北美胡桃木　　P.148　　尼亞杜山欖　　P.172　　寇阿相思樹　　P.181

沙比力木　　P.152　　十二雄蕊破布木　P.156　　木麻黃銀樺　　P.183　　檳榔樹　　P.187

銀樺　　P.157　　蛇紋木　　P.158　　白歐石楠　　P.189　　黑胡桃木　　P.193

西班牙香椿　　P.159　　斑馬木　　P.161　　交趾黃檀　　P.205　　大葉桃花心木　P.206

【木材色彩索引】

【綠色系】

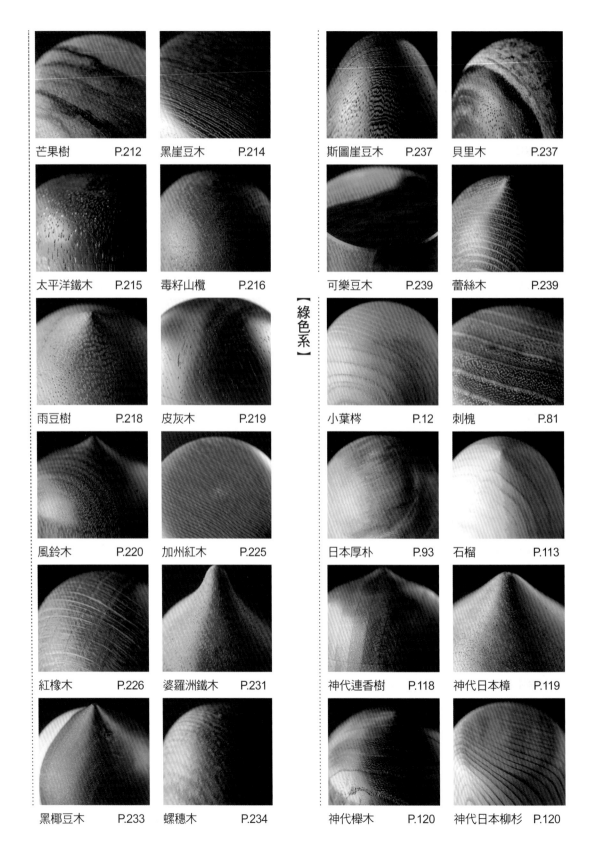

芒果樹　　　　P.212

黑崖豆木　　　P.214

斯圖崖豆木　　P.237

貝里木　　　　P.237

太平洋鐵木　　P.215

毒籽山欖　　　P.216

可樂豆木　　　P.239

蕾絲木　　　　P.239

雨豆樹　　　　P.218

皮灰木　　　　P.219

小葉桉　　　　P.12

刺槐　　　　　P.81

風鈴木　　　　P.220

加州紅木　　　P.225

日本厚朴　　　P.93

石榴　　　　　P.113

紅橡木　　　　P.226

婆羅洲鐵木　　P.231

神代連香樹　　P.118

神代日本樟　　P.119

黑椰豆木　　　P.233

螺穗木　　　　P.234

神代櫸木　　　P.120

神代日本柳杉　P.120

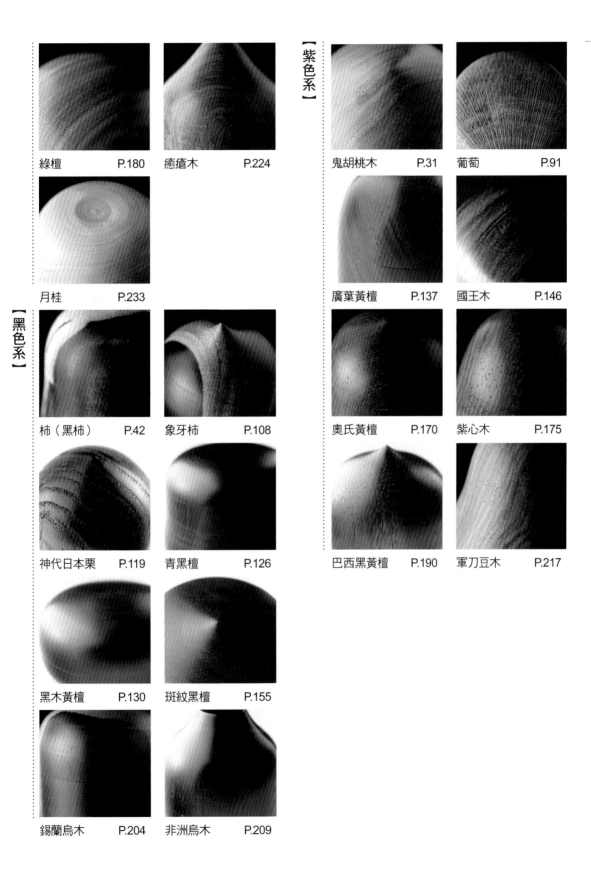

【紫色系】

綠檀　　　　　P.180　　癒瘡木　　　　P.224

鬼胡桃木　　　P.31　　葡萄　　　　　P.91

月桂　　　　　P.233

廣葉黃檀　　　P.137　　國王木　　　　P.146

【黑色系】

柿（黑柿）　　P.42　　象牙柿　　　　P.108

奧氏黃檀　　　P.170　　紫心木　　　　P.175

神代日本栗　　P.119　　青黑檀　　　　P.126

巴西黑黃檀　　P.190　　軍刀豆木　　　P.217

黑木黃檀　　　P.130　　斑紋黑檀　　　P.155

錫蘭烏木　　　P.204　　非洲烏木　　　P.209

【木材色彩索引】

【白色系】

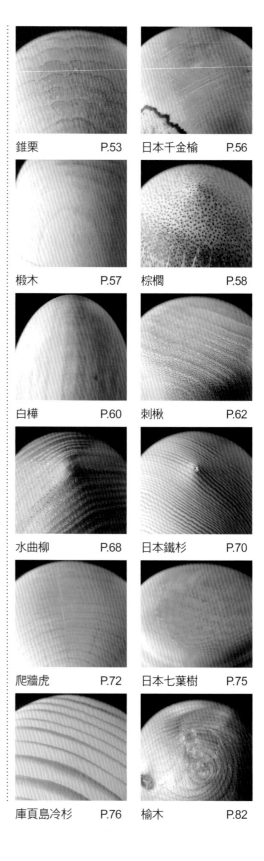

色木槭 P.20	銀杏 P.22	錐栗 P.53	日本千金榆 P.56
朴樹 P.30	柿（白柿） P.32	椴木 P.57	棕櫚 P.58
細葉榕 P.33	連香樹 P.34	白樺 P.60	刺楸 P.62
毛泡桐 P.39	日本樟 P.40	水曲柳 P.68	日本鐵杉 P.70
大葉釣樟 P.44	日本金松 P.47	爬牆虎 P.72	日本七葉樹 P.75
水胡桃 P.50	日本花柏 P.51	庫頁島冷杉 P.76	榆木 P.82

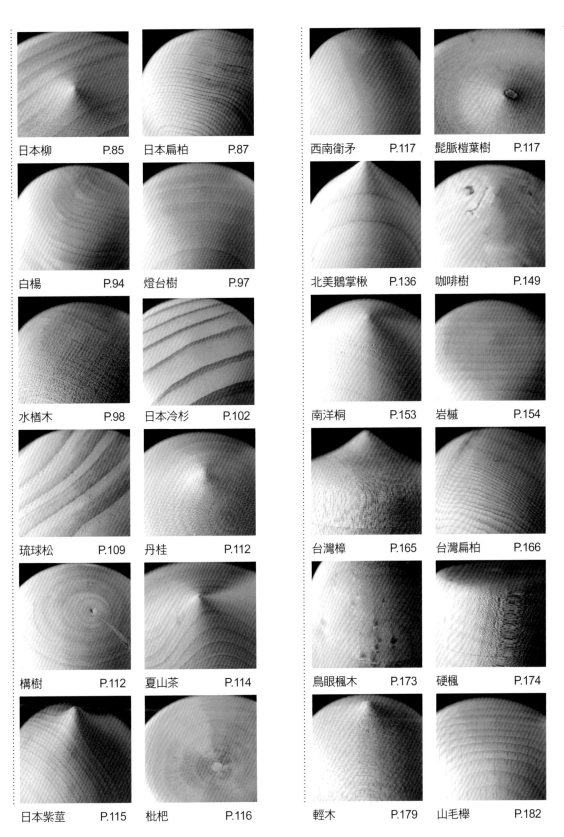

日本柳　　　　P.85　　日本扁柏　　　　P.87　　西南衛矛　　　　P.117　　髭脈榿葉樹　　　P.117

白楊　　　　　P.94　　燈台樹　　　　　P.97　　北美鵝掌楸　　　P.136　　咖啡樹　　　　　P.149

水楢木　　　　P.98　　日本冷杉　　　　P.102　　南洋桐　　　　　P.153　　岩槭　　　　　　P.154

琉球松　　　　P.109　　丹桂　　　　　　P.112　　台灣樟　　　　　P.165　　台灣扁柏　　　　P.166

構樹　　　　　P.112　　夏山茶　　　　　P.114　　鳥眼楓木　　　　P.173　　硬楓　　　　　　P.174

日本紫莖　　　P.115　　枇杷　　　　　　P.116　　輕木　　　　　　P.179　　山毛櫸　　　　　P.182

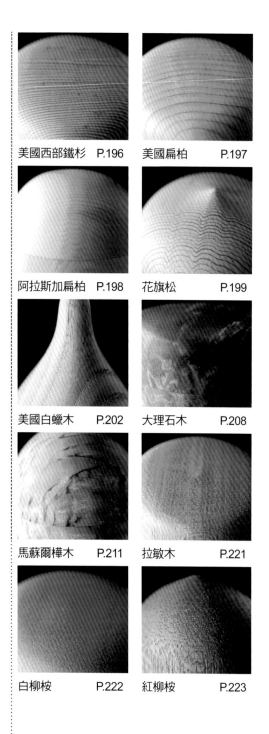

美國西部鐵杉　P.196

美國扁柏　P.197

阿拉斯加扁柏　P.198

花旗松　P.199

美國白蠟木　P.202

大理石木　P.208

馬蘇爾樺木　P.211

拉敏木　P.221

白柳桉　P.222

紅柳桉　P.223

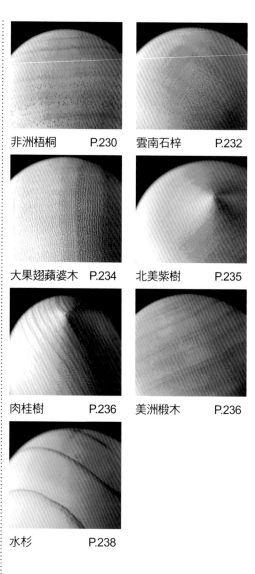

非洲梧桐　P.230

雲南石梓　P.232

大果翅蘋婆木　P.234

北美紫樹　P.235

肉桂樹　P.236

美洲椴木　P.236

水杉　P.238

木材名索引

· 粗體字：主要木材名
· 細體字：主要木材名之外的其他名稱，例如【別名】

【木材名索引】

【兩劃】

丁桐	62
八重山黑木	108
八重山黑檀	108
十二雄蕊破布木	**156**

【三劃】

千金榆	56
土杉	24
大山櫻	49
大果翅蘋婆木	**234**
大果澳洲檀香	**185**
大美木豆	**131**
大島櫻	66
大理石木	133, **208**
大理石豆木	**133**, 208
大葉早櫻	37
大葉桃花心木	**206**
大葉梣	68
大葉釣樟	**44**, 115
大葉菩提樹	57
大葉欖仁	138
小葉青岡櫟	14, 27, **59**
小葉紅檀	176, **177**
小葉桑	105
小葉梣	**12**, 77, 174, 184
小葉紫檀	**227**
山毛櫸	**182**
山核桃	**184**
山桐	50
山茶	69, **73**, 113, 114, 115, 117, 123, 200, 235
山貓柳	85
山櫻木	20, 49, 54, 66, **106**, 110, 122, 128, 132, 210
山櫻花	**37**, 49
川胡桃	50

【四劃】

丹桂	**112**
五釵松	89
五葉松	89
公孫樹	22
天竺桂	**104**, 236
太平洋鐵木	**215**
巴西玫瑰木	190
巴西紅木	151, **192**, 235
巴西核桃木	139
巴西黑黃檀	**190**, 191
巴西蘇木	192
巴西鬱金香木	169
手違紫檀	170
日本七葉樹	15, 40, 60, **75**, 93, 137
日本千金榆	**56**

日本山毛櫸	27, 48, 86, **92**, 95, 99, 182
日本五針松	29, **89**
日本五鬚松	89
日本冷杉	76, 83, **102**, 179, 199
日本花柏	**51**, 83, 87, 102, 179
日本金松	**47**, 51
日本厚朴	**93**, 94, 106, 119, 123, 136
日本扁柏	25, 47, 51, **87**, 88, 109, 166, 197
日本柳	**85**
日本柳杉	22, **61**, 87, 103, 109, 118, 120, 195, 196, 198, 199, 238
日本紅豆杉	21
日本香柏	51, **83**
日本香桂	104
日本栗	**41**, 46, 64, 68, 114, 119, 122, 123, 202
日本桂	104
日本常綠橡	**14**, 27
日本梣木	12, **77**
日本紫莖	**115**
日本黃楊	15, 52, **71**, 73, 78, 123, 128, 135, 149, 200, 235
日本稠李	54
日本落葉松	**36**
日本榧樹	**35**, 118
日本櫧木	**86**, 231
日本樟	**40**, 67
日本鵝耳櫪	56
日本櫻桃樺樹	17, 48, 49, **99**
日本櫻樺	99
日本鐵杉	**70**, 196
月桂	**233**
月桂樹	233
木瓜海棠	144
木賊葉木麻黃	**100**, 108
木麻黃銀華	**183**, 239
木蠟樹	84
毛泡桐	**39**, 50, 51, 74, 83, 238
毛漆樹	28
水目櫻	99
水曲柳	12, 41, 46, 55, 62, **68**, 77, 82, 123, 157, 184, 202
水杉	**238**
水胡桃	**50**, 104
水紫樹	235
水楢木	**98**, 123, 203
牙買加烏木	233
王樺	95

【五劃】

加州紅木	**225**
加州胡桃木	148
北五葉	89

枳椇⋯⋯⋯⋯⋯⋯⋯⋯⋯⋯⋯⋯ **46**
北美紅楓⋯⋯⋯⋯⋯⋯⋯⋯⋯⋯⋯ 163
北美紅檜⋯⋯⋯⋯⋯⋯⋯⋯⋯⋯⋯ 195
北美胡桃木⋯⋯⋯⋯⋯⋯⋯⋯⋯ **148**
北美紫樹⋯⋯⋯⋯⋯⋯⋯⋯⋯⋯ **235**
北美黃杉⋯⋯⋯⋯⋯⋯⋯⋯⋯⋯⋯ 199
北美鵝掌楸⋯⋯⋯⋯⋯⋯⋯ 94, **136**
半纏木⋯⋯⋯⋯⋯⋯⋯⋯⋯⋯⋯⋯ 136
可可波羅⋯⋯⋯⋯⋯⋯⋯⋯⋯⋯⋯ 150
可樂豆木⋯⋯⋯⋯⋯⋯⋯⋯ 46, **239**
台檜⋯⋯⋯⋯⋯⋯⋯⋯⋯⋯⋯⋯⋯ 166
台灣扁柏⋯⋯⋯⋯⋯⋯⋯⋯ 87, **166**
台灣相思樹⋯⋯⋯⋯⋯⋯⋯⋯⋯⋯ 65
台灣樟⋯⋯⋯⋯⋯⋯⋯⋯⋯⋯⋯ **165**
台灣檜木⋯⋯⋯⋯⋯⋯⋯⋯⋯⋯⋯ 87
台灣藤漆⋯⋯⋯⋯⋯⋯⋯⋯⋯⋯⋯ 28
四季樹⋯⋯⋯⋯⋯⋯⋯⋯⋯⋯⋯⋯ 74
尼亞杜山欖⋯⋯⋯⋯⋯⋯⋯⋯⋯ **172**
巨杉⋯⋯⋯⋯⋯⋯⋯⋯⋯⋯⋯⋯⋯ 225
本黃楊⋯⋯⋯⋯⋯⋯⋯⋯⋯⋯ 71, 128
本黑檀⋯⋯⋯⋯⋯⋯⋯⋯⋯⋯⋯⋯ 204
本紫檀⋯⋯⋯⋯⋯⋯⋯⋯⋯⋯⋯⋯ 205
玉桂⋯⋯⋯⋯⋯⋯⋯⋯⋯⋯⋯⋯⋯ 236
玉檀香⋯⋯⋯⋯⋯⋯⋯⋯⋯⋯⋯⋯ 180
由之樹⋯⋯⋯⋯⋯⋯⋯⋯⋯⋯⋯⋯ 19
白木⋯⋯⋯⋯⋯⋯⋯⋯⋯⋯⋯⋯⋯ 160
白果樹⋯⋯⋯⋯⋯⋯⋯⋯⋯⋯⋯⋯ 22
白柳桉⋯⋯⋯⋯⋯⋯⋯⋯⋯⋯ 222, 223
白柿⋯⋯⋯⋯⋯⋯⋯⋯⋯⋯⋯⋯⋯ 32
白美蘭地⋯⋯⋯⋯⋯⋯⋯⋯⋯⋯⋯ 222
白胭脂把麻⋯⋯⋯⋯⋯⋯⋯⋯⋯⋯ 222
白塞木⋯⋯⋯⋯⋯⋯⋯⋯⋯⋯⋯⋯ 179
白楊⋯⋯⋯⋯⋯⋯⋯⋯ 85, **94**, 136
白楠⋯⋯⋯⋯⋯⋯⋯⋯⋯⋯⋯⋯⋯ 67
白榆⋯⋯⋯⋯⋯⋯⋯⋯⋯⋯⋯⋯⋯ 82
白歐石楠⋯⋯⋯⋯⋯⋯⋯⋯⋯⋯ **189**
白樺⋯⋯⋯⋯⋯⋯⋯⋯⋯ 48, 49, **60**
白橡木⋯⋯⋯⋯⋯⋯ 98, 202, **203**, 226
白檀⋯⋯⋯⋯⋯⋯⋯⋯⋯ 64, 185, 234
白櫟木⋯⋯⋯⋯⋯⋯⋯⋯⋯⋯⋯⋯ 203
皮灰木⋯⋯⋯ 14, 108, 138, 140, 205, **219**, 224
目白樺⋯⋯⋯⋯⋯⋯⋯⋯⋯⋯⋯⋯ 95
石楠⋯⋯⋯⋯⋯⋯⋯⋯⋯⋯⋯⋯⋯ 189
石栖⋯⋯⋯⋯⋯⋯⋯⋯⋯⋯⋯⋯⋯ 203
石榴⋯⋯⋯⋯⋯⋯⋯⋯⋯⋯ **113**, 122

【六劃】

交趾黃檀⋯⋯⋯⋯⋯⋯⋯⋯ 191, **205**
印尼黑酸枝⋯⋯⋯⋯⋯⋯⋯⋯ 162, 191
印度紫檀⋯⋯⋯⋯⋯⋯⋯⋯⋯ 123, 144
印度黑檀⋯⋯⋯⋯⋯⋯⋯⋯⋯⋯⋯ 155
印茄木⋯⋯⋯⋯⋯⋯⋯⋯⋯⋯⋯⋯ 215

合花楸⋯⋯⋯⋯⋯⋯⋯⋯⋯⋯⋯⋯ 69
合歡⋯⋯⋯⋯⋯⋯⋯⋯⋯⋯⋯⋯ **114**
因第黑胡桃木⋯⋯⋯⋯⋯⋯⋯⋯⋯ 148
多花紫藤⋯⋯⋯⋯⋯⋯⋯⋯⋯⋯⋯ 90
字母木⋯⋯⋯⋯⋯⋯⋯⋯⋯⋯⋯⋯ 158
安波那木⋯⋯⋯⋯⋯⋯⋯⋯⋯⋯⋯ 144
安達曼烏木⋯⋯⋯⋯⋯⋯⋯⋯ 133, 208
尖萼椮⋯⋯⋯⋯⋯⋯⋯⋯⋯⋯⋯⋯ 77
朱理櫻⋯⋯⋯⋯⋯⋯⋯⋯⋯⋯⋯⋯ 54
朴之木⋯⋯⋯⋯⋯⋯⋯⋯⋯⋯⋯⋯ 93
朴樹⋯⋯⋯⋯⋯⋯⋯⋯⋯⋯⋯⋯ **30**
江戶彼岸櫻⋯⋯⋯⋯⋯⋯⋯⋯ 37, 66
百合木⋯⋯⋯⋯⋯⋯⋯⋯⋯⋯⋯⋯ 136
米杉⋯⋯⋯⋯⋯⋯⋯⋯⋯⋯⋯⋯⋯ 195
米松⋯⋯⋯⋯⋯⋯⋯⋯⋯⋯⋯⋯⋯ 199
米唐檜⋯⋯⋯⋯⋯⋯⋯⋯⋯⋯⋯⋯ 160
米檜葉⋯⋯⋯⋯⋯⋯⋯⋯⋯⋯⋯⋯ 198
老可嫂⋯⋯⋯⋯⋯⋯⋯⋯⋯⋯⋯⋯ 232
考里松⋯⋯⋯⋯⋯⋯⋯⋯⋯⋯⋯⋯ 127
耳葉相思樹⋯⋯⋯⋯⋯⋯⋯⋯⋯⋯ 133
肉桂樹⋯⋯⋯⋯⋯⋯⋯⋯⋯ 123, **236**
色木槭⋯⋯⋯ **20**, 48, 49, 134, 154, 163, 174
血木⋯⋯⋯⋯⋯⋯⋯⋯⋯⋯⋯⋯⋯ 151
西非烏木⋯⋯⋯⋯⋯⋯⋯⋯⋯⋯⋯ 209
西南衛矛⋯⋯⋯⋯⋯⋯⋯⋯ 52, **117**
西洋岩槭⋯⋯⋯⋯⋯⋯⋯⋯⋯⋯⋯ 154
西洋梨木⋯⋯⋯⋯⋯⋯⋯⋯⋯⋯ **194**
西洋箱柳⋯⋯⋯⋯⋯⋯⋯⋯⋯⋯⋯ 94
西班牙香椿⋯⋯⋯⋯⋯⋯⋯⋯⋯ **159**
西部鐵杉⋯⋯⋯⋯⋯⋯⋯⋯⋯⋯⋯ 196
西德加雲杉⋯⋯⋯⋯⋯⋯⋯⋯⋯⋯ 160

【七劃】

含筑紫椮⋯⋯⋯⋯⋯⋯⋯⋯⋯⋯⋯ 77
宏都拉斯玫瑰木⋯⋯⋯⋯⋯ 191, **207**
宏都拉斯桃花心木⋯⋯⋯⋯⋯⋯⋯ 206
忍耐之樹⋯⋯⋯⋯⋯⋯⋯⋯⋯⋯⋯ 157
杉木⋯⋯⋯⋯⋯⋯⋯⋯ 83, 160,195
杏樹⋯⋯⋯⋯⋯⋯⋯⋯⋯⋯ **18**, 122
杜卡木⋯⋯⋯⋯⋯⋯⋯⋯⋯ **210**, 216
沙比力木⋯⋯⋯⋯ **152**, 164, 176, 210
沙比桃花心木⋯⋯⋯⋯⋯⋯⋯⋯⋯ 152
沙漠油次黑豆⋯⋯⋯⋯⋯⋯⋯⋯⋯ 171
沙漠鐵木⋯⋯⋯⋯⋯⋯⋯⋯⋯⋯ **171**
良木芸香⋯⋯⋯⋯⋯⋯⋯⋯ 90, **135**
芒果樹⋯⋯⋯⋯⋯⋯⋯ 122, **212**, 213
貝里木⋯⋯⋯⋯⋯⋯⋯⋯⋯ 161, **237**
貝殼杉⋯⋯⋯⋯⋯⋯⋯⋯⋯⋯⋯ **127**
赤松⋯⋯⋯⋯⋯⋯⋯⋯ **16**, 43, 109
赤芽四手⋯⋯⋯⋯⋯⋯⋯⋯⋯⋯⋯ 56
赤柏松⋯⋯⋯⋯⋯⋯⋯⋯⋯⋯⋯⋯ 21
赤楊⋯⋯⋯⋯⋯⋯⋯⋯⋯⋯⋯⋯⋯ 57

赤楠 ·· 82
花梨木 ·· 144

【八劃】

亞米利加合歡木 ······························· 218
亞沙美拉木 ·· 131
刺片豆木 ·· **232**
刺桐 ·································· 39, 51, **74**
刺楸 ················· 30, **62**, 64, 80, 82, 123
刺槐 ··· **81**
咖啡樹 ·· **149**
坤甸鐵木 ·· 231
夜合樹 ·· 218
夜糞峰榛 ··· 99
姆密卡 ······································· 141, **188**
岩槭 ··· **154**
岳樺 ··· 48
拉丁玫瑰木 ·· 217
拉敏木 ······································· **221**, 234
昌化鵝耳櫪 ·· 56
明日檜 ··· 88
明樺 ··· 95
東北紅豆杉 ·· **21**
東北梣 ··· 68
東印度烏木 ·· 204
東非橄欖 ···································· 142, 143
松木 ···························· 47, 89, 109, 199
松梧 ··· 166
板椎 ··· 53
枇杷 ··· **116**, 122
林柿 ··· 32
油橄欖 ······································· **142**, 183
波蘿格 ·· 215
爬牆虎 ······························ **72**, 91, 185
玫瑰木 ·········· 130, 137, 146, 150, 162, 169, 170,
　　　　　　　 190, 191, 205, 207, 217
肥松 ··· 43
花梨瘤 ·· 145
花旗松 ······································· 196, **199**
虎木 ··· 164
金合歡 ··· 81
金紅檀 ·· 200
金剛納 ·· 161
金絲木 ·· 232
金錢松 ··· 24
長椎 ··· 53
阿拉斯加扁柏 ······················· 196, **198**
阿拉斯加雲杉 ···································· 160
雨豆樹 ·· 218
青桂 ··· 34
青黑檀 ····································· **126**, 204
青稠 ··· 57

非洲玫瑰木 ·· 188
非洲花梨 ·· 178
非洲柚木 ·· 131
非洲烏木 ··································· 204, **209**
非洲崖豆木 ··············· **140**, 167, 214, 237
非洲梧桐 ·· **230**
非洲紫檀 ··································· **178**, 191
非洲黑檀 ························· 130, 191, 209
非洲酸枝 ·· 239
非洲櫸木 ·· 129
非洲櫻花木 ································ 210, 216
非洲櫻桃木 ································ 210, 216

【九劃】

南天竹 ··· **79**
南洋桂 ··· 127
南洋桐 ······················ **153**, 222, 232, 236
南美白酸枝 ·· 147
南美紫檀 ·· 147
厚皮香 ······································· **101**, 107
厚殼 ··· 166
屋久杉 ······································· **103**, 170
春茶 ··· 172
春榆 ··· 82
枹櫟 ··· 203
柏木芸香 ·· 135
柏拉芸香 ·· 135
柑橘 ··· **96**, 122
染井吉野櫻 ··························· 49, **66**, 107
柚木 ······················· 131, **168**, 183, 193
查科蒂硬木 ·· **235**
柳桉 ······························· 15, 164, **222**
柳樹 ·· 85, 94
柿（白柿）··································· 32, 122
柿（黑柿）···················· 32, **42**, 108, 156
栂 ··· 70
枥木 ··· 75
毒籽山欖 ··································· 210, **216**
洋槐 ··· 81
洋櫻 ······························· 172, 210, 216
相思樹 ··· **65**
盾籽木 ······································· 200, **230**
秋洋梨木 ·· 194
紅心木 ·· **228**
紅米蘭地 ·· 223
紅杉 ··· 225
紅花梨 ·· 178
紅柳桉 ·· 223
紅盾籽木 ··································· **200**, 230
紅胭脂把麻 ································ 222, 223
紅象牙木 ·· 186
紅雲杉 ··· **13**

【木材名索引】

紅楓 ⋯⋯⋯⋯⋯⋯⋯⋯⋯⋯ 154
紅楠 ⋯⋯⋯⋯⋯⋯⋯⋯⋯⋯ **67**
紅飽食桑 ⋯⋯⋯⋯⋯⋯⋯ 15, **151**
紅檜木 ⋯⋯⋯⋯⋯⋯⋯⋯⋯ 231
大紅酸枝 ⋯⋯⋯⋯⋯⋯⋯⋯ 205
紅橡木 ⋯⋯⋯⋯⋯⋯⋯ 203, **226**
紅鐵木豆 ⋯⋯⋯⋯⋯ **176**, 177, 191
美西側柏 ⋯⋯⋯⋯⋯⋯⋯ 83, **195**
美洲白木 ⋯⋯⋯⋯⋯⋯⋯⋯ 136
美洲花柏 ⋯⋯⋯⋯⋯⋯⋯⋯ 197
美洲椴木 ⋯⋯⋯⋯⋯⋯⋯ 34, **236**
美國山毛櫸 ⋯⋯⋯⋯⋯⋯⋯ 182
美國白橡木 ⋯⋯⋯⋯⋯⋯⋯ 203
美國白蠟木 ⋯⋯⋯⋯⋯ 184, **202**
美國光蠟木 ⋯⋯⋯⋯⋯⋯⋯ 202
美國西部鐵杉 ⋯⋯⋯⋯⋯⋯ **196**
美國赤楊 ⋯⋯⋯⋯⋯⋯⋯⋯ **231**
美國扁柏 ⋯⋯⋯⋯⋯⋯⋯⋯ **197**
美國紅楓 ⋯⋯⋯⋯⋯⋯⋯⋯ 163
美國紅橡木 ⋯⋯⋯⋯⋯⋯⋯ 226
美國梣木 ⋯⋯⋯⋯⋯⋯⋯⋯ 202
美國黑胡桃 ⋯⋯⋯⋯⋯⋯⋯ 193
美國黑櫻桃木 ⋯⋯⋯⋯⋯ **132**, 210
美國橙木 ⋯⋯⋯⋯⋯⋯⋯⋯ 231
美國櫻桃木 ⋯⋯⋯⋯⋯⋯⋯ 132
胡桃 ⋯⋯⋯⋯⋯⋯⋯⋯⋯ 31, 172
胡桃木 ⋯⋯⋯ 31, 122, 139, 156, 162
胡桐 ⋯⋯⋯⋯⋯⋯⋯⋯⋯⋯ 113
苦木 ⋯⋯⋯⋯⋯⋯⋯ 28, **80**, 200
苦楝 ⋯⋯⋯⋯⋯⋯⋯ **64**, 69, 234
英國胡桃木 ⋯⋯⋯⋯⋯⋯⋯ 148
茄苳 ⋯⋯⋯⋯⋯⋯⋯⋯⋯⋯ **15**
軍刀豆木 ⋯⋯⋯⋯⋯⋯⋯⋯ **217**
風車木 ⋯⋯⋯⋯⋯⋯⋯⋯ 14, 219
風鈴木 ⋯⋯⋯⋯⋯⋯⋯⋯⋯ **220**
香椿 ⋯⋯⋯⋯⋯⋯⋯⋯⋯ 64, **69**
香樟 ⋯⋯⋯⋯⋯⋯⋯⋯⋯⋯ 40

【十劃】

夏山茶 ⋯⋯⋯⋯⋯⋯⋯⋯ 44, **114**
寇阿相思樹 ⋯⋯⋯⋯⋯⋯⋯ **181**
娑羅樹 ⋯⋯⋯⋯⋯⋯⋯⋯⋯ 114
庫頁島冷杉 ⋯⋯⋯⋯⋯⋯ 13, **76**
挪威雲杉 ⋯⋯⋯⋯⋯⋯⋯⋯ 160
栒檀 ⋯⋯⋯⋯⋯⋯⋯⋯⋯⋯ 64
桂蘭 ⋯⋯⋯⋯⋯⋯⋯⋯⋯⋯ **238**
桃花心木 ⋯⋯ 152, 159, 164, 193, 206, 210
桑木 ⋯⋯⋯⋯⋯⋯⋯⋯ 23, 38, 81
桑托斯紅木 ⋯⋯⋯⋯⋯⋯⋯ 217
海棠木 ⋯⋯⋯⋯⋯⋯⋯⋯⋯ 113
烏木 ⋯⋯⋯⋯⋯⋯⋯⋯⋯⋯ 108
烏皮石枌 ⋯⋯⋯⋯⋯⋯⋯⋯ 108

烏金木 ⋯⋯⋯⋯⋯⋯⋯⋯⋯ 161
狹葉櫟 ⋯⋯⋯⋯⋯⋯⋯⋯⋯ **27**
琉球松 ⋯⋯⋯⋯⋯⋯ 15, 29, **109**
琉球黑檀 ⋯⋯⋯⋯⋯⋯⋯⋯ 108
琉球櫨 ⋯⋯⋯⋯⋯⋯⋯⋯⋯ 84
真樺 ⋯⋯⋯ 17, 48, 49, 56, **95**, 99, 101
祕魯聖木 ⋯⋯⋯⋯⋯⋯⋯⋯ 180
神代日本柳杉 ⋯⋯⋯⋯⋯ 118, **120**
神代日本栗 ⋯⋯⋯⋯⋯⋯⋯ **119**
神代水曲柳 ⋯⋯⋯⋯⋯⋯⋯ **121**
神代杉 ⋯⋯⋯⋯⋯⋯⋯⋯⋯ 83
神代連香樹 ⋯⋯⋯⋯⋯⋯ **118**, 120
神代榆木 ⋯⋯⋯⋯⋯⋯⋯⋯ **121**
神代日本樟 ⋯⋯⋯⋯⋯⋯⋯ **119**
神代欅木 ⋯⋯⋯⋯⋯⋯⋯ **120**, 121
粉紅象牙木 ⋯⋯⋯⋯⋯⋯ 107, **186**
粉樺 ⋯⋯⋯⋯⋯⋯⋯⋯⋯⋯ 60
翅莢香槐 ⋯⋯⋯⋯⋯⋯⋯⋯ **90**
蚊子樹 ⋯⋯⋯⋯⋯⋯⋯⋯⋯ 19
蚊母樹 ⋯⋯⋯⋯⋯ 14, **19**, 95, 108
豹麗木 ⋯⋯⋯⋯⋯⋯⋯⋯⋯ 158
釘木樹 ⋯⋯⋯⋯⋯⋯⋯⋯⋯ 62
針桐 ⋯⋯⋯⋯⋯⋯⋯⋯⋯⋯ 62
馬毛樹 ⋯⋯⋯⋯⋯⋯⋯⋯⋯ 100
馬達加斯加烏木 ⋯⋯⋯⋯⋯ 209
馬達加斯加鐵木豆 ⋯⋯⋯⋯ 177
馬蘇爾樺木 ⋯⋯⋯⋯⋯⋯⋯ **211**
高大花檀 ⋯⋯⋯⋯⋯⋯⋯⋯ 131
鬼胡桃木 ⋯⋯⋯⋯⋯ **31**, 50, 122
鬼栓 ⋯⋯⋯⋯⋯⋯⋯⋯⋯ 62, 63

【十一劃】

魚鱗雲杉 ⋯⋯⋯⋯⋯⋯⋯ 13, 29
商氏栲 ⋯⋯⋯⋯⋯⋯⋯⋯⋯ 53
國王木 ⋯⋯⋯ **146**, 191, 205, 217
婆羅洲鐵木 ⋯⋯⋯⋯⋯⋯ 171, **231**
寇阿 ⋯⋯⋯⋯⋯⋯⋯⋯⋯⋯ 181
望加錫烏木 ⋯⋯⋯⋯⋯⋯⋯ 155
梅樹 ⋯⋯⋯⋯⋯ 18, **26**, 37, 122
梓樹 ⋯⋯⋯⋯⋯⋯⋯⋯⋯ 69, 99
梔子木 ⋯⋯⋯⋯⋯⋯⋯⋯ 71, **128**
梣木 ⋯⋯⋯⋯⋯⋯⋯⋯⋯⋯ 184
梣葉斑紋漆木 ⋯⋯⋯⋯⋯⋯ **164**
深山犬櫻 ⋯⋯⋯⋯⋯⋯⋯ 49, **54**
細孔綠心樟 ⋯⋯⋯⋯⋯⋯⋯ **139**
細葉榕 ⋯⋯⋯⋯⋯⋯⋯⋯⋯ **33**
蛇木 ⋯⋯⋯⋯⋯⋯⋯⋯⋯⋯ 158
蛇桑 ⋯⋯⋯⋯⋯⋯⋯⋯⋯⋯ 158
蛇紋木 ⋯⋯⋯⋯⋯⋯⋯ **158**, 224
軟楓 ⋯⋯⋯⋯⋯⋯⋯ 154, **163**, 174
連香樹 ⋯⋯ 22, **34**, 118, 123, 127, 198, 231
野黑櫻 ⋯⋯⋯⋯⋯⋯⋯⋯⋯ 132

野漆 ……………………………………………… **84**, 110
鳥眼楓木 ………………………………………… **173**
鹿仔樹 ……………………………………………… 112

【十二劃】

喀麥隆烏木 ……………………………………… 209
斑木 ……………………………………………… 164
斑紋黑檀 ………………………… 108, **155**, 204
斑馬木 …………………………… 22, **161**, 237
斯圖崖豆木 ……………………… 140, 214, **237**
朝鮮槐 …………………………… **23**, 81, 123
棕櫚 ……………………………………………… **58**
棗樹 …………………………… **78**, 122, 239
楮樹 ……………………………………………… 112
殼樹 ……………………………………………… 112
硬木軍刀豆木 …………………………………… 217
硬楓 …………………………… 12, 154, 163, **174**
紫心木 ………………………………… **175**, 205
紫木 ……………………………………………… 217
紫光檀 ……………………………………… 130, 147
紫檀 ………… 19, 71, 123, 126, 129, 130, **144**, 145, 147,
　　164, 167, 169, 170, 176, 177, 178, 191, 205, 209
紫檀瘤 …………………………………………… **145**
紫羅蘭木 ………………………………………… 146
紫鐵刀木 …………………………………… 167, 214
絨毛黃檀 ………………………………………… **169**
華東山柳 ………………………………………… 117
華東椴 ……………………………………… 34, 57
菲律賓條紋烏木 …………………………… 155, 204
菲律賓黑檀 ………………………………… 155, 204
菲島福木 ………………………………………… **116**
裂葉榆 …………………………………………… 82
象牙柿 …………………………………………… **108**
象蠟木 …………………… 12, **55**, 68, 77, 123, 184
雄松 ……………………………………………… 43
雲杉 ……………………………………………… **160**
雲南石梓 ……………………………… 164, **232**
黃土樹 …………………………………………… **115**
黃王檀 …………………………………………… 201
黃金檀 …………………………………………… 201
黃梔子 …………………………………………… 128
黃雪松 …………………………………………… 198
黃樺 ………………………………………… **134**, 235
黃檗 ……………………………………………… **38**
黃柏 ……………………………………………… 38
黃檜 ……………………………………………… 166
黃雞翅木 ………………………………………… 237
黃櫨 ……………………………………………… 84
黑木黃檀 ……………………………… **130**, 147, 209
黑松 …………………………………… 16, **43**, 109
黑胡桃木 ………………………… 31, 148, **193**
黑崖豆木 …………………………………… 167, **214**

黑紫樹 …………………………………………… 235
黑雲杉 ……………………………………… 13, 29
黑椰豆木 ………………………………………… **233**
黑楓 ……………………………………………… 174
黑檀 …… 19, 108, 123, 126, 130, 138, 147, 155,
　　164, 167, 169, 186, 204, 205, 209, 233
黑檜 ……………………………………………… 83
黑櫻桃木 ………………………………………… 132

【十三劃】

圓柏 ……………………………………………… 25
圓椎 ……………………………………………… 53
圓齒水青岡 ……………………………………… 92
奧氏黃檀 ……………………………… **170**, 191, 207
奧勒岡松 ………………………………………… 199
微凹黃檀 ……………………………… **150**, 190, 191
椴木 …………………………… 50, **57**, 123, 236
楊柳 ………………………………………… 85, 94
楊梅 …………………………… 100, **107**, 122
栖木 …………………………… 98, 132, 157, 203, 226
榆木 …………………………… 30, 64, **82**, 121, 123
椰榆 ……………………………………………… 82
溫州蜜柑 ………………………………………… 96
滇石梓 …………………………………………… 232
照葉木 …………………………………………… 113
猿田木 …………………………………………… 115
絹柏 ……………………………………………… 157
絹檻 ……………………………………………… 157
義大利黑楊 ……………………………………… 94
葡萄 ……………………………………………… **91**
葫蘆梨木 ………………………………………… 194
蜀椒 ……………………………………………… **52**
蜈蚣柏 …………………………………………… 88
裏白樫 …………………………………………… 27
鉛木 ……………………………………………… 219
雷電木 …………………………………………… 69
鼠子 ……………………………………………… 83
楓木 …………………………… 163, 173, 174, 211

【十四劃】

構樹 ……………………………………………… **112**
槐木 ………………………………………… 23, 168
漆樹 …………………………………… **28**, 53, 80
綠檀 ………………………………………… **180**, 224
綠檀香 …………………………………………… 180
緋桂 ……………………………………………… 34
緋寒櫻 …………………………………………… 37
賓門 ……………………………………………… 187
輕木 …………………… 51, 74, 76, 102, 123, **179**
銀杏 ………………………………………… **22**, 34, 94
銀楓 ……………………………………………… 163
銀樺 ………………………………………… **157**, 239
銀橡樹 …………………………………………… 157

【木材名索引】

雌松 ……………………………………………… 16
駁骨樹 …………………………………………… 100

【十五劃】

墨西哥紅木 ……………………………………… 228
墨西哥黃金檀 ………………………………… **201**
槭木 ……………… 20, 26, 49, 54, 95, 97, 99, 154
樫木 ……………………… 14, 19, 27, 59, 98, 123
歐石楠 …………………………………………… 189
歐洲山毛櫸 ……………………………………… 182
歐洲岩槭 ………………………………………… 154
歐洲雲杉 ………………………………………… 160
歐洲黑楨木 ……………………………………… 160
歐洲葡萄 ………………………………………… 91
歐洲橄欖 …………………………………… 142, 143
歐斑木 …………………………………… **141**, 155
緬甸紫檀 ………………………………………… 144
緬甸酸枝 ………………………………………… 170
緬茄 …………………………………… 123, **129**
蔡赫氏溝兒茶 …………………………………… 186
豬腳楠 …………………………………………… 67
齒葉蟻木 ………………………………………… 220
廣葉黃檀（印度玫瑰木） …… **137**, 141, 162,
　　　　　　　　　　　　　　　　　170, 191, 205
廣葉黃檀（印尼黑酸枝） …………… **162**, 191

【十六劃】

暹羅柿 …………………………………………… 156
暹羅黃楊 …………………………………… 71, 128
樺木 ………… 17, **48**, 49, 57, 60, 92, 95, 99, 134, 149,
　　　　　　　　　　　　　　　　　210, 211, 228
橄欖木 …………………………………… 177, 232
橙心木 …………………………………………… 235
燈台樹 ………………………………………… **97**
糖楓 ……………………………………………… 174
糖槭 ……………………………………………… 163
遼東樑木 ………………………………………… 86
錐栗 ………………………… **53**, 56, 112, 123
錫蘭烏木 ………………………………… **204**, 209
髭脈榿葉樹 …… 24, 44, 112, 114, 115, **117**, 233

【十七劃】

曙杉 ……………………………………………… 238
檀香木 …………………………………………… 185
檀香紫檀 ………………………………………… 227
龍柏 …………………………………………… **25**
檜翌檜 …………………………………………… 88
糠栓 ………………………………………… 62, 63
蕾絲木 ………………………………… 157, 183, **239**
螺穗木 ………………………………………… **234**
賽州黃檀 ………………………………………… 146
闊變豆木 ……………………………………… **147**
霞櫻 ……………………………………………… 49

【十八劃】

檳榔樹 …………………………………… 140, **187**
癒瘡木 ………………… 158, 171, 180, 219, **224**
薩摩本柘植 ……………………………………… 71
薩摩黃楊 …………………………………… 71, 128
雜樺 ……………………………………………… 48
雞桑 …………………………………………… **105**
鵝松明樺 ………………………………………… 95

【十九劃】

瓊崖海棠 ……………………………………… **113**
羅森檜 …………………………………………… 197
羅漢杉 …………………………………………… 24
羅漢松 ………………………………………… **24**
羅漢柏 ……………………… 47, 51, **88**, 160, 198
藪椿 ……………………………………………… 73

【二十劃以上】

蘋果 ……………………………… **110**, 122, 149
黧蒴栲 …………………………………………… 53
櫸木 ………… 30, 38, **45**, 46, 62, 64, 80, 82, 98, 105,
　　　　　　　　118, 120, 123, 137, 188, 218
櫻花木 ……… 17, 49, 54, 99, 115, 122, 172, 210, 216
櫻槐 ……………………………………………… 157
鐵刀木 ……… 33, 126, 140, **167**, 170, 205, 214, 227,
　　　　　　　　　　　　　　　　　234, 237
鐵木 ……………………………… **17**, 49, 171
鐵梨木 …………………………………………… 224
釀酒葡萄 ………………………………………… 91
欖仁 …………………………………………… **138**
鑽天楊 …………………………………………… 94
鬱金香木 …………………………………… 136, 191, 227

學名索引

【A】

Abies firma	102
Abies sachalinensis	76
Acacia bakeri	133
Acacia confusa	65
Acacia koa	181
Acacia spp.	81
Acer mono	20
Acer nigrum	174
Acer pseudoplatanus	154
Acer rubrum	163
Acer saccharinum	163
Acer saccharum	174
Acer spp.	173
Aesculus turbinata	75
Afzelia bipindensis	129
Afzelia pachyloba	129
Afzelia spp.	129
Agathis spp.	127
Albizia julibrissin	114
Albizia saman	218
Alnus hirsuta var. *sibirica*	86
Alnus japonica	86
Alnus rubra	231
Anisoptera spp.	238
Areca catechu	187
Armeniaca vulgaris var. *ansu*	18
Aspidosperma polyneuron	200
Aspidosperma spp.	230
Astronium fraxinifolium	164

【B】

Baillonella toxisperma	216
Berchemia zeyheri	186
Betula alba	211
Betula alleghaniensis	134
Betula ermanii	48
Betula grossa	99
Betula maximowicziana	95
Betula platyphylla var. *japonica*	60
Betula spp.	48, 211
Bischofia javanica	15
Brosimum guianense	158
Brosimum paraense	151
Broussonetia kazinoki × *B. papyrifera*	112
Brya ebenus	233
Bulnesia sarmientoi	180
Bursera garaveolens	180

Buxus microphylla var. *japonica*	71

【C】

Caesalpinia echinata	192
Caesalpinia platyloba	235
Calophyllum inophyllum	113
Camellia japonica	73
Carpinus cordata	56
Carpinus japonica	56
Carpinus laxiflora	56
Carpinus tschonoskii	56
Carya spp.	184
Cassia siamea	167
Castanea crenata	41
Castanopsis cuspidata	53
Castanopsis sieboldii	53
Casuarina equisetifolia	100
Cedrela odorata	159
Cedrela sinensis	69
Celtis sinensis	30
Centrolobium spp.	232
Cerasus campanulata	37
Cerasus jamasakura	106
Cerasus × *yedoensis*	66
Cercidiphyllum japonicum	34
Chamaecyparis lawsoniana	197
Chamaecyparis nootkatensis	198
Chamaecyparis obtusa	87
Chamaecyparis obtusa var. *formosana*	166
Chamaecyparis pisifera	51
Chamaecyparis taiwanensis	166
Cinnamomum camphora	40
Cinnamomum japonicum	104
Cinnamomum sieboldi	236
Cinnamomum sp.	165
Cinnamomum tenuifolium	104
Citrus spp.	96
Cladrastis platycarpa	90
Clethra barbinervis	117
Coffea arabica	149
Coffea spp.	149
Colophospermum mopane	239
Combretum imberbe	219
Cordia dodecandra	156
Cordia elaeagnoides	201
Cordia gerascanthus	201
Cordia spp.	201
Cornus controversa	97
Cryptomeria japonica	61, 103

【學名索引】

【D】

Dalbergia cearensis 146
Dalbergia cochinchinensis 205
Dalbergia frutescens 169
Dalbergia latifolia 137, 162
Dalbergia melanoxylon 130
Dalbergia nigra 190
Dalbergia oliveri 170
Dalbergia retusa 150
Dalbergia stevensonii 207
Dalbergia spp. 137
Diospyros celebica 155
Diospyros crassiflora 209
Diospyros ebenum 204
Diospyros egbert-walkeri 108
Diospyros ferrea var. buxifolia 108
Diospyros kaki 32, 42
Diospyros marmorata 133, 208
Diospyros mollis 126
Diospyros philippensis 155
Diospyros spp. 155, 209
Distylium racemosum 19
Dyera costulata 153

【E】

Entandrophragma cylindricum 152
Erica arborea 189
Eriobotrya japonica 116
Erythrina variegata 74
Euonymus hamiltonianus 117
Euonymus sieboldianus 117
Euplassa pinnata 239
Eusideroxylon zwageri 231
Euxylophora paraensis 135

【F】

Fagus crenata 92
Fagus grandifolia 182
Fagus sylvatica 182
Ficus microcarpa 33
Fraxinus americana 202
Fraxinus japonica 77
Fraxinus lanuginosa f. serrata 12
Fraxinus longicuspis 77
Fraxinus mandshurica var. japonica 68
Fraxinus spaethiana 55

【G】

Garcinia subelliptica 116
Gardenia spp. 128
Ginkgo biloba 22
Gmelina arborea 232
Gonystylus bancanus 221
Grevillea robusta 157
Grevillea striata 183
Guaiacum offcinale 224
Guibourtia demeusei 188
Guibourtia ehie 141
Guibourtia spp. 188

【H】

Hovenia dulcis 46

【I】

Intsia bijuga 215
Intsia palembanica 215

【J】

Juglans californica 148
Juglans hindsii 148
Juglans mandshurica var. sachalinensis 31
Juglans nigra 148, 193
Juglans regia 148
Juniperus chinensis 25

【K】

Kalopanax pictus 62

【L】

Larix kaempferi 36
Laurus nobilis 233
Lindera umbellata 44
Liriodendron tulipifera 136

【M】

Maackia amurensis var. buergeri 23
Machaerium scleroxylon 217
Machaerium spp. 217
Machilus thunbergii 67
Magnolia obovata 93
Malus spp. 110
Mangifera spp. 212
Marmaroxylon racemosum 133, 208

Melia azedarach ⋯⋯⋯⋯⋯⋯⋯⋯ 64
Metasequoia glyptostroboides ⋯⋯⋯⋯⋯238
Microberlinia brazzavillensis ⋯⋯⋯⋯161
Millettia laurentii ⋯⋯⋯⋯⋯⋯ *167*, 140
Millettia pendula ⋯⋯⋯⋯⋯⋯⋯ *167*, 214
Millettia stuhlmannii ⋯⋯⋯⋯⋯⋯237
Morus australis ⋯⋯⋯⋯⋯⋯⋯⋯105
Morus bombycis ⋯⋯⋯⋯⋯⋯⋯⋯105
Myrica rubra ⋯⋯⋯⋯⋯⋯⋯⋯⋯107

【N】

Nandina domestica ⋯⋯⋯⋯⋯⋯⋯ 79
Nyssa sylvatica ⋯⋯⋯⋯⋯⋯⋯⋯235

【O】

Ochroma bicolor ⋯⋯⋯⋯⋯⋯⋯⋯179
Ochroma lagopus ⋯⋯⋯⋯⋯⋯⋯179
Ochroma pyramidale ⋯⋯⋯⋯⋯⋯179
Olea europaea ⋯⋯⋯⋯⋯⋯⋯⋯142
Olea hochstetteri ⋯⋯⋯⋯⋯⋯⋯142
Olneya tesota ⋯⋯⋯⋯⋯⋯⋯⋯171
Osmanthus fragrans var. *aurantiacus* ⋯⋯112
Ostrya japonica ⋯⋯⋯⋯⋯⋯⋯⋯ 17

【P】

Padus ssiori ⋯⋯⋯⋯⋯⋯⋯⋯⋯ 54
Palaquium spp. ⋯⋯⋯⋯⋯⋯⋯⋯172
Panopsis spp. ⋯⋯⋯⋯⋯⋯⋯⋯239
Paraberlinia bifoliolata ⋯⋯⋯⋯⋯237
Parashorea spp. ⋯⋯⋯⋯⋯⋯⋯222
Parthenocissus tricuspidata ⋯⋯⋯⋯ 72
Paulownia tomentosa ⋯⋯⋯⋯⋯⋯ 39
Peltogyne pubescens ⋯⋯⋯⋯⋯⋯175
Peltogyne spp. ⋯⋯⋯⋯⋯⋯⋯⋯175
Pentacme spp. ⋯⋯⋯⋯⋯⋯⋯⋯222
Pericopsis elata ⋯⋯⋯⋯⋯⋯⋯⋯131
Phellodendron amurense ⋯⋯⋯⋯⋯ 38
Phoebe porosa ⋯⋯⋯⋯⋯⋯⋯⋯139
Picea glehnii ⋯⋯⋯⋯⋯⋯⋯⋯ 13
Picea jezoensis ⋯⋯⋯⋯⋯⋯⋯⋯ 29
Picea sitchensis ⋯⋯⋯⋯⋯⋯⋯⋯160
Picrasma quassioides ⋯⋯⋯⋯⋯⋯ 80
Pinus densiflora ⋯⋯⋯⋯⋯⋯⋯⋯ 16
Pinus luchuensis ⋯⋯⋯⋯⋯⋯⋯109
Pinus parviflora ⋯⋯⋯⋯⋯⋯⋯ 89
Pinus parviflora var. *pentaphylla* ⋯⋯ 89
Pinus thunbergii ⋯⋯⋯⋯⋯⋯⋯ 43
Piratinera guianensis ⋯⋯⋯⋯⋯⋯158

Platanus hybrida ⋯⋯⋯⋯⋯⋯⋯⋯239
Platymiscium yucatanum ⋯⋯⋯⋯⋯147
Podocarpus macrophyllus ⋯⋯⋯⋯ 24
Populus nigra var. *italica* ⋯⋯⋯⋯ 94
Prunus armeniaca var. *ansu* ⋯⋯⋯ 18
Prunus cerasoides var. *campanulata* ⋯⋯ 37
Prunus jamasakura ⋯⋯⋯⋯⋯⋯106
Prunus mume ⋯⋯⋯⋯⋯⋯⋯⋯ 26
Prunus pendula f. *ascendens* ⋯⋯⋯ *37*
Prunus serotina ⋯⋯⋯⋯⋯⋯⋯⋯132
Prunus ssiori ⋯⋯⋯⋯⋯⋯⋯⋯ 54
Prunus × *subhirtella* ⋯⋯⋯⋯⋯⋯ *37*
Prunus × *yedoensis* ⋯⋯⋯⋯⋯⋯ 66
Prunus zippeliana ⋯⋯⋯⋯⋯⋯⋯115
Pseudotsuga menziesii ⋯⋯⋯⋯⋯⋯199
Pterocarpus indicus ⋯⋯⋯⋯⋯ 144, 145
Pterocarpus macrocarpus ⋯⋯⋯⋯⋯ *144*
Pterocarpus santalinus ⋯⋯⋯⋯⋯227
Pterocarpus soyauxii ⋯⋯⋯⋯⋯⋯178
Pterocarya rhoifolia ⋯⋯⋯⋯⋯⋯ 50
Pterygota bequaertii ⋯⋯⋯⋯⋯⋯234
Pterygota macrocarpa ⋯⋯⋯⋯⋯234
Punica granatum ⋯⋯⋯⋯⋯⋯⋯113
Pyrus communis ⋯⋯⋯⋯⋯⋯⋯194

【Q】

Quercus acuta ⋯⋯⋯⋯⋯⋯⋯⋯ 14
Quercus alba ⋯⋯⋯⋯⋯⋯⋯⋯203
Quercus crispula ⋯⋯⋯⋯⋯⋯⋯ 98
Quercus myrsinaefolia ⋯⋯⋯⋯⋯ 59
Quercus rubra ⋯⋯⋯⋯⋯⋯⋯⋯226
Quercus salicina ⋯⋯⋯⋯⋯⋯⋯ 27

【R】

Rhus succedanea ⋯⋯⋯⋯⋯⋯⋯ 84
Rhus sylvestris ⋯⋯⋯⋯⋯⋯⋯⋯ 84
Rhus vernicifera ⋯⋯⋯⋯⋯⋯⋯ 28
Robinia pseudoacacia ⋯⋯⋯⋯⋯⋯ 81

【S】

Salix bakko ⋯⋯⋯⋯⋯⋯⋯⋯⋯ 85
Samanea saman ⋯⋯⋯⋯⋯⋯⋯218
Santalum album ⋯⋯⋯⋯⋯⋯⋯ *185*
Santalum spicatum ⋯⋯⋯⋯⋯⋯ *185*
Sciadopitys verticillata ⋯⋯⋯⋯⋯ 47
Sequoia sempervirens ⋯⋯⋯⋯⋯⋯225
Sequoiadendron giganteum ⋯⋯⋯⋯ *225*
Shorea spp. ⋯⋯⋯⋯⋯⋯⋯⋯ 222, 223

【學名索引】

Sickingia salvadorensis 228
Spirostachys africana 234
Stewartia monadelpha 115
Stewartia pseudocamellia 114
Styphnolobium japonicum 23
Swartzia fistuloides 176
Swartzia madagascariensis 177
Swida controversa 97
Swietenia macrophylla 206

【T】

Tabebuia spp. 220
Tabebuia serratifolia 220
Taxus cuspidata 21
Tectona grandis 168
Terminalia spp. 138, 208
Terminalia tomentosa 138
Ternstroemia gymnanthera 101
Thuja plicata 195
Thuja standishii 83
Thujopsis dolabrata 88
Thujopsis dolabrata var. *hondai* 88
Tieghemella africana 210
Tieghemella heckelii 210
Tilia americana 236
Tilia japonica 57
Tilia maximowicziana 57
Toona sinensis 69
Torreya nucifera 35
Toxicodendron orientale 28
Toxicodendron succedaneum 84
Toxicodendron sylvestre 84
Toxicodendron trichocarpum 28
Toxicodendron vernicifluum 28
Trachycarpus fortunei 58
Triplochiton scleroxylon 230
Tsuga heterophylla 196
Tsuga sieboldii 70

【U】

Ulmus davidiana var. *japonica* 82

【V】

Vitis vinifera 91

【W】

Wisteria floribunda 90

【Z】

Zanthoxylum piperitum 52
Zelkova serrata 45
Ziziphus jujuba 78

詞彙翻譯對照表

（　）內為日文輸入法

中文	日文	中文	日文
小葉梣	アオダモ (aodamo)	大葉釣樟	クロモジ (kuromoji)
紅雲杉	アカエゾマツ (akaezomatu)	櫸木	ケヤキ (keyaki)
日本常綠橡	アカガシ (akagashi)	枳椇	ケンポナシ (kennponashi)
茄苳	アカギ (akagi)	日本金松	コウヤマキ (kouyamaki)
赤松	アカマツ (akamatu)	樺木	ザツカバ (zatukaba)
鐵木	アサダ (asada)	水胡桃	サワグルミ (sawagurumi)
杏樹	アンズ (annzu)	日本花柏	サワラ (sawara)
蚊母樹	イスノキ (isunoki)	蜀椒	サンショウ (sannshou)
色木槭	イタヤカエデ (itayakaede)	錐栗	シイ (shii)
東北紅豆杉	イチイ (ichii)	深山犬櫻	シウリザクラ (shiurizakura)
銀杏	イチョウ (ichou)	象蠟木	シオジ (shioji)
朝鮮槐	イヌエンジュ (imuennjyu)	日本千金榆	シデ (shide)
羅漢松	イヌマキ (imumaki)	椴木	シナ (shina)
龍柏	イブキ (ibuki)	棕櫚	シュロ (shuro)
梅樹	ウメ (ume)	小葉青岡櫟	シラカシ (shirakashi)
狹葉櫟	ウラジロガシ (urajirogashi)	白樺	シラカバ (shirakaba)
漆樹	ウルシ (urushi)	日本柳杉	スギ (sugi)
魚鱗雲杉	エゾマツ (ezomatu)	刺楸	セン (senn)
朴樹	エノキ (enoki)	苦楝	センダン (senndann)
鬼胡桃木	オニグルミ (onigurumi)	相思樹	ソウシジュ (soushijyu)
柿（白柿）	カキ (kaki)	染井吉野櫻	ソメイヨシノ (someiyoshino)
細葉榕	ガジュマル (gajyumaru)	紅楠	タブ (tabu)
連香樹	カツラ (katura)	水曲柳	タモ (tamo)
日本榧樹	カヤ (kaya)	香椿	チャンチン (channchinn)
日本落葉松	カラマツ (karamatu)	日本鐵杉	ツガ (tuga)
山櫻花	カンヒザクラ (kannhizakura)	日本黃楊	ツゲ (tuge)
黃蘗	キハダ (kihada)	爬牆虎	ツタ (tuta)
毛泡桐	キリ (kiri)	山茶	ツバキ (tubaki)
日本樟	クス (kusu)	刺桐	デイゴ (deigo)
日本栗	クリ (kuri)	日本七葉樹	トチ (tochi)
柿（黑柿）	クロガキ (kurogaki)	庫頁島冷杉	トドマツ (todomatu)
黑松	クロマツ (kuromatu)	日本梣木	トネリコ (toneriko)

中文	日文	中文	日文
棗樹	ナツメ (natume)	蘋果	リンゴ (rinngo)
南天竹	ナンテン (nanntenn)	丹桂	キンモクセイ (kinnmokusei)
苦木	ニガキ (nigaki)	構樹	コウゾ (kouzo)
刺槐	ニセアカシア (niseakashia)	石榴	ザクロ (zakuro)
榆木	ニレ (nire)	瓊崖海棠	テリハボク (terihaboku)
日本香柏	ネズコ (nezuko)	夏山茶	ナツツバキ (natutubaki)
野漆	ハゼ (haze)	合歡	ネムノキ (nemunoki)
日本柳	バッコヤナギ (bakkoyanagi)	黃土樹	バクチノキ (bakuchinoki)
日本榿木	ハンノキ (hannnoki)	日本紫莖	ヒメシャラ (himeshara)
日本扁柏	ヒノキ (hinoki)	枇杷	ビワ (biwa)
羅漢柏	ヒバ (hiba)	菲島福木	フクギ (hukugi)
日本五針松	ヒメコマツ (himekomatu)	西南衛矛	マユミ (mayumi)
翅莢香槐	フジキ (hugiki)	髭脈榿葉樹	リョウブ (ryoubu)
葡萄	ブドウ (budou)	神代連香樹	神代カツラ (jinndaikatura)
日本山毛櫸	ブナ (buna)	神代日本樟	神代クス (jinndaikusu)
日本厚朴	ホオ (hoo)	神代日本栗	神代クリ (jinndaikuri)
白楊	ポプラ (popura)	神代櫸木	神代ケヤキ (jinndaikeyaki)
真樺	マカバ (makaba)	神代日本柳杉	神代スギ (jinndaisugi)
柑橘	ミカン (mikann)	神代水曲柳	神代タモ (jinndaitamo)
燈台樹	ミズキ (mizuki)	神代榆木	神代ニレ (jinndainire)
水楢木	ミズナラ (mizunara)	青黑檀	アオコクタン (aokokutann)
日本櫻桃樺樹	ミズメ (mizume)	貝殼杉	アガチス (agachisu)
木賊葉木麻黃	モクマオウ (mokumaou)	梔子木	アカネ (akane)
厚皮香	モッコク (mokkoku)	緬茄	アパ (apa)
日本冷杉	モミ (momi)	黑木黃檀	アフリカンブラックウッド (ahurikannburakkuuddo)
屋久杉	ヤクスギ (yakusugi)	大美木豆	アフロモシア (ahuromoshia)
天竺桂	ヤブニッケイ (yabunikkei)	美國黑櫻桃木	アメリカンブラックチェリー (amerikannburakkucheri-)
雞桑	ヤマグワ (yamaguwa)		
山櫻木	ヤマザクラ (yamazakura)	大理石豆木	アンジェリンラジェッタ (annjerinnrajetta)
楊梅	ヤマモモ (yamamomo)		
象牙柿	リュウキュウコクタン (ryuukyuukokutann)	黃樺	イエローバーチ (iero-ba-chi)
琉球松	リュウキュウマツ (ryuukyuumatu)	良木芸香	イエローハート (iero-ha-to)

中文	日文
北美鵝掌楸	イエローポプラ (iero-popura)
廣葉黃檀	インディアンローズウッド (inndhiannro-zuuddo)
欖仁	インデイアンローレル (inndhiannro-reru)
細孔綠心樟	インブイア (innbuia)
非洲崖豆木	ウエンジ (uennji)
歐斑木	オバンコール (obannko-ru)
油橄欖	オリーブ (ori-bu)
紫檀	カリン (karinn)
紫檀瘤	カリンこぶ (karinnkobu)
國王木	キングウッド (kinnguuddo)
闊變豆木	グラナディロ (guranadhiro)
北美胡桃木	クラロウォルナット (kuraroulorunatto)
咖啡樹	コーヒー (ko-hi-)
微凹黃檀	ココボロ (kokoboro)
紅飽食桑	サティーネ (sadhi-ne)
沙比力木	サペリ (saperi)
南洋桐	ジェルトン (jerutonn)
岩槭	シカモア (shikamoa)
斑紋黑檀	シマコクタン (shimakokutann)
十二雄蕊破布木	ジリコテ (jirikote)
銀樺	シルキーオーク (shiruki-o-ku)
蛇紋木	スネークウッド (sune-kuuddo)
西班牙香椿	スパニッシュシーダー (supanisshu-da-)
雲杉	スプルース (supuru-su)
斑馬木	ゼブラウッド (zeburauddo)
廣葉黃檀	ソノケリン (sonokerinn)
軟楓	ソフトメープル (sohutome-puru)
桉葉斑紋漆木	タイガーウッド (taiga-uddo)
台灣樟	タイワンクス (taiwannkusu)
台灣扁柏	タイワンヒノキ (taiwannhinoki)
鐵刀木	タガヤサン (tagayasann)

中文	日文
柚木	チーク (chi-ku)
絨毛黃檀	チューリップウッド (chu-rippuuddo)
奧氏黃檀	チンチャン (chinnshann)
沙漠鐵木	デザートアイアンウッド (deza-toaiannuddo)
尼亞杜山欖	ニヤトー (niyato-)
鳥眼楓木	バーズアイメープル (ba-zuaime-puru)
硬楓	ハードメープル (ha-dome-puru)
紫心木	パープルハート (pa-puruha-to)
紅鐵木豆	パーローズ (pa-ro-zu)
小葉紅檀	パオロサ (paorosa)
非洲紫檀	パドック (padokku)
輕木	バルサ (barusa)
綠檀	パロサント (parosannto)
寇阿相思樹	ハワイアンコア (hawaiannkoa)
山毛櫸	ビーチ (bi-chi)
木麻黃銀華	ビーフウッド (bi-huuddo)
山核桃	ヒッコリー (hikkori-)
大果澳洲檀香	ビャクダン (byakudann)
粉紅象牙木	ピンクアイボリー (pinnkuaibori-)
檳榔樹	ビンロウジュ (binnroujyu)
姆密卡	ブビンガ (bubinnga)
白歐石楠	ブライヤー (buraiya-)
巴西黑黃檀	ブラジリアンローズウッド (burajiriannro-zuuddo)
巴西紅木	ブラジルウッド (burajiruuddo)
黑胡桃木	ブラックウォルナット (burakkuulorunatto)
西洋梨木	ペアウッド (paauddo)
美西側柏	ベイスギ (beisugi)
美國西部鐵杉	ベイツガ (beituga)
美國扁柏	ベイヒ (beihi)
阿拉斯加扁柏	ベイヒバ (beihiba)

中文	日文	中文	日文
花旗松	ベイマツ (beimatu)	美國赤楊	アルダー (aruda-)
紅盾籽木	ペロバロサ (perobarosa)	婆羅洲鐵木	ウリン (urinn)
墨西哥黃金檀	ボコテ (bokote)	刺片豆木	カナリーウッド (kanari-uddo)
美國白蠟木	ホワイトアッシュ (howaitoasshu)	雲南石梓	グメリナ (gumerina)
白橡木	ホワイトオーク (howaitoo-ku)	月桂	ゲッケイジュ (gekkeijyu)
錫蘭烏木	ホンコクタン (honnkokutann)	黑椰豆木	コーカスウッド (ko-kasuuddo)
交趾黃檀	ホンシタン (honnshitann)	大果翅蘋婆木	コト (koto)
大葉桃花心木	ホンジュラスマホガニー (honnjyurasumahogani-)	螺穗木	タンボチ (tannbochi)
宏都拉斯玫瑰木	ホンジュラスローズウッド (honnjyurasuro-zuuddo)	查科蒂硬木	チャクテビガ (chakutebiga)
大理石木	マーブルウッド (ma-buruuddo)	北美紫樹	ツペロ (tupero)
非洲烏木	マグロ (maguro)	肉桂樹	ニッキ (nikki)
杜卡木	マコレ (makore)	美洲椵木	バスウッド (basuuddo)
馬蘇爾樺木	マスールバーチ (masu-ruba-chi)	斯圖崖豆木	パンガパンガ (panngapannga)
芒果樹（野生）	マンゴ (manngo)	貝里木	ベリ (beir)
黑崖豆木	ミレシア (mireshia)	水杉	メタセコイア (metasekoia)
太平洋鐵木	メルバウ (merubau)	桂蘭	メルサワ (merusawa)
毒籽山欖	モアビ (moabi)	可樂豆木	モパーネウッド (mopa-neuddo)
軍刀豆木	モラド (morado)	蕾絲木	レースウッド (re-suuddo)
雨豆樹	モンキーポッド (monnki-poddo)		
皮灰木	モンゾ (monnzo)		
風鈴木	ラパチョ (rapacho)		
拉敏木	ラミン (raminn)		
柳桉	ラワン (rawann)		
癒瘡木	リグナムバイタ (rigunamubaita)		
加州紅木	レッドウッド (reddouddo)		
紅橡木	レッドオーク (reddoo-ku)		
小葉紫檀	レッドサンダー (reddosannda-)		
紅心木	レッドハート (reddoha-to)		
盾籽木	アマレロ (amarero)		
非洲梧桐	アユース (ayu-su)		

〈資料來源〉

書名	著者名	出版社	発行年
A Glossary of Wood	Thomas Corkhill	Stobart Davies Ltd	2004
The Wood Handbook	Nick Gibbs	Apple Press	2012
THE COMMERCIAL WOODS OF AFRICA	Peter Phongphaew	Linden Publishing Inc.	2003
WOOD　IDENTIFICATION & USE	Terry Porter	GMC Publications	2012
WORLD WOODS IN COLOUR	William A. Lincoln	Stobart Davies Ltd	2006
カラーで見る世界の木材200種	須藤彰司	産調出版	1997
カラー版 日本有用樹木誌	伊藤隆夫、佐野雄三、安倍久など	海青社	2011
木と日本人	上村武	学芸出版社	2001
木の事典	平井信二	かなえ書房	1979〜87
木の大百科	平井信二	朝倉書店	1996
原色インテリア木材ブック	宮本茂紀（編）	建築資料研究社	2000
原色木材大図鑑 (改訂版)	貴島恒夫、岡本省吾、林昭三	保育社	1986
新版 北海道樹木図鑑	佐藤孝夫	亜璃西社	2002
世界木材図鑑	エイダン・ウォーカーなど、乙須敏紀（訳）	産調出版	2006
増補改訂 原色 木材大事典185種	村山忠親、村山元春（監修）	誠文堂新光社	2013
大日本有用樹木効用編 (復刻版)	諸戸北郎	林業科学技術振興所	1984
南洋材	須藤彰司	地球出版	1970
南洋材1000種	農林省林業試験場木材部（編）	日本木材加工技術協会	1965
南洋材の識別	緒方健	日本木材加工技術協会	1985
日本の樹木	林弥栄（編）	山と渓谷社	2002
熱帯有用樹木解説	伊東信吾、呉柏堂	農林統計協会	1992
熱帯の有用樹種	農林省熱帯農業研究センター	大日本山林会	1978
北米の木材	須藤彰司	日本木材加工技術協会	1987
木材活用ハンドブック	ニック・ギブス、乙須敏紀（訳）	産調出版	2005
木材の組織	島地謙、須藤彰司、原田浩	森北出版	1976

※ 除此之外，參考各種字典或研究機構的網站資料。

〈依據華盛頓公約的交易管制〉

華盛頓公約（CITES）是為保護瀕臨絕種的野生動植物而設立的國際交易條約。目的為禁止或限制交易品種和數量。根據品種的稀少性和交易影響的程度，加以區分為三類，並記載於條約的附錄（I～III）中。本書中介紹的巴西黑黃檀等，也被列為附錄（I）的管制對象。由於列為管制對象的動植物種類會隨時更新，因此請至經濟部國際貿易局網站查詢相關訊息（或檢索「華盛頓公約」）。
https://www.trade.gov.tw/Pages/List.aspx?nodeID=1690

〈協助者〉

相富木材加工、イナバコーポレーション、角間泰憲、企業組合キンモク、木心庵、「木之店」Woody Plaza（ウッディプラザ）、木彫屋森長、古我知毅、齊藤建工、雑木工房みたに、ダイキン、武田製材、竹中大工道具館、立島銘木店、中北哲雄、長棟まお、野原銘木店、馬場銘木、平野木材、平山照秋、北海道大学埋藏文化財調査室、マルイ木材、丸ス松井材木店、丸善木材、丸萬、村山元春、もくもく、山田木材工業

※ 除此之外，承蒙為數眾多的諸位先進協助提供資訊，在此謹致謝忱。

木材商名冊

【台灣】

壹、茂森木業股份有限公司
新北市三重區中正北路560巷49號
(02) 2971-1404
http://evergreen-timber.com.tw

貳、汎其企業有限公司
台中市神岡區三民路642巷16-1號
(04) 2563-0886
http://www.fancywood.com.tw

參、聯美林業股份有限公司
台中市豐原區豐勢路一段480號
(04) 2526-9133
http://www.ufpc.com.tw

肆、懋森實業有限公司
台中市神岡區六張路1-9號
(04) 2561-9239
http://www.mauson-industrial.com

伍、龍華木業有限公司
台中市大雅區振興路51號
(04) 2568-2960
http://www.phcwood.tw

陸、森艦木業有限公司
高雄市前鎮區擴建路1號
(07) 815-7123

柒、原木材料diy木工坊
台北市瑞光路55號
0938-012-159
https://www.facebook.com/wooddiy55/

捌、金泉億製材廠
屏東縣東港鎮東新里興東路801號
(08) 832-4571
https://www.facebook.com/kingwoods801/?locale=zh_TW

玖、渴匠國際有限公司
台中市北屯區同樂巷24號
(04)2421-1613
http://www.ship.org.tw/member/buce93/

壹拾、振茂木業有限公司
嘉義市西區文化路716號
(05)232-2085

壹拾壹、和峰木創股份有限公司
桃園縣大溪鎮員林路一段61號
(03)307-6077
http://www.woodrich.com.tw/

壹拾貳、東北木業股份有限公司
宜蘭縣五結鄉五結中路三段38號
0987-260-342
https://nwoodb.com.tw/

壹拾參、琮凱實業股份有限公司
(04)2407-1111
※北美、東南亞等地,例:美國扁柏、橡木、山毛櫸、花旗松、加拿大雲杉、非洲鐵刀木、緬甸柚木、印尼紫檀、台灣扁柏

【日本】

1.木心庵(きしんあん)〔河野銘木店〕
〒062-0905 札幌市豐平区豐平5条6丁目1-10
TEL 011-822-8211
http://www.kishinan.co.jp
※從唐木到北海道木材種類豐富

2.丸善木材
〒088-0626 北海道釧路郡釧路町桂4-15
TEL 0154-37-1561
http://www.maruzenmokuzai.com
※主要為北海道產的針葉材

3.山田木材工業
〒071-8112 北海道旭川市東鷹栖東2条4丁目
TEL 0166-57-2017
※主要為北海道產的闊葉材和黑核桃

4.ウッドショップ木蔵〔立島銘木店〕
〒080-0111 北海道河東郡音更町木野大通東8-6
TEL 0155-31-6247
http://kikura.jp
※以北海道木材為主70種以上的木材

5.道央ランバー〔木の素材屋さん〕
〒079-1371 北海道芦別市上芦別町56
TEL 080-3232-3312
http://kinosozai.com
※除了北海道以外的木材也有,主要以網路販售

6.きこりの店　ウッドクラフトセンターおぐら
〒967-0312
福島県南会津郡南会津町熨斗戸544-1
TEL 0241-78-5039
http://www.lc-ogura.co.jp
※從建材邊角料都有品項齊全

7.木の雑貨Tree Nuts(ツリーナッツ)
〒130-0021 東京都墨田区緑1-9-6
TEL 03-5638-2705
http://tree-nuts.com
※販售各種木材,還有木作雑貨

8.もくもく
〒136-0082 東京都江東区新木場1-4-7
TEL 03-3522-0069
http://www.mokumoku.co.jp
※品項齊全吸引許多木作愛好者

9.何月屋銘木店
〒195-0064 東京都町田市小野路町1144
TEL 042-734-6155
http://www.nangatuya.co.jp
※販售長度將近10公尺的無垢板等大尺寸材

10.ウッドショップ シンマ〔新間製材所〕
〒427-0041 静岡県島田市中河町250-3
TEL 0547-37-3285
http://woodshop-shinma.com
※從原木到邊角料應有盡有

11.岡崎製材　リビングスタイルハウズ
〒444-0842 愛知県岡崎市戸崎元町4-1
TEL 0564-51-7700
http://livingstyle-hows.tumblr.com

本書木材商名冊來自製作之際，曾協助採訪或提供照片的木材公司，絕大部分都可網路購買。
各材種文末的【通路商】數字是木材業者的序號，請對應本表。
※ 日本木材公司為 2014 年 3 月資料
編注：台灣木材公司為 2024 年 4 月電訪資料 (部分為 2023 年)

267

※設有岡崎製材系列展銷心中,品項豐富齊全

12.丸ス松井材木店
〒454-0014 名古屋市中川区柳川町1-13
TEL 052-671-3771
http://homepage2.nifty.com/marusu-matsui/
※包含稀少木材,日本闊葉材種類豐富

13.平野木材
〒509-0108 岐阜県各務原市須衛町7-63
TEL 058-384-7711
※定期舉行銘木市集。幾年前開始加入國外材

14.ウッドペッカー
〒503-1501
岐阜県不破郡関ヶ原町関ヶ原3098-1
TEL 0584-43-2804
※設有充滿尋寶樂趣的展銷中心

15.武田製材
〒519-2505 三重県多気郡大台町江馬158
TEL 0598-76-0023
※品項包含流通量極少的翅莢香槐等木材

16.野原銘木店
〒932-0211 富山県南砺市井波819
TEL 0763-82-0033
※備有稀少木材的銘木老店

17.齊藤建工
〒939-1434 富山県砺波市三合375-1
TEL 0763-37-0298
※柿的庫存量豐富,此外還有雜木類的木材

18.馬場銘木
〒522-0201 滋賀県彦根市高宮町2043-5
TEL 0749-22-1331
htpp://www.babameiboku.jp
※國內外木材種類豐富

19.山宗銘木店
〒522-0081 滋賀県彦根市京町3-8-15
TEL 0749-22-0714
http://www.yamaso-wood.co.jp
※面板或大尺寸材豐富

20.丸萬
〒612-8486 京都市伏見区羽束師古川町306
TEL 075-921-4356
http://maruman-kyoto.com
※建材類豐富

21.雑木工房みたに
〒564-0053 大阪府吹田市江ノ木町8-20
TEL 06-6385-2908
http://www.h5.dion.ne.jp/~r.mitani/
※從唐木到建材類種類豐富

22.中田木材工業
〒559-0025 大阪市住之江区平林南1-4-2
TEL 06-6685-5315
http://www.i-nakata.co.jp
※主要為闊葉材,可網路購買

23.りある・うっど（OGO-WOOD）
〒599-8234 大阪府堺市中区土塔町2225
TEL 072-349-8662
http://www.ogo-wood.co.jp
※種類多達120種以上,主要以網路販售

24.ダイキン
〒675-1318 兵庫県小野市北丘町355-3
TEL 0794-62-5335
※網羅世界珍奇木材

25.府中家具工業協同組合
〒726-0012 広島県府中市中須町1648
TEL 0847-45-5029
http://wood.shop-pro.jp
※家具材居多,主要以網路販售

26.ホルツマーケット
〒830-0211 福岡県久留米市城島町楢津1113-7
TEL 0942-62-3355
http://www.holzmarkt.co.jp
※木材100種以上,尤以木作材為主

27.高田製所
〒831-0041 福岡県大川市小保802
TEL 0944-87-6568
http://mokuzaikan.com
※面板或建材等種類豐富

28.木彫屋森長
〒901-0611 沖縄県南城市玉城富里91
TEL 098-948-7008
※主要為沖繩木材

29.企業組合キンモク
〒904-1201 沖縄県国頭郡金武町金武10392-4
TEL 098-968-6767
※主要為沖繩木材

30.マルイ木材
〒904-2201 沖縄県うるま市字昆布1730-1
TEL 090-3797-6865
※主要為沖繩木材

31.FINEWOOD
http://finewood.jp
※販售巴西黑黃檀等國外稀少木材

作者簡介

河村壽昌
（**Kawamura toshimasa**）

1968 年出生於日本愛知縣。木工藝家。早年在石川縣的轆轤技術研修所學習木工車床和漆相關知識，爾後開設工房。從研修時期開始收集木材，現有約 250 種以上，利用這些木材製成的小盒或器物，常在畫廊或百貨公司等地點舉辦個展或聯展。曾入選高岡工藝展（高岡 craft competition）、朝日現代工藝展、日本工藝展等各大工藝賞。

小泉章夫
（**koizumi akio**）

1955 年出生於日本京都市。北海道大學農學部森林科學系（木材工學研究室）副教授。研究領域為木質科學、森林科學，研究課題包含經濟樹木的材質、樹木耐風性評估等。合著有《簡明木材百科》『コンサイス木材百科』、《木質科學實驗手冊》『木質科学実験マニュアル』、《森林科學》『森林の科学』等。

西川榮明
（**Nishikawa takaaki**）

1955 年出生於日本神戶市。編輯、撰稿者、椅子研究家。從事編輯和撰稿活動，內容以森林或木工藝或樹木培育等與樹木相關的主題為主。著有《一輩子的木家具和器物》『一生ものの木の家具と器』、《名椅事典》『名作椅子の由來図典』、《手工木器》『手づくりする木の器』、《木工匠們》『木の匠たち』、《北的木工作》『北の木仕事』、《北的樹物語》『北の木と語る』、《日本森林與木職人》『日本の森と木職人』等書。合著有《溫莎椅大全》『ウィンザーチェア大全』、《木培育》『木育の本』等。

監修感言

由河村壽昌先生製作的木器小盒、獨具特色的木材事典付梓出版了。雖然坊間的木材圖鑑為數眾多，但卻沒有一本像本書這樣詳述車削時的感覺。這本書在描述車床加工時傳遞到手部的感覺，是以「沙啦沙啦」、「叩哩叩哩」、「嘎吱嘎吱」等象聲詞生動地說明。此外，龍門刨床作業時發出的「砰砰地彈跳」則是唯有操作者才能理解的感受。

幾乎所有樹木的細胞都是依照樹幹和樹枝伸展的方向排列，枝幹伸展後每年都會在外側長出新的細胞而逐漸變粗。由於細胞的排列方式根據不同方向而有差異，因此一般書籍都是收錄木材切口面（橫切面）、弦切面（沿著木質線之縱切面）、徑切面（與木質線垂直之縱切面）等三個斷面的照片。只有本書是放曲面車削後的照片，因此能夠看到從橫切面到弦切面，再到徑切面的連續變化。此外，有些木材在車削過程中會散發獨特氣味。氣味方面的描述會用具體詞彙形容，例如「氣味像是超市賣的袋裝豆芽菜」，讓讀者容易聯想。

除此之外，河村先生車削過的材種甚多。雖然不難看到建材和家具材等樹種的木材，但是河村先生就連不屬於樹木範疇的爬牆虎和椰子科的棕櫚都車削過，實在令我訝異。我是第一次看到葡萄樹木內粗大的放射狀組織。一般會認為輕軟的樹種或年輪內密度差異大的樹種是不適合做旋削加工，但是河村先生在本書卻打破刻板印象，示範車削輕木和日本花柏等材種。

本書不僅能夠充分了解木材的加工性能，從曲面還能觀賞到木紋、木質、顏色、氣味等加工後才能看到的特徵。承蒙作者讓我能愉快地擔任本書的監修一職，對於長年接觸的木材又有新發現，令我感到欣喜。

北海道大學農學部木材工學研究室
小泉章夫

後記

我從山中（石川縣加賀市）的轆轤研修所研習時期開始持續收集木材。透過走訪日本各地的珍奇木材店（銘木店）或木材行，如今數量已超過 200 種。

當收集木材之後就會希望多了解樹木的相關知識。所以只要有空閒就會閱讀樹木的相關書籍，並且針對已取得的木材，一面閱覽書籍或資料，一面從各種不同的觀點進行調查和研究。另外，有幸與處理木材已有數十年經驗，深具鑑別能力的資深者晤談，讓我獲得許多以實際體驗為根據的深奧知識。

研修所研習結業後隨即成立工房實際車削各種木材。剛開始時，也讓我再次感受到木材是具有不同個性的……車削作業時常能夠感受到與比重數值截然不同的硬度感、或嗅聞到獨特的氣味、或欣賞紅色和黃色等色調變化。

本書的硬度數值是根據我的實際操作經驗，將木材硬度訂出等級，並且對色彩、氣味、車削、龍門刨床作業等感受作出評語。

除此之外，還有西川先生採訪木材相關業者、木工製作者、木材研究家等所得到的評價。以簡明扼要文字完成本書的編纂作業。此外，全書樣本採用敝人的拙作，不勝惶恐。

希望本書有幸做為木作或室內裝潢素材的參考資料，也期待木材相關業者、喜愛樹材的人士，都能享受閱覽這本書的樂趣，若能如此將令我深感欣喜。

本書能夠付梓出版都應歸功於從研修生時代就關愛我的木材相關人士。沒有各界人士的幫忙恐怕也很難收集到 200 種以上的木材。因此，我想對研修所的老師們，致上最深謝意。感謝研修所接受年過 30 歲才入學的我，更感激老師們不吝指導各種車削技術和設計。

最後，謹向攝影師渡部健五先生、監修小泉章夫先生、以及企劃編輯過程中鼎力協助我的西川榮明先生，還有諸位相關人士，在此深致謝忱。

2014 年 4 月　河村壽昌

國家圖書館出版品預行編目（CIP）資料

木作用 世界木材事典 最新版/ 河村壽昌,西川榮明著，小泉章夫監修；朱炳樹
譯. -- 修訂二版. -- 臺北市：易博士文化, 城邦文化出版：家庭傳媒城邦分公司
發行, 2024.06
272面；19*26公分 -- (Graft base ; 43)
譯自：原色 木材加工面がわかる樹種事典
ISBN 978-986-480-369-9 (平裝)

1.木材　2.樹種
436.43　　　　　　　　　　　　　　　　　　　　　113005434

Graft Base 43

木作用 世界木材事典 最新版：

從硬度、色彩、氣味、木理全面解說 235 種木材的加工特性，
精美呈現橫切、弦切、徑切面的氣氛

原 著 書 名／原色 木材加工面がわかる樹種事典
原 出 版 社／誠文堂新光社
作　　　者／河村壽昌、西川榮明
監　　　修／小泉章夫
攝　　　影／渡部健五
設　　　計／佐藤アキラ
譯　　　者／朱炳樹
選　書　人／蕭麗媛
編　　　輯／鄭雁聿

總 編 輯／蕭麗媛
發 行 人／何飛鵬
出　　　版／易博士文化　城邦文化事業股份有限公司
　　　　　　台北市南港區昆陽街16號4樓
　　　　　　電話：（02）2500-7008　傳真：（02）2502-7676
　　　　　　E-mail: ct_easybooks@hmg.com.tw
發　　　行／英屬蓋曼群島商家庭傳媒股份有限公司城邦分公司
　　　　　　台北市南港區昆陽街16號5樓
　　　　　　書虫客服服務專線：（02）2500-7718、2500-7719
　　　　　　服務時間：週一至週五上午09:30-12:00；下午13:30-17:00
　　　　　　24小時傳真服務：（02）2500-1990、2500-1991
　　　　　　讀者服務信箱：service@readingclub.com.tw
　　　　　　劃撥帳號：19863813　戶名：書虫股份有限公司
香港發行所／城邦（香港）出版集團有限公司
　　　　　　香港九龍土瓜灣土瓜灣道86號順聯工業大廈6樓A室
　　　　　　電話：（852）2508-6231　傳真：（852）2578-9337
　　　　　　E-mail: hkcite@biznetvigator.com
馬新發行所／城邦（馬新）出版集團Cite(M) Sdn. Bhd.
　　　　　　41, Jalan Radin Anum, Bandar Baru Sri Petaling,
　　　　　　57000 Kuala Lumpur, Malaysia.
　　　　　　電話：（603）9056-3833　傳真：（603）90576622
　　　　　　E-mail: services@cite.my

視 覺 總 監／陳栩椿
美 術 編 輯／簡單瑛設
製 版 印 刷／卡樂彩色製版印刷有限公司

"<GENSHOKU> MOKUZAI KAKOU MEN GA WAKARU JUSHU JITEN"　written by Toshimasa
Kawamura and Takaaki Nishikawa, supervised by Akio Koizumi
Copyright © 2014 by Toshimasa Kawamura and Takaaki Nishikawa
All rights reserved.
Original Japanese edition published by Seibundo Shinkosha Publishing Co., Ltd.

This Traditional Chinese language edition is published by arrangement with
Seibundo Shinkosha Publishing Co., Ltd., Tokyo in care of Tuttle-Mori Agency, Inc.,
Tokyo through AMANN CO., LTD., Taipei.

■2024年06月13日 修訂二版
ISBN：978-986-480-369-9
ISBN：9789864803712（PDF）

定價2000元　HK＄667